DEEP LEARNING

深度学习之摄影图像处理

核心算法与案例精粹

言有三 著

人民邮电出版社

北京

图书在版编目（CIP）数据

深度学习之摄影图像处理 : 核心算法与案例精粹 / 言有三著. -- 北京 : 人民邮电出版社, 2021.5
ISBN 978-7-115-55511-3

Ⅰ. ①深… Ⅱ. ①言… Ⅲ. ①数字照相机－图象处理 Ⅳ. ①TP391.413

中国版本图书馆CIP数据核字(2021)第040741号

内 容 提 要

本书内容涉及摄影学、计算机视觉、深度学习 3 个领域，系统地介绍了计算机视觉在图像质量和摄影学各个领域的核心算法和应用，包括传统的图像处理算法和深度学习核心算法。本书理论知识体系完备，同时提供大量实例，供读者实战演练。

本书融合摄影学和计算机视觉的内容，覆盖面非常广。第 1 章简单介绍摄影的历史、摄影与图像的基本概念和摄影中的许多基本技巧。从第 2 章开始，本书对摄影学中图像处理算法的各个重要方向进行介绍，包括使用计算机视觉技术对摄影作品进行定量的质量评估、后期自动构图、噪声的去除、对比度增强和色调增强、人脸美颜与美妆、图像的去模糊和分辨率提升、艺术风格滤镜、景深的估计和编辑、图像的融合等，涵盖当前摄影后期软件的主要功能，并全部是基于算法进行自动实现的。

本书适合计算机视觉行业从业者、摄影专业人士和爱好者、对当下智能摄影后期核心技术感兴趣并且想要有所提高的学生、工程技术人员或相关专业教师阅读。本书既可以作为核心算法教程用于学习理论知识，也可以作为工程参考手册用于查阅相关技术。

◆ 著　　　　言有三
责任编辑　王　冉
责任印制　马振武

◆ 人民邮电出版社出版发行　　北京市丰台区成寿寺路 11 号
邮编　100164　　电子邮件　315@ptpress.com.cn
网址　https://www.ptpress.com.cn
临西县阅读时光印刷有限公司印刷

◆ 开本：787×1092　1/16
印张：17　　　　插页：1
字数：416 千字　　　　2021 年 5 月第 1 版
印数：1 – 2 500 册　　　　2021 年 5 月河北第 1 次印刷

定价：119.80 元

读者服务热线：(010)81055410　印装质量热线：(010)81055316
反盗版热线：(010)81055315
广告经营许可证：京东市监广登字 20170147 号

推荐序

摄影本是一门艺术，随着摄影设备和社区的普及，现在所有人都可以在生活中非常便利地参与其中，使得摄影不再是小众职业。深度学习是当下人工智能领域中最热门的通用技术之一，以 Adobe 为代表的很多公司都在不断地将深度学习技术运用在旗下的产品中，如 Adobe Photoshop 等，极大地提高了软件的智能程度。苹果、华为、小米等科技公司在各自的摄像头、应用程序等硬件、软件产品中也不断运用着新的技术，让摄影和拍照变得更加精彩。深度学习尤其是卷积神经网络非常适合用于处理图像，摄影后期就需要许多的图像处理知识，摄影师们往往需要非常丰富的经验才能做好后期处理工作，而大批量的图片后期处理工作繁重而重复，因此智能后期处理技术非常重要。言有三在深度学习和图像算法领域中从业多年，积累了丰富的项目经验，本书系统性地介绍了深度学习在摄影图像的各项应用场景中所需要的核心技术，是业界首本将摄影和前沿科技技术结合讲述的图书，理论知识系统完善，实践案例丰富，值得相关科技界和摄影界的从业者阅读和学习。

——视觉中国副总裁 华东区总经理 王钧

当我第一次拿到言有三的新作，看到题目就觉得很亲切，这正是我们团队最近几年一直在重点关注的领域，也就是深度学习在手机摄影摄像领域的应用。几乎所有的章节都是我们涉足过的方向，仔细看了一遍，好像又重温了过去几年的风雨历程。本书深入浅出地介绍了摄影作为一门艺术，和深度学习这门工具在一起碰撞出来的多彩斑斓的火花。本书内容包括了计算摄影方向绝大多数最重要的话题，从基础概念出发，对于传统图像处理和深度学习算法都做了详细的比较，对于深度学习特别关注的数据集也做了详尽的调查，并且每章通常都会用一个详尽的深度学习实践项目来收尾。可以说，本书对于喜爱摄影的算法爱好者来说是不错的入门图书，对于视觉行业业内的研发工程师来说，也是不错的参考书。

——小米 AI 实验室视觉团队高级总监 张波

现在照相机和手机设备都已经平民化，每一个人都可以拿起自己手中不同的镜头记录生活，人人参与摄影的时代已经来临。虽然摄影已经平民化，但是要想拍出更加令人称赞的作品，除了掌握构图、光线使用等基本的拍摄技巧，以及尝试新颖有趣、令人脑洞大开的创意摄影手法之外，摄影的后期仍然是非常重要的。Photoshop 等专业的后期软件需要摄影师经过大量的训练后才能熟练掌握，当前手机上的后期软件功能也变得越来越强大。这是一个智能的时代，人工智能早已在生活中的各个领域广泛应用，当然也包括摄影，智能的图像编辑软件让摄影后期变得越来越容易上手。本书作者言有三既是一个经验丰富的人工智能领域专家，又是一个摄影爱好者，作者在本书中对摄影美学以及智能构图、图像增强、智能美颜和滤镜、智能图像编辑等算法及其在摄影图像中的应用进行了详细的讲解。本书内容非常专业，并且通俗易懂，不仅适合人工智能专业领域的从业者，也适合所有热爱钻研摄影技术的朋友阅读学习。

——中国摄影家协会会员 畅销书作者 视觉中国签约摄影师 李志松

“美”是人类永恒的追求。从自然中感知和发现美，为生活创造美好是我们共同的愿望。作为人类思维的模拟和实践，人工智能自诞生之初就在帮人类完成特定的任务。其中，在面向“美”的角度上，AI 判断图像美学质量、AI 辅助摄影构图、AI 智能视觉增强（美颜美妆、清晰度、对比度、色调增强、滤镜和风格化等）都是在帮助我们更好地判断美、生成美、增强美。翻开本书，我们一起学习如何借助人工智能让世界更美好。

本书的作者不但是计算机视觉算法专家，还是“重度”摄影爱好者，具备多年的摄影经验、人工智能学习和工业实践经验。本书从摄影基础和美学研究入手，介绍了视觉深度学习常见的去噪、构图、超分、风格化和生成式编辑等热点技术。同时，几乎每章有相关的工程实践范例，搭配言有三近几年拍摄的高质量图片，是一本将摄影美学与视觉处理相结合的优秀著作。

——跟谁学 AI 技术负责人 邱学侃

言有三是一个很有个性的人，和我接触的技术人员不一样，有一种侠客的情怀在内心深处。他是一个特别爱好摄影的人，所以他结合技术和摄影做了不少的事情，曾经在我们的项目团队里面发挥其特长，做了一些和摄影构图美学相关的技术项目，属于少有的能够将爱好和专业结合在一起的人。这本书的出版，我觉得某种程度上算是真正圆了他心底的一个梦想。言有三在深度学习领域有过不少的项目经验，并善于总结提炼，然后把这些知识点熔炼到摄影的爱好兴趣里面，最终写出了这样的一本书。这是真正的技术和艺术相结合的一本书，我还是非常推荐的。

——陌陌深度学习实验室总监 张涛

前 言

为什么要写这本书

这不是笔者写的第一本书，也不是最后一本书，但可能是笔者最喜欢的一本书。因为本书不仅是一本介绍计算机视觉技术的书，更是一本有前沿技术领域气息的摄影书，在科学研究中该领域被称为计算机美学或者图像美学。

10多年来以深度学习为代表的技术，为计算机视觉领域带来了很多应用，也影响了我们的生活方式，其中就包括摄影。早在10年前，笔者还在初中学习的时候，就“无可救药”地喜欢上了摄影。进入大学后，笔者经常在图书馆和计算机房“沉迷”于Adobe Photoshop、Adobe Affects、Adobe Premiere等软件。虽然在大学的时候，笔者的专业并不属于计算机视觉领域，但笔者最终进入了这个领域并一直深爱着，应该就是缘于早期对图像的喜欢吧。

总的来说，笔者和计算机视觉、摄影的结缘应该分为3个阶段。

第1阶段：中学的时候，笔者喜欢拿着胶片相机拍摄，彼时并不富裕，拍摄成本较高，但也正因如此，笔者对拍摄的每一张照片都非常珍惜。到武汉上大学后，笔者拥有了属于自己的数码相机，这一方面拉开了“穷游”和摄影的序幕，另一方面开始喜欢利用摄影摄像类软件创作作品。不仅沉迷摄影，还经常摸索各类软件的使用方法，将照片做成视频相册。大学毕业时班级的视频是笔者编辑创作的，研究生毕业时班级的视频也是笔者编辑创作的。大学里笔者曾加入学校的网络电视台，也曾自编、自导、自演拍摄影片作为英语课小组结课作业。这个阶段，属于自娱自乐、爱好摄影和视频编辑的“萌新”期。

第2阶段：研二时笔者“转行”进入图像处理领域，主要进行传统的图像处理算法研究和应用开发，此时笔者开始建立专业的图像处理知识体系，并一直延续到今天，而且还会持续下去。这个阶段，属于学习和掌握底层图像处理知识的成长期。

第3阶段：始于3年前，笔者正式入手了自己的第一台微单Canon EOS M3，开始真正接触较专业的摄影设备，“玩转”以前所用的相机无法支持的技术，包括快/慢门、长焦微距、延时摄影等，并开始研究美学、构图、光线使用技巧。如今，笔者已经拍摄超过10000张猫咪照片、数万张风光照片。这个阶段，属于真正开始“玩转”摄影，并利用所学的图像处理知识进行总结、输出的收获期。此外在这个阶段，笔者完成了本书的写作。

摄影与拍照不同，它饱含孤独，让人“痴狂”。它不仅仅是记录，更是追寻，与自己的对话，独处，思考，对生活细微处的热爱，对美景的无限渴望。

为了拍摄照片，笔者曾 5 天内独自辗转游历 3 个从未踏足的国家，只为追寻几处美景；曾 3 天内独自夜入沙漠，环绕沙漠徒步，只为观日出日落；曾半天内登 4 座山峰，只为寻找观看草原日落的绝佳视角；曾多次临悬崖、攀高楼，只为体验“一览众山小”的意境；曾在一个暑假给家里的猫拍摄了数千张照片；曾在没有三脚架的夜里在北京的瑟瑟寒风中拍摄长曝光夜景。

至今，笔者才算真正地有点懂摄影了。摄影已成为笔者的生活方式。

笔者一直在计算机视觉领域中积累经验，见证了传统的图像处理算法到当前深度学习等技术给我们生活带来的改变。

终于在一年多前，笔者积累了足够多的摄影作品，进入了图书创作领域，在人民邮电出版社编辑的“牵线搭桥”下，开始了本书的创作。

要“玩转”摄影，尤其是摄影的后期，需要学习与以 Adobe Photoshop 为代表的图像处理软件相关的很多技能，具有一定的门槛。近年来，深度学习等技术的发展使得很多摄影后期创作变得越来越智能，本书力图给大家系统地介绍相关技术。

本书的写作历时将近一年，其中一部分时间用于整理技术内容，另一部分时间则用于采集图片素材，书中几乎所有的照片都是笔者独立拍摄完成的。

本书聚焦于摄影学中的图像处理算法，尤其是深度学习技术在摄影学中的应用。在本书出版之前，笔者在 500px（中国）、图虫网等社区分享了许多摄影作品，在微信公众号、知乎等平台分享了许多图像处理技术知识，本书可以看作一个更加系统的总结。读者也可以持续关注笔者在以上平台的账号，获取更新的内容。

本书特色

1. 循序渐进

本书首先从摄影的基本概念，尤其是其涉及的图像知识开始讲述，然后过渡到摄影与图像交叉的各个领域。

本书从摄影作品的美学质量评估算法、自动构图算法，过渡到对摄影作品的常用编辑技术，包括噪声去除、对比度增强、色调增强、去模糊及分辨率提升，然后介绍了人像美颜、图像风格化技术，最后介绍了难度较大的图像景深编辑、图像融合技术等。本书内容由浅入深，覆盖了大量应用场景，适合系统性进阶学习。

2. 内容全面与前沿

本书内容全面，紧跟前沿。全书共 9 章，其中第 2 章～第 9 章对摄影中的图像评估和编辑等各个方向的技术和应用进行了介绍。虽然本书主要专注于深度学习技术，但是在这几章中，笔者仍然会首先介绍重要的传统算法，方便读者对以前的技术进行学习和融会贯通；随后重点介绍深度学习技术近年来的发展脉络。

3. 理论与实战紧密结合

本书完整剖析了摄影中所使用的图像处理算法，对应章节不停留于理论的阐述和简单的结果展示，而是从夯实理论到实战讲解一气呵成。相信读者通过对本书的学习，在对图像美学算法甚至是摄影作品本身的理解方面，一定会有所收获。

4. 图片清晰丰富

本书几乎所有的图都是笔者独立拍摄或绘制的，既保证了内容的原创性，又保证了图片的质量，力图让本书成为一本“高颜值”的算法图书。

本书内容及体系结构

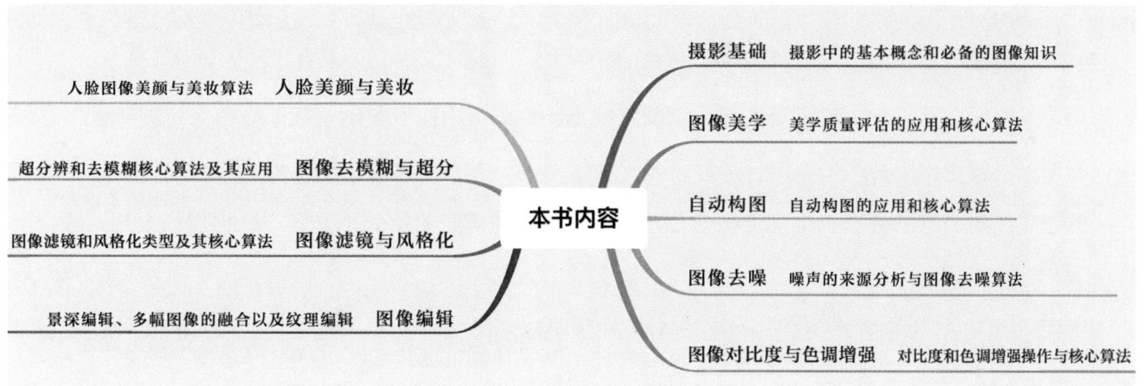

本书读者对象

本书是专门讲解摄影图像中所使用的算法和应用的书籍，对读者的基础有一定的要求。

- 读者最好已掌握基本的数学知识，包括概率论、矩阵论、最优化理论等，要有一定的传统数字图像处理和计算机视觉理论基础。
- 读者需要对摄影基本理论有一定的了解并且具有实践经验，或者对此类知识感兴趣。
- 读者需要具备利用 Python 等语言编程的能力，有一定的 Caffe、TensorFlow、PyTorch 等主流的深度学习框架的知识储备。

本书适合以下读者。

- 摄影爱好者，图像处理技术爱好者。

- 需要了解深度学习在图像质量、计算机美学等领域的算法原理和应用的院校或培训机构的老师和学生。
- 从事或者有志从事图像质量、计算机美学等领域的研究人员和工程师。

勘误

本书的作者龙鹏，笔名言有三，毕业于中国科学院大学，成书时有超过 5 年的深度学习领域从业经验、超过 7 年的计算机视觉领域从业经验，创办了“有三 AI”微信公众号和“有三 AI”知识星球等。

因受作者水平和成书时间所限，书中难免存有疏漏之处，敬请广大读者关注作者的账号，欢迎沟通并指正。

致谢

笔者完成本书写作的过程中得到了一些帮助。

感谢冯婷婷在第 1 章中摄影简史部分以及鲍晓杰在第 2 章中图像美学基础部分的内容支持。

感谢人民邮电出版社编辑的信任，联系我写作了本书，并在后续的出版流程中付出了努力。

感谢曾经的“有三摄影工作室”微信公众号的粉丝们和曾经的摄影小分队小伙伴们的支持，相信某一天我们还会重聚。

感谢“有三 AI”微信公众号、“有三 AI”知识星球的忠实粉丝们，是你们的阅读和支持让我有了坚持前行的力量。

感谢书中 GitHub 开源项目的贡献者，是你们无私的技术分享，让更多人受益匪浅，这是这个技术时代里非常伟大的事情。感谢提出各个方法和算法的研究人员，你们的辛苦使我能够“站在巨人的肩膀”上完成本书的内容。

最后，感谢我的家人，因为事业，陪伴你们的时间很少，希望以后我会做得更好。

2021 年 3 月 1 日于北京

资源与支持

本书由异步社区出品，社区（https://www.epubit.com/）为你提供相关资源和后续服务。

配套资源

本书为读者提供如下配套资源：

- 赠送书中所有案例的源代码文件；
- 赠送计算机视觉在线视频课程一套，方便读者进行拓展学习。

要获得以上配套资源，请在异步社区本书页面中找到“配套资源”栏，按提示进行操作。注意：为保证购书读者的权益，该操作会给出相关提示，要求输入提取码进行验证。

提交勘误

作者和编辑尽最大努力来确保书中内容的准确性，但难免会存在疏漏。欢迎您将发现的问题反馈给我们，帮助我们提升图书的质量。

当您发现错误时，请登录异步社区，按书名搜索，进入本书页面，单击“提交勘误”，输入勘误信息，单击“提交”按钮即可（见下图）。本书的作者和编辑会对您提交的勘误进行审核，确认并接受后，您将获赠异步社区的 100 积分。积分可用于在异步社区兑换优惠券、样书或奖品。

扫码关注本书

扫描下方二维码，您将会在异步社区微信服务号中看到本书信息及相关的服务提示。

与我们联系

我们的联系邮箱是 szys@ptpress.com.cn。

如果您对本书有任何疑问或建议，请您发邮件给我们，并请在邮件标题中注明本书书名，以便我们更高效地做出反馈。

如果您有兴趣出版图书、录制教学视频，或者参与图书翻译、技术审校等工作，可以发邮件给我们；有意出版图书的作者也可以到异步社区在线提交投稿（直接访问 www.epubit.com/contribute 即可）。

如果您所在学校、培训机构或企业，想批量购买本书或异步社区出版的其他图书，也可以发邮件给我们。

如果您在网上发现有针对异步社区出品图书的各种形式的盗版行为，包括对图书全部或部分内容的非授权传播，请您将怀疑有侵权行为的链接发邮件给我们。您的这一举动是对作者权益的保护，也是我们持续为您提供有价值的内容的动力之源。

关于异步社区和异步图书

"异步社区"是人民邮电出版社旗下 IT 专业图书社区，致力于出版精品 IT 技术图书和相关学习产品，为作译者提供优质出版服务。异步社区创办于 2015 年 8 月，提供大量精品 IT 技术图书和电子书，以及高品质技术文章和视频课程。更多详情请访问异步社区官网 https://www.epubit.com。

"异步图书"是由异步社区编辑团队策划出版的精品 IT 专业图书的品牌，依托于人民邮电出版社近 30 年的计算机图书出版积累和专业编辑团队，相关图书在封面上印有异步图书的 LOGO。异步图书的出版领域包括软件开发、大数据、AI、测试、前端、网络技术等。

异步社区

微信服务号

目 录

第 1 章　摄影基础

第 2 章　图像美学

第3章　自动构图

第4章　图像去噪

第 5 章 图像对比度与色调增强

第 6 章 人脸美颜与美妆

第 7 章 图像去模糊与超分

第 8 章　图像滤镜与风格化

第 9 章　图像编辑

第 1 章

摄影基础

摄影是一门艺术，如今更是一门被大众学习和使用的技术。学好摄影可以更好地记录生活中的美好。作为本书的第 1 章，本章将介绍摄影相关的基础知识。

- 摄影简史
- 摄影与图像基本概念
- 摄影基本技巧

1.1 摄影简史

本节我们简单介绍摄影发展史、摄影流派以及为什么学习摄影。

1.1.1 摄影发展史[1]

公元前800年至公元前146年，是爱琴海－色雷斯文明圈的黄金时期（即古希腊文明时期）。相传，著名的荷马史诗《伊利亚特》和《奥德赛》正是由古希腊盲人诗人荷马所作。作为希腊文学与哲学的语言载体，古希腊语不仅是荷马史诗使用的语言，也是现代数学与科学的先驱。

摄影（Photograph）一词正源于这一充满神奇色彩的古老语言中的光线和绘图两词。

此外，英国天文学家、第一代从男爵约翰·赫歇尔（John Herschel）爵士提出了摄影负片（Negative）、正片（Positive）等摄影概念。他不仅首创以儒略历法来记录天象日期，而且对于摄影术的发展做出了重大贡献，发现了硫代硫酸钠能作为溴化银的定影剂。

1. 从小孔成像到映像暗箱

早在春秋末期战国初期（大约2500年前），我国著名的思想家、教育家、科学家、军事家、哲学家墨翟（墨子）带领他的学生做出了世界上第一个小孔成像的实验，在墙壁上绘出实物倒影，说明了光直线传播的性质。基于小孔成像原理的映像暗箱，就是相机的原型。映像暗箱主要由密封暗箱和聚焦屏两部分组成，前部密封暗箱的小孔或透镜负责汇聚光线，后部聚焦屏负责显示图像。

1550年，意大利数学家、医学家、物理学家吉罗拉莫·卡尔达诺（Girolamo Cardano）利用双凸透镜增加暗箱小孔的进光量，使聚焦屏所显示的映像更加清晰、明亮。1558年，意大利自然哲学家、数学家波尔塔（Giambattista della Porta）通过光圈（凸透镜）的使用进一步提高了映像清晰度，发明出描画箱，直接用画笔描绘映像的轮廓并着色，一幅非常真实的画像即可展现。7年后，德国僧侣约翰章设计制作了一种用于绘画的小型便携单镜头反光映像暗箱。

2. 世界上公认的第一张永久性照片与摄影术的诞生

法国发明家约瑟夫·尼塞福尔·尼埃普斯（Joseph Nicéphore Nièpce）在1825年为他的映像暗盒增加了光学镜片，并于第二年（也有资料说1827年）发明了第一台相机和日光蚀刻法（阳光摄影法），拍摄了家中阁楼窗外的景色。由此，世界上第一张永久性照片 *Window at Le Gras* 诞生，如图1.1所示。

图 1.1 尼埃普斯拍摄的 *Window at Le Gras*

尼埃普斯将敷在白蜡板上的一层薄薄的沥青作为感光材料，将薰衣草油作为冲洗材料，利用原始镜头，在阳光下进行 8 个多小时的曝光拍摄了这张古老的照片，它是所有摄影技术的源头。

虽然尼埃普斯拍摄的照片标志着摄影术的诞生，但是他拒绝公开自己的摄影方法，并于 1833 年去世。1837 年，法国画家路易·雅克·曼德·达盖尔（Louis-Jacques-Mandé Daguerre）利用尼埃普斯的显影概念，发明了银版摄影法，又称达盖尔银版法，利用水银蒸气对曝光的银盐涂面进行显影作用，将曝光时间缩短到 20~30min。现在的宝丽来相机仍使用着与银版摄影法类似的摄影方法。

图 1.2 所示是达盖尔用镀银铜板对着工作室一角拍摄的一张照片，是摄影术发明的见证，现在该作品收藏于法国摄影家协会。1839 年 8 月 19 日，法国政府公布了此项摄影专利，这一天被称为“摄影术诞生日”，同时达盖尔也成为摄影术发明的第一人。

图 1.2 达盖尔拍摄的工作室照片

银版摄影法拍摄出的照片具有影像左右相反、影纹细腻、色调均匀、不能复制、不易褪色等特点。1841 年，英国发明家威廉·亨利·福克斯·塔尔博特（William Henry Fox Talbot）发表的卡罗式摄影法（卡罗法）产生了可被多次复制的胶片，开创了现代摄影负片转正片的摄影工艺流程。塔尔博特利用氯化银的感光性制作可感光的高级书写纸，这种纸经相机曝光后得到负片，再与另一张未经曝光的感光纸重叠，曝光定影后得到正片，负片能够重复使用。

3. 透明片基的出现

为了廉价、迅速地影印多张照片，同时又能像达盖尔银版法那样保证影像的清晰和细致，透明片基被用于代替纸基来制作负片。1847 年，尼埃普斯的侄子尼埃普斯·德·圣·维克多（Nièpce de Saint Victor）利用混合于蛋清中的感光药品，将照片曝光时间缩短到 5~15s，获取了“蛋清玻璃”摄影法的专利权。但是这种感光药品极其有限，不适于摄影，可用于制作“蛋清相纸”、冲洗相片和制作幻灯片等。

1851 年，英国雕塑家弗雷德里克·斯科特·阿切尔（Fredrick Scott Archer）发明了火棉胶（湿版）摄影法，兼具达盖尔银版法和卡罗法的优点，此项技术在摄影行业“独领风骚”30 余年。阿切尔将硝化棉和碘化钾先后溶于含乙醚和酒精的火棉胶，然后将其迅速涂布在干净的玻璃上，以代替“蛋清玻璃”。这种方法虽然操作比较麻烦，但成本仅为达盖尔银版法的 1/12，曝光快，影像清晰度高，且玻璃底片可以用于大量印制照片。因为调制后的火棉胶只有在湿润的时候才具有感光性，所以这种摄影方法称为“湿版摄影法”。

由于湿版摄影法缺乏便携性，外出拍摄时需携带暗室帐篷和化学药品，人们期望能制造出“干”用的涂布材料，可随时装入相机进行摄影。1871 年 9 月，英国医生马多克斯（Maddox）研发出这种“干”用材料，将以糊状明胶为材料的溴化银乳剂趁热涂在玻璃上，并将研发成果发表在《英国摄影》杂志上。

这本杂志正是美国伊士曼柯达（Eastman Kodak）公司创始人乔治·伊士曼（George Eastman）的主要摄影“导师”。伊士曼将自己的简化摄影方法与《英国摄影》杂志上的配方结合，制作出明胶乳剂，并于 1878 年发明了干明胶胶片（即干版），隔年又发明了一台乳涂敷机。1880 年，伊士曼利用自己的发明专利大批量生产干版，大获成功，把摄影带给了普通人，翌年他与商人斯特朗（Strong）合伙成立了伊士曼干版公司。1883 年，伊士曼胶卷的发明标志着摄影行业开始出现革命性变化。1892 年，伊士曼干版公司正式更名为伊士曼柯达公司（简称柯达公司）。

4. 相机的批量生产

德国人借助在设计制作方面的高品质和光学技术优势，把相机推向了批量产品市场。恩斯特·莱兹光学工厂相机设计家奥斯卡·巴纳克（Oskar Barnack）在 1912 年利用 35mm 电影胶卷研究设计小型相机，并于 1913 年制造出第一台 24mm × 36mm（135 相机的胶卷画幅）的原型徕卡相机（Ur-Leica），如图 1.3 所示，开辟了相机发展的新时代。

图 1.3　奥斯卡·巴纳克制造的第一台原型徕卡相机

由于 135 相机的胶卷和方型齿孔的总高度是 35mm，因此也称之为 35mm 相机。巴纳克制造了 35mm 相机的“鼻祖”，135 相机的胶片规格也成为最为普及的胶片规格。然而由于第一次世界大战的影响，徕卡相机 I 型在 1925 年才在德国韦茨拉尔市（Wetzlar）的恩斯特·莱兹光学工厂正式出产。为纪念 135 相机的奠基人、徕卡相机的发明者奥斯卡・巴纳克的伟大功绩，1979 年德国徕卡公司创立“奥斯卡・巴纳克”摄影奖，奖励摄影领域取得突出成就的摄影艺术家。此奖项由世界著名的摄影家组成的评审团对参赛作品严格选拔而产生，在国际摄影界影响广泛。

5. 单反相机和数码相机的出现

1936 年 3 月，德国 Ihagee 公司设计发布了世界上第一台使用 135 胶片的单镜头反光相机 Kine Exaktas；1948 年，Ihagee 公司生产出世界上第一台五棱镜取景的 135 单反相机 Contax S，它是现代 135 单反相机的雏形。但这两种相机的反光板不能自动复位，所以实用价值有限。1954 年，日本旭光学工业公司在宾得相机 Asahi-Pentax 上解决了反光板的自动复位问题。

进入 20 世纪 50 年代后，日本人将电子技术带入摄影领域，运用计算机设计出优秀的镜头和光学系统，利用微电路学概念和计算机芯片设计出高灵敏度测光系统、自动曝光和自动聚焦系统，并最终催生了现在的数码相机技术。

1975 年，柯达公司的技术人员史蒂文・J. 赛尚（Steven J.Sasson）发明了第一台无胶卷手持相机，赛尚因此被称为“数码相机之父”。

在经过不断的技术积累后，日本索尼（Sony）公司于 1981 年推出全球第一台不用感光胶片的电子相机——“马维卡”（MABIKA），如图 1.4 所示。这是数码相机的第一座里程碑，该相机首次将光信号改为电子信号传输。

图 1.4 马维卡

紧随其后，松下、富士、佳能、尼康等公司也纷纷开始电子相机的研制工作，并于 1984 年 -1986 年陆续推出了自己的原型电子相机。其中，1986 年，索尼公司发布的 MYC-A7AF 第一次让数码相机具备了纯物理操作方法。1991 年，柯达公司试制成功世界上第一台数码相机；同年，东芝公司制造出第一台在市场出售的数码相机——40 万像素的 MC200，售价 170 万日元。1998 年，富士胶片公司推出首款百万像素的轻便型数码相机。1999 年被称为“200 万像素之年”，轻便型数码相机跨入“200 万像素时代”。在一年多的时间里，各大相机厂商投放到市场的数码相机远超百种。2004 年之后，数码相机迎来了一个全新时代，之前的相机具备更多的试验形式，所有的数码单反相机机型都有对应的胶片相机同期研发，以保证技术上的同步。

如今，更加轻量级的微单也开始流行，它包括单反相机的大部分功能。图 1.5 所示是笔者使用的第一台微单 Canon EOS M3，本书中的大部分作品就是使用这款相机和 Canon 的镜头拍摄的。

图 1.5 Canon EOS M3 微单

6. 全民摄影时代

随着数字技术和互联网应用的进步，摄影更深入地融入社会生活，移动电话等数字化产品开始配备摄影功能，拍摄的图像可以用多种方式传播，摄影开始多元化发展。如今“全民摄影时代”已经到来，摄影器材价格越来越低廉，摄影功能越来越丰富。虽然拍照的门槛变低，但摄影的门槛似乎变得越来越高。如何在全民摄影时代中脱颖而出，也许人工智能可以给出一个参考答案。

1.1.2 摄影流派

摄影最早被定义为一种用科技成果将客观事物的影像固定并保存的实用性技术，随着科学技术的发展，小型、精密的相机的制作，快速感光材料的出现，摄影终于找到自己独特的艺术语言，到 20 世纪 30 年代，正式发展成为一门独立的艺术。当摄影走入人类生活，与人类建立现实的审美关系，由于人类社会实践所产生的文化意识不同，其对美的感知也不同。基于不同的美学思想、审美趣味、创作倾向和艺术特色，摄影逐步形成了不同的摄影流派。

1. 写实主义

写实主义从字面上就可以了解其摄影风格，即摄影纪实。写实主义摄影体现的是现实主义创作方法，其历史悠久，至今仍是摄影艺术中的主要流派。写实主义摄影家恪守摄影的纪实特性，艺术风格质朴无华，创作题材主要来源于现实生活，作品具有强烈的现实性和深刻性。此外，写实主义的巨大认识作用和卓越的感染力使其在新闻领域占据重要地位。最早的写实主义摄影作品出现在 1853 年，即由英国摄影家菲利普·德拉莫特（Philip Delamotte）拍摄的那些火棉胶纪录片。写实主义摄影作品不胜枚举，如英国勃兰德的《拾煤者》、法国韦丝的《女孩》等。

2. 绘画主义

绘画主义摄影产生于 19 世纪中叶的英国，作品体现出绘画效果。绘画主义追求绘画意趣，崇尚古典主义，根据绘画造型原则指导摄影创作，追求作品的情感、意境和形式的美，将摄影从机械地摹写阶段推进到造型艺术阶段，促使了摄影艺术发展，时至今日仍影响广泛。绘画主义摄影主要分为绘画派和画意派。前者主要模仿文艺复兴时期的画风，讲究结构和布局，具有叙述性和寓意性。后者主要体现现实生活中存在的自然美和诗情画意。这一流派的著名摄影作品有《秋天》《弥留》《黎明和落日》《两个小姑娘》《拿着毒药瓶的朱丽叶》以及《男爵之宴》《宝塔情景》等。

3. 印象主义

印象主义摄影主要借鉴绘画中的印象主义风格，体现明暗和色彩给人带来的视觉印象。其作品不强调立体感和质感，没有明确的线条和轮廓界线。绘画主义摄影家亨利・佩奇・鲁滨逊（Henry Peach Robinson）在其影响下，提出“软调摄影比尖锐摄影更优美”的审美标准，追求一种朦胧的艺术表现效果。印象主义摄影作品从对镜头成像的控制逐步发展到对暗房加工的控制。印象主义者认为没有绘画就没有真正的摄影，并努力使摄影作品看起来不像照片，甚至还用绘画工具对摄影作品进行特意加工以实现绘画效果。作品《扫公园的人》看起来如同一幅画布上的炭笔画。因为印象主义摄影完全丧失了摄影自身的特点，所以又被称为“仿画派”，可以说是绘画主义摄影的一个分支。这一流派的特色是调子沉郁，影纹粗糙，富有装饰性，缺乏空间感。

4. 自然主义

自然主义摄影是最早抨击绘画主义摄影的流派。自然主义摄影追求题材真实，提倡在自然中寻找创作灵感，创作题材多为社会生活和自然风光。摄影美学的创始人彼得・亨利・埃默森（Peter Henry Emerson）发表的《自然主义的摄影》就是此摄影流派的标志。虽然自然主义摄影可以促使人们充分发挥摄影自身特点，但是容易忽视对现实本质的挖掘和对表面对象的提炼。

5. 纯粹主义

纯粹主义摄影依旧反对绘画对摄影的影响，主张发挥摄影本身的特质和性能，用纯粹的摄影技术探索摄影特有的美感，即高度清晰的画面、精致的纹理刻画、丰富的影调层次、微妙的光影变化等“摄影素质”，不借助任何其他造型艺术的媒介。纯粹主义摄影促使人们对摄影本身的特性和表现技巧进行深入探索和研究，其后期的作品开始向线条、图案和歪曲形象的抽象方面发展。

6. 抽象主义

抽象主义摄影认为艺术的本质是情感的宣泄，认为具象向抽象转化是一种艺术升华，并宣称要把摄影“从摄影里解放出来”。初期的抽象主义摄影通过无限放大法摒弃被摄对象的细节和影调，仅表现其形状。后来开始改变原有的画面结构和被摄主体的空间形态，力图使用绝对抽象的语言使被摄主体转变成某种线条、斑点和形状的结合体。在抽象主义摄影作品中，摄影家随心所欲地表现自身的想象和个性。

当今的很多摄影作品，都会或多或少与一种或多种摄影流派靠近。那么什么样的摄影作品才是优秀的、耐人寻味的作品呢？要想创作出好的作品，摄影者必须提高自身的审美水平，将摄影与审美实践密切结合。

1.1.3 为什么学习摄影

美好的事物多种多样，优秀的作品各有特点。你为什么拿起相机，你想通过摄影作品表达什么，或者说你为什么想成为一名摄影家，当阅读美国纽约摄影学院的教材时，笔者看到了一些浪漫、真诚、直击内心的答案，在这里与你分享。

“我要成为一名摄影家，因为它使我融入周围的世界。”

“我要成为一名摄影家，因为它使我得到心灵的甘露和餐桌上的面包。”

“我要成为一名摄影家，因为它使我有能力洞察世间万象并记录下人类的伟大进程。”

“我见过那自由的大地和勇敢者的家园，也见过崭新生命的降临和生命的逝去。”

“我曾记录下建设者用双手创造的繁荣，也见证过破坏者留下的满目疮痍。”

“我曾拍下人们欢乐的笑容和他们辛酸的泪滴，我也曾记录下儿时的纯真与世故复杂的人生。”

“我曾记录下美丽的身躯和纯洁的心灵，也曾拍摄过辛勤劳作的人们和他们轻松的游戏。”

“我摄下了大自然的奇观瑰景和人类建造的奇迹，我摄下了美丽的万物还有美好的人们。”

“这一切，我眼中的世界，尽在我的记录中。我是一名摄影家！”

这些诗一样的文字紧紧与每一张动人的照片相连，描绘出摄影的美。

1.2 摄影与图像基本概念 [2]

当你刚刚拿到你的第一台单反相机时，可能会无所适从，因为它有非常多的选项和按钮。本节我们介绍一些初学者必须知道的摄影与图像基本概念。

1.2.1　像素与分辨率

像素是相机传感器上的最小感光单位，像光学相机摄影胶片的银色颗粒一样，可理解为数码相机“胶片”上的感光点。

数字图像有两种分辨率：图像分辨率与输出分辨率。

图像分辨率指的是每英寸的像素数，英文全称为 Pixel Per Inch，缩写为 PPI，通常简写为 px。我们平常描述一幅图像大小的时候使用的就是 PPI。例如，使用 Canon EOS M3 拍摄出的最大图像高度为 4000 像素，宽度为 6000 像素，因为 6000×4000=2400 万，所以其 PPI 为 2400 万像素。

输出分辨率指的是设备输出图像时每英寸可产生的点数，英文全称为 Dots Per Inch，简写为 DPI。

这两种分辨率的区别就在于点和像素。点指的是显示器上每一个物理的点，它是物理设备可以解析的最小单位，而像素指的是屏幕分辨率中的最小单位。

小提示

在摄影或印刷时常常要求 DPI 不小于 300，而在日常生活和数字图像处理中则只需关注 PPI。

相同的图像分辨率，更大的 DPI 表现为物理尺寸更小，因为这个时候每英寸的点数更大，每英寸的像素数更大。

图 1.6（a）和图 1.6（b）的图像分辨率是相等的，都是 2048px×2048 px，图 1.6（a）的 DPI 是 72，图 1.6（b）的 DPI 是 300，反映出来就图像的输出尺寸不同，但是表现出了同样的清晰度。

图 1.6 相同的图像分辨率，不同的 DPI

图 1.7（a）和图 1.7（b）的 DPI 都是 72，图 1.7（a）的图像分辨率为 2048px×2048px，但是图 1.7（b）的图像分辨率只有 64px×64px，每英寸的像素数变小，可以看出图像输出尺寸相等，但清晰度明显有所下降。

（a）

（b）

图 1.7 相同的 DPI，不同的图像分辨率

1.2.2 像素深度与颜色

1. 像素深度

像素深度指存储每个像素所用的位数，又被称为图像深度，表示一个像素的位数越多，就可以表示越丰富的灰度级。我们通常用 8 位图来表示图像，像素深度为 2^8=256 级，即 0~255。其中 0 表示最暗，255 表示最亮，亮度从 0 到 255 逐渐递增。

图 1.8 按照从左到右，展示了 8 位图（256 级）从低到高的灰度渐变。

图 1.8 8 位图从低到高的灰度渐变

2. 灰度图与彩色图

根据图像的通道数，常见的图像分为灰度图和彩色图两种。灰度图只包括亮度信息，也可以称之为单色图。彩色图则不仅包括亮度信息还包括颜色信息，常见的彩色图为 RGB 图像，每个像素用 R（Red，红色）、G（Green，绿色）、B（Blue，蓝色）这 3 个灰度分量表示。图 1.9 所示为灰度图与 RGB 彩色图。

如果每个分量用 8 位表示，那么一个彩色像素共用 3 × 8=24 位表示，其像素深度为 24，每个像素有 2^{24} 种颜色。

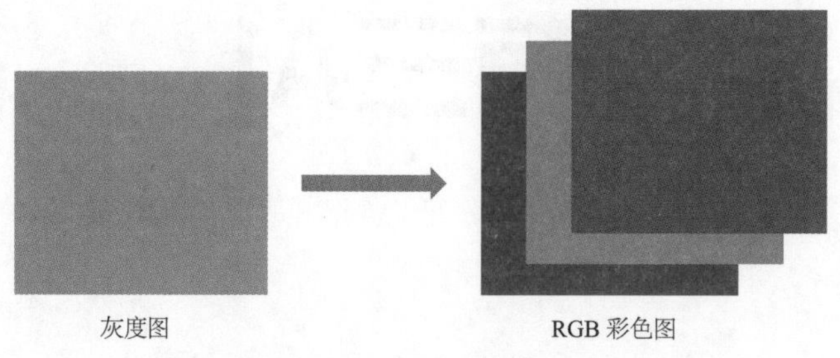

图 1.9 灰度图与 RGB 彩色图

> 小提示
>
> 虽然彩色照片比彩色电视机出现得早，但是从黑白相机面世到詹姆斯 · 克拉克 · 麦克斯韦（James Clerk Maxwell）利用红、黄、蓝 3 种滤镜分别拍摄再合成一张彩色照片，中间仍然经过了几十年。

一般我们会用彩色图，而灰度图只有单色，常用于以下场景。

（1）纪实类的作品。这一类作品重在记录，尤其是在彩色图出来之前，如今仍然为很多摄影师所爱。

（2）简化背景。彩色图杂乱的背景有时候会影响主体，此时使用单色会使得图像更加干净，主体突出。

（3）特殊题材，如黑白明度建筑等。

图 1.10 分别展示了若干单通道灰度图作品，相比于对应的彩色图作品，单色可以使人更关注图像中的主体，营造出更加和谐与高端的气氛。

图 1.10 灰度图作品

3. 直方图

图像中的直方图被用来表示数字图像中的亮度分布，对像素灰度值进行统计就能得到直方图。直方图中，横坐标的左侧表示较暗的区域，右侧表示较亮的区域。

图 1.11 展示了一张彩色图和对应的 R、G、B 3 个通道的直方图。

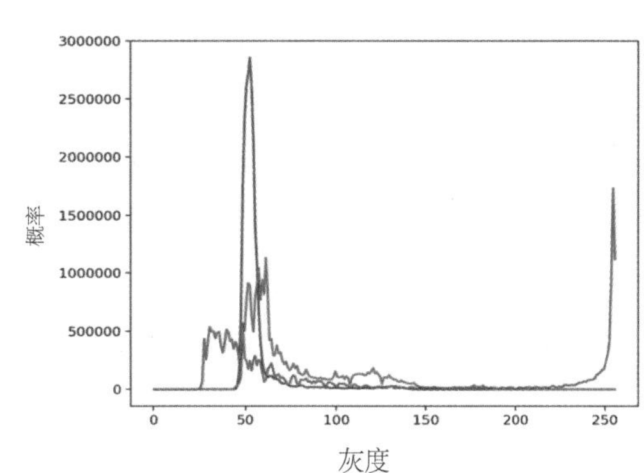

图 1.11 彩色图与直方图

我们可以看到，直方图的 R 通道包括左、右两个很明显的分布，它们分别对应的就是“前景”和“背景”。我们感兴趣的是图 1.11 中的“柿子”，它就是前景，它的 R 通道灰度值比较大，对应的就是直方图中的凸起区域。

小提示

从直方图中，我们往往可以推测图像中是否存在颜色明显有差异的前景和背景，基于直方图的许多调整工具可以调节前景和背景的灰度分布，从而改变全局和局部的对比度。

4. 颜色空间

除了 RGB 颜色空间，常用的颜色空间还有 HSV/HSB、HSL、CMYK、YUV、Lab 等。图 1.12 从左至右分别展示了 RGB 颜色空间、HSV 颜色空间、Lab 颜色空间的图。

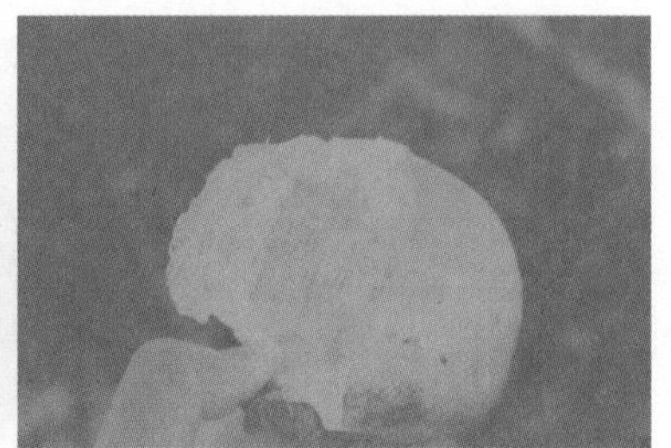

图 1.12 不同颜色空间的图

HSV 由色相（Hue）、饱和度（Saturation）、明度（Value）组成，是一种将 RGB 色彩空间中的点在六角锥体中进行表示的方法。色相是色彩的基本属性，就是平常说的颜色名称，如红色、绿色等。饱和度是指色彩的纯度，饱和度越高，色彩的纯度越高，也可以理解为加入白光的分量，白光的分量越高，饱和度越低，饱和度取 0%~100%。明度表示颜色明亮的程度，它取 0~1，表示从黑到白的过渡。HSB 由色相、饱和度、亮度（Brightness）组成，和 HSV 一样，只不过名称不同。

HSL 由色相、饱和度、明度（Lightness）组成。HSL 和 HSV 中的色相完全一致，但是饱和度不一样，明度也不一样。HSL 和 HSB 两种表示方法在目的上类似，但是方法上有区别。在数学表示上两者都是圆柱，HSL 表示了一个双圆锥体和圆球体（白色在上顶点，黑色在下顶点），而 HSV 表示了一个倒圆锥体（黑色在下顶点，白色在上底面圆心），如图 1.13 所示。

CMYK 是彩色印刷时采用的一种套色模式。采用 C（Cyan，青色）、M（Magenta，洋红色）、Y（Yellow，黄色）、K（Black，黑色）4 种颜色进行混色从而达到“全彩印刷”。C、M、Y 3 种颜色在理论上可以等同于 R、G、B 3 色的补色，但是现实中的彩色印刷材料色彩不纯，用 C、M、Y 3 种颜色进行叠加后的 K 首先不纯，其次也不易干燥，因此 K 被加入了 CMYK 中成为彩色印刷的色彩之一。

YUV 是被欧洲电视系统所采用的一种颜色编码方法。在 YUV 颜色空间中，每一种颜色都有一个亮度信号 Y 和两个色度信号 U、V。如果只有 Y 信号分量而没有 U、V 信号分量，那么对应的图像就是黑白灰度图像。彩色电视机采用 YUV 颜色空间正是为了用亮度信号 Y 解决彩色电视机与黑白电视机的相容问题，使黑白

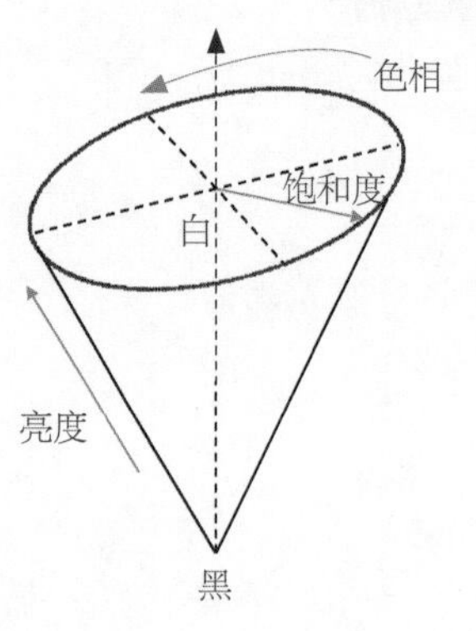

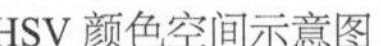
HSV 颜色空间示意图

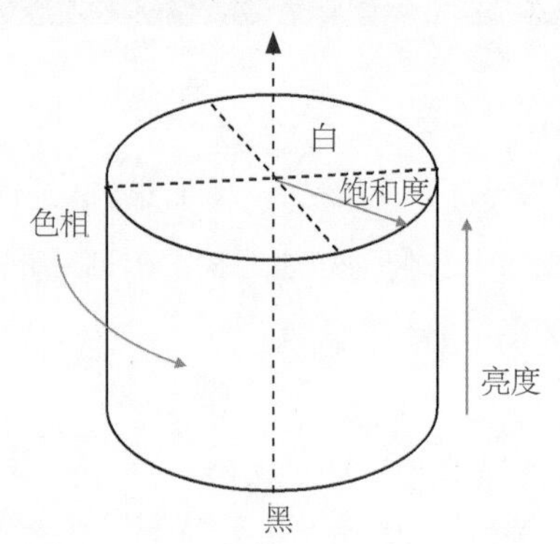

HSL 颜色空间示意图

图 1.13 HSV 和 HSL 颜色空间示意图

电视机也能接收彩色电视机信号。

Lab 表示颜色 - 对立空间。L 表示亮度，a 和 b 表示颜色对立维度，a 通道的数值变化使得最终的颜色在红色和绿色之间变化，b 通道的数值变化使得最终的颜色在黄色和蓝色之间变化。Lab 颜色被设计于接近人类视觉，它致力于感知均匀性，其中 L 分量密切匹配人类亮度感知，而 a 和 b 分量则用于控制颜色过渡。这些变换在 RGB 或 CMYK 中是不可能的，因为 RGB 和 CMYK 是基于物理设备的输出来建模的，没有与人类视觉感知相似的特性。当然 Lab 颜色空间中的很多“颜色”超出了人类视觉的范围，因此是非真实色彩。

1.2.3　焦距

相机镜头是一组透镜。当平行于主光轴的光通过透镜时，光会聚到一点，这一点被称为焦点。从焦点到透镜中心（即光心）的距离称为焦距。具有固定焦距的镜头称为定焦镜头，焦距可以调节的镜头称为变焦镜头。

由于拍摄时，被摄主体与相机的距离（即物距）不总相同，如给人拍摄时，拍摄全身照物距较远，拍摄半身照物距较近。当相机位置不变时，要想获得清晰照片，就必须随着物距的不同而改变焦距，这个改变过程就是我们平常所说的“调焦”。焦距越长，越能清晰拍摄远处的景物。

图 1.14 所示为在不同焦距下拍摄的日落图片。

（a）

（b）

图 1.14　在不同焦距下拍摄的日落图片

在图 1.14 中，图 1.14（a）是用 Canon EOS M3 的“套头”EF-M 18-55mm f/3.5-5.6 IS STM 在 39mm 焦距拍摄的，图 1.14（b）是用 Canon 长焦镜头 EF 70-200mm f/4L USM 在 200mm 焦距拍摄的，可以看出两者的太阳尺寸差异很大。目标越远，越需要使用焦距长的镜头。

小提示

根据焦距不同，镜头可以分为超广角、广角、标准、长焦、超长焦等，读者可以关注设备厂商的镜头生态，圈内有广为人知的“大三元”和“小三元”的昵称。笔者配齐的就是 Canon “小三元”镜头，分别是 EF 17-40mm f/4L USM、EF 24-105mm f/4L IS USM、EF 70-200mm f/4L IS USM，如图 1.15 所示。

图 1.15 Canon “小三元”镜头

1.2.4 光圈

光圈是镜头内控制进入机身的光量的装置，它的大小决定了通过镜头进入感光元件的光线多少。在快门速度不变的情况下，光圈越大，进光量越多，画面越亮；光圈越小，进光量越小，画面越暗。

常见的光圈大小包括 f/1.0、f/1.4、f/2.0、f/2.8、f/4.0、f/5.6、f/8.0、f/11、f/16、f/22、f/32、f/44、f/64，f/后面的数值越小，光圈越大。

由于光圈可以限制由镜头进入的光量，因此它可以调节影像的亮度。图 1.16 所示为不同光圈大小下拍摄的太阳图像，第一行为日落图，第二行为日出图。每一行从左到右光圈值逐渐增大，可以看出主体目标太阳随着光圈值变大而变得更亮。

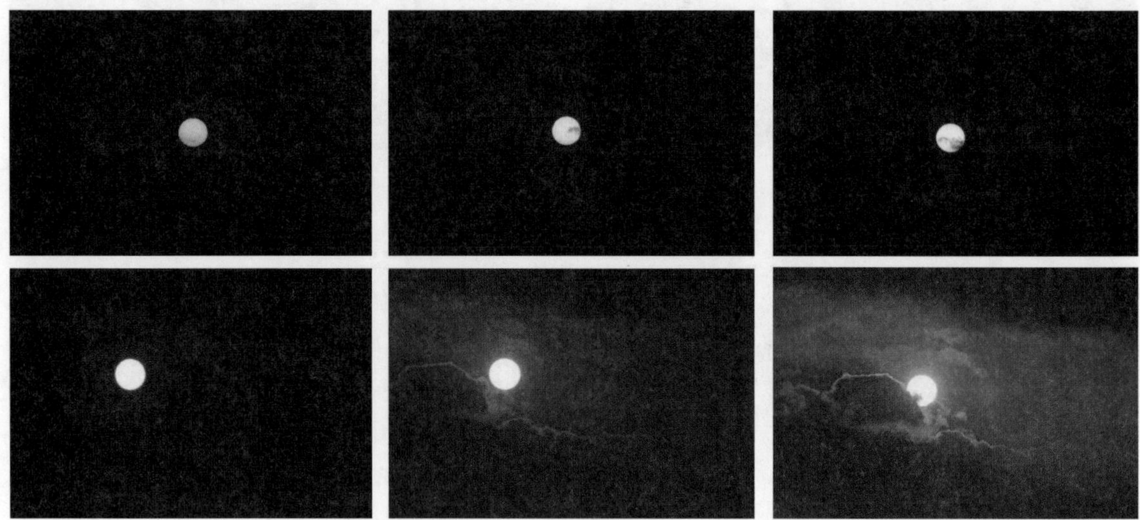

图 1.16 不同光圈大小下拍摄的日落日出图像

1.2.5　ISO 感光度与噪点

ISO 感光度指图像传感器 CCD/CMOS 或胶片对光线的敏感程度。在光圈大小固定时，更高的 ISO 感光度能够使用更高快门速度获得同样的曝光量。如果在固定场景中，ISO 感光度等于 100、快门速度为 2s 可获得正确曝光，那么 ISO 感光度等于 200 时只需 1s 快门速度，ISO 感光度等于 400 则只需 0.5s 快门速度。

常用的 ISO 感光度从 100、200、400 开始倍增，某些相机可以高达 25600。ISO 的大小会直接影响图像亮度，图 1.17 所示为不同 ISO 下拍摄的同一时刻的太阳图像，全图的亮度随着 ISO 增大而不断增加。虽然高的 ISO 感光度可以使用较高的快门速度获取正确曝光的照片，但是图像噪声也会随之增加，因此高 ISO 感光度下的图像质量也成为衡量数码相机的最重要指标之一。

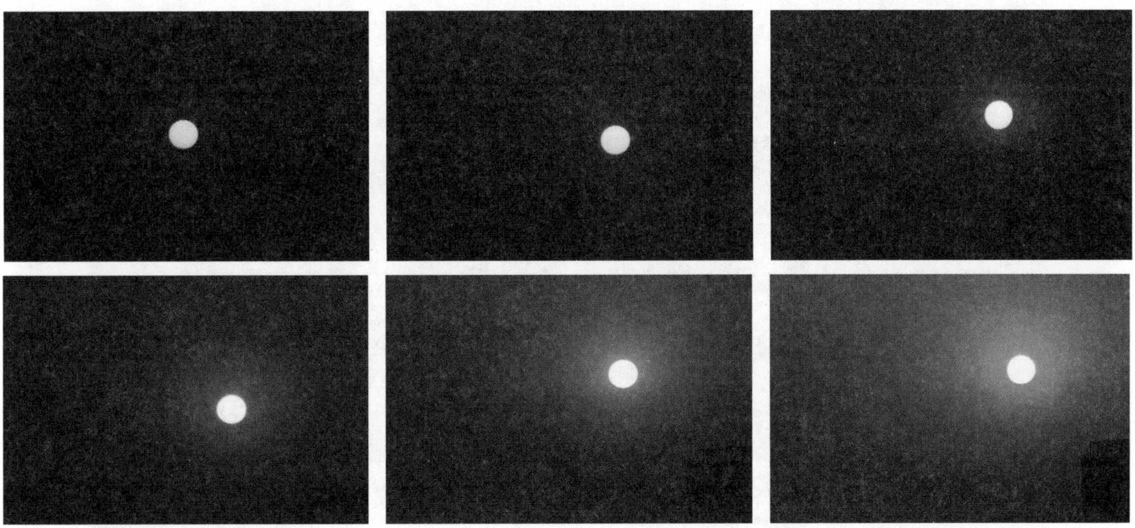

图 1.17 不同 ISO 下拍摄的同一时刻下的太阳图像，从左到右，从上到下 ISO 值分别为 100、200、400、800、1600、3200

一般来说，我们在白天或者光线充足条件下拍摄时使用较低的 ISO 感光度，在晚上或者光线不足条件下拍摄时使用较高的 ISO 感光度。图 1.18 所示是在不同时间拍摄的同一建筑物的图像。

（a）

（b）

图 1.18 在不同时间拍摄的同一建筑物的图像

在图 1.18 中，图 1.18（a）是低 ISO 感光度（200）下拍摄的，图 1.18（b）是高 ISO 感光度（3200）下拍摄的，可以看出高 ISO 感光度的图噪点更加明显。

小提示

要想获取精细的画面，如在风光摄影中，通常将相机 ISO 感光度设置为最低。但是，在拍摄人像时，如果遇到阳光过强的情况，在光圈不变的情况下，则可以提高快门速度以减少进光时间，同时提高 ISO 感光度以降低光影对比度，缩小亮部和暗部的强烈反差。

我们经常会同时调节焦距、光圈、ISO、快门，从而在不同的光照条件下获得最佳拍摄结果。图 1.19 展示了不同参数配置下拍摄的日落图，可以看出拍摄出了风格迥异的作品，太阳还呈现出了不同的颜色。

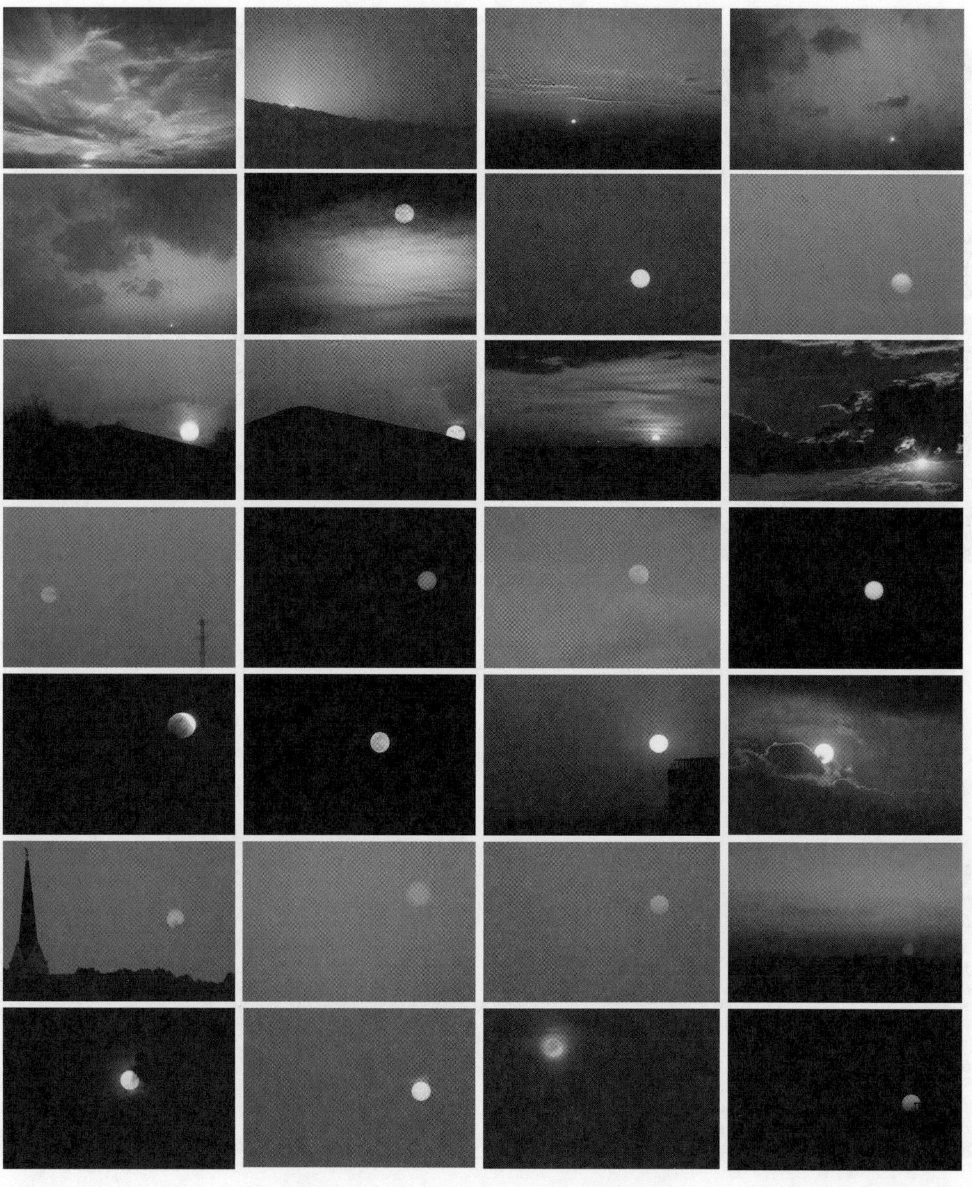

图 1.19 不同参数配置下拍摄的日落图

1.2.6　快门与慢门

快门被用来控制相机曝光时间的长短，数码相机的快门速度可达 1/8000s 之内。快门速度越高，曝光时间越短，反之则越长。

1. 快门

当我们想要拍摄快速运动的目标时，就需要使用高的快门速度进行快速曝光才能定格瞬间，不至于获得模糊的图像。图 1.20 所示为猫的各类表情和动作的抓拍。

图 1.20　猫的各类表情和动作的抓拍

> 小提示
>
> 快门特别是高速快门为捕捉稍纵即逝的运动瞬间提供了条件，它可以凝固人眼无法清晰观测的惊人瞬间，如拍摄水的滴落、高速发射的子弹等。

2. 慢门

所谓“慢门”是指较低的快门速度，通常是指低于 1/30s 的快门速度。慢门也被称为长曝光，它通过降低快门速度“延缓”了时间的流逝，常用于拍摄车流、水流等，如图 1.21 所示。

图 1.21　慢门拍摄照片

> 小提示
>
> 当我们想要表现场景随时间变化的特点时，可以使用很低的快门速度来拍摄长曝光效果，将不同时刻的场景凝固在同一张作品中，获得无法正常使用肉眼观察到的场景。

1.2.7 色温与白平衡

英国著名物理学家开尔文（Kelvins）认为，假定某一黑体物质，不仅能够完全吸收落在其上的所有热量，而且能够以“光”的形式将热量生成的全部能量释放出来，它便会因热量的温度不同呈现不同的颜色。例如，当温度为 500~550℃时，黑体物质呈现暗红色；当温度为 1050~1150℃时，黑体物质呈现黄色；温度继续升高则黑体物质呈现蓝色。打铁过程中，黑色的铁在炼炉中逐渐变成红色，便是该理论的最好印证。

当我们以温度来区别某种色光的特性时，诞生的概念即色温。色温越高，光色越偏蓝，色调风格为冷色；色温越低，光色越偏红，色调风格为暖色。

在摄影机中依据色温的不同有各种模式，白平衡就是通过调整色温来实现的，常见的白平衡模式包括自动、日光、多云、阴天、钨丝灯（白炽灯）、闪光灯、荧光灯等，各种模式也对应不同的色温。例如，蓝天时色温约为 10000 K，阴天时色温约为 7000~9000 K，日光直射下的色温约为 6000 K，日出或日落时色温约为 2000K，烛光的色温约为 1000 K。

图 1.22 展示了同一幅作品在不同色温下的对比，从左到右分别是高、中、低色温。

图 1.22 不同色温下的对比

小提示

注意色温和冷暖色调的关系与我们日常感受不同，色温越低，图像越偏暖色。

1.2.8 对比度与清晰度

1. 对比度

目前很多显示系统利用 8 位对图像进行显示，即最小灰度值 0 代表最暗，最大灰度值 255 代表最亮，0~255 就是它的动态范围。大多数图中最小灰度值会大于 0，最大灰度值会小于 255，两者之差就是对比度，从视觉上来看就是画面的明暗反差程度。

增加对比度，画面中亮的地方会更亮，暗的地方会更暗，明暗反差会增强。

假如图像上明暗变化均匀，最亮处与最暗处的差值没有超过但是接近显示器的动态范围，那么可以看到图像丰富的明暗层次。

假如最亮处与最暗处的差值远小于显示器的动态范围的最小值，那么图像层次减少，会出现雾蒙蒙的感觉。

假如最亮处与最暗处的差值超过了显示器的动态范围的最大值，那么图像部分层次会丢失，出现全亮或全暗的区域。

图 1.23 从左到右分别展示了原图与对其降低对比度、增加对比度的结果图。

图 1.23 原图与对其降低对比度、增加对比度的结果图

小提示

感光器件动态范围不同，反映的实际对比度不一样。其动态范围越大，越能真实地记录自然界的亮度变化。

2. 清晰度

清晰度与对比度不同，它指的是被摄主体边缘附近的灰度对比。如果增加清晰度，边缘较暗的一侧会变得更暗，边缘较亮的一侧会变得更亮，轮廓会更加清晰。不过如果调节过度会使得边缘附近出现伪影。

增加清晰度可以通过锐化操作来进行，降低清晰度可以通过降低图像分辨率、增加模糊等方法来进行。图 1.24 所示为一张高清晰度图和低清晰度图的对比。

图 1.24 高清晰度图和低清晰度图的对比

1.3 摄影基本技巧

虽然摄影是自由创作的过程，每个人的审美也有差异，但是我们还是会使用一些基本技巧，包括颜色、构图方法和光线的运用。

1.3.1 颜色

世界上有各种颜色，不同的颜色和色调会给人带来不同的心理感觉，一个优秀的摄影师善于运用颜色和色调来创造能够强化所需要表达主题的作品。

1. 颜色与心理学特点

表 1-1 所示是常见的颜色和对应的情感，不同情感往往有最适合它的颜色，其中我们最熟悉的包括红色、绿色、蓝色、白色、黑色等。

表 1-1 常见的颜色和对应的情感

颜色	情感
红色	热情、活泼、积极、幸福、温暖、奋进、忠诚
绿色	生机、新鲜、和平、凉爽、平静、希望
蓝色	广阔、冷淡、理智、沉静、清新、冷清、宁静
黄色	轻快、活泼、高贵、庄重、温顺、光明
青色	圆顺、坚强、冷清
橙色	跃动、华美、愉快、丰硕、甜蜜、享乐
紫色	高贵、优美、深沉、庄重、神秘
白色	光明、神圣、朴素、纯洁、素静、稚嫩
黑色	严肃、沉默、悲哀、含蓄、稳重、死亡
灰色	平稳、朴素、平和、浑厚、柔和、稳重
褐色	沉稳、淳厚、成熟、严密、深沉
金黄色	贵重、华丽、高雅、正统
银白色	高洁、柔软、素雅、明亮
品红色	温柔、坦率、朴实、平和

图 1.25 展示了一些红色系作品，包括灼烧的落日、鲜美的食物、代表姻缘的饰物、节日的灯笼，它们都展现了热情和温暖的气氛。

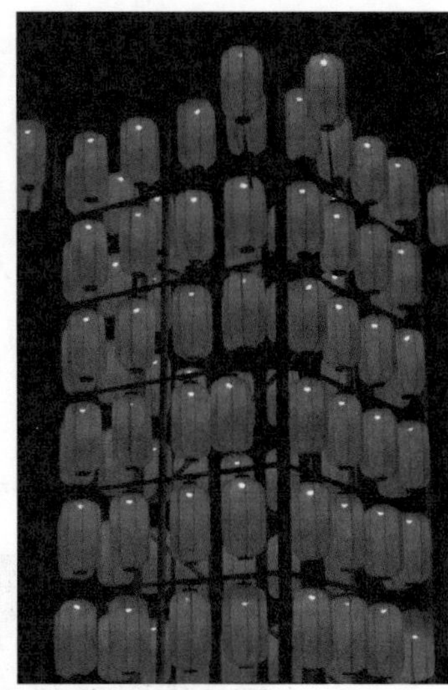

图 1.25 红色系作品

图 1.26 展示了一些黄色系作品，包括秋天的银杏树、春天的花、设计的 LOGO，它们相对于红色系作品，显得更加轻快、活泼，同时黄色系常用于设计等领域。

图 1.26 黄色系作品

图 1.27 展示了一些绿色系作品，包括植被特写、5 月的稻田，它们代表着生机和希望。

图 1.27 绿色系作品

图 1.28 展示了一些蓝色系作品，包括天空、远山、水面倒影，它们呈现的气氛宁静、祥和，可以表达广阔的空间感。

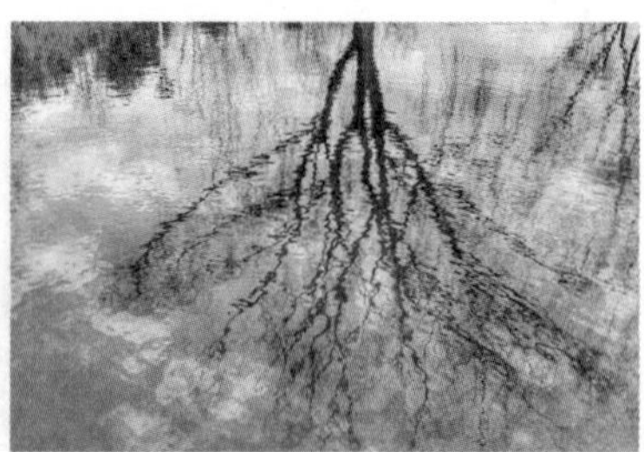

图 1.28 蓝色系作品

图 1.29 展示了一些白色系作品，它们都是雪景，展现了纯洁、素净的气氛。

图 1.29 白色系作品

小提示

恰当的颜色会赋予作品恰当的情感，选择恰当的颜色是每一个摄影爱好者应该掌握的基础。

2. 色相、饱和度、明度与色调

前文给大家介绍过颜色空间，以 HSL 颜色空间为例，它可以将图像分为 3 个通道，分别是色相、饱和度、明度。

色相，表示色彩。光谱中各色都是原始的色彩，它们构成色彩体系中的基本色相，如红、橙、黄、绿、青、蓝、紫。

饱和度，表示色彩的纯净程度。同一色相，即使饱和度发生轻微的变化，也会带来色彩的变化。不同色相的明度不同，饱和度也不相同。

明度，表示色彩的明暗深浅。明度最高的颜色为白色，明度最低的颜色为黑色，中间存在一个从亮到暗的灰色系列。明度在三要素中具有很强的独立性，它可以不带任何色相的特征而是通过黑、白、灰的关系单独呈现出来。

当我们对色相、饱和度、明度进行调整时，会影响作品色彩的总倾向，可以称之为色调，反映到人的直观感受，就是冷色和暖色。例如，红色、粉色、黄色就是暖色；蓝色、紫色、绿色就是冷色。

一幅作品要有较好的美感，往往需要满足一定的色调学原理、常见的包括单一色调和互补色调。

所谓单一色调，即整张图表现为统一、和谐的颜色。图 1.30 所示为单一色调图和对应的色相直方图。

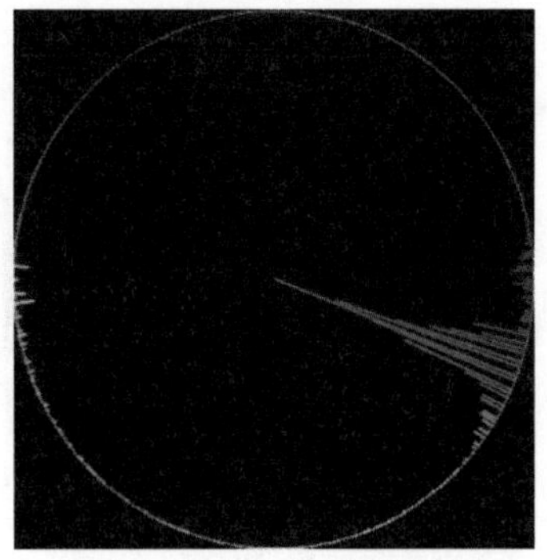

图 1.30 单一色调图和对应的色相直方图

图 1.31 中只包括单一的主体，它与背景有统一的色调，使得整张图的气氛和谐融洽。

所谓互补色调，即图中存在两种色调，并且在色相环上相隔 180° 。图 1.29 所示为互补色调图和对应的色相直方图。

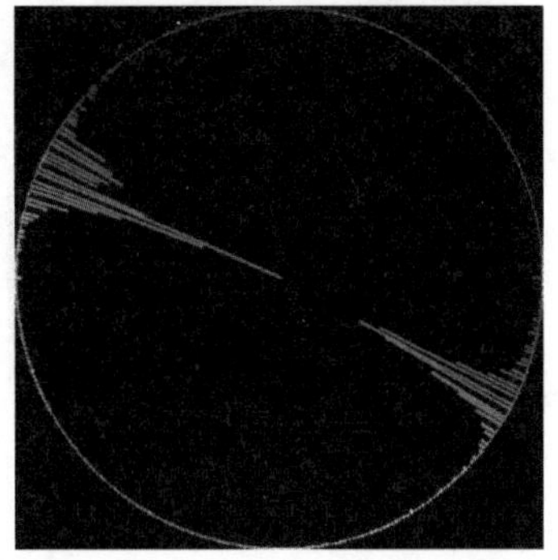

图 1.31 互补色调图和对应的色相直方图

图 1.31 中天空和海面以蓝色为主色，海滩以黄色为主色，两者在色相环上互补，使得整张图颜色对比突出，且比较和谐、自然。

小提示

除了单一色调和互补色调，还有 90° 色调等原理。拍摄者可以熟记色相环，在后期的时候尽量让作品符合好的色调学原理，从而获得美感更高的作品。

1.3.2 构图

构图来源于绘画，最初指绘画时根据题材和主题思想的要求，把要表现的形象适当地组织起来，构成一个协调的、完整的画面。摄影构图方法是根据优秀的摄影作品归纳、总结的一套实践经验进而上升而成的“理论方法”，它可为摄影表现形式提供帮助与参考。构图方法一定要能够表达作品的核心思想内容，并有一定的艺术感染力。

好的作品会将观赏者目光引向被摄主体，并且画面简洁、干净。那么什么样的构图才有利于画面较好地呈现呢？本小节给大家介绍一些经典的构图方法，初学者可以加以借鉴，迅速提高照片的质量。

1. 对称式构图

对称式构图是指被摄对象在画面正中垂线两侧或正中水平线上下，呈现出对等或大致对等的效果，画面从而具有布局平衡、结构规矩的特色，常见的被摄对象包括中国古建筑等。

图 1.32 展示了一些采用对称式构图的建筑、倒影作品，其中虚线表示对称线。

图 1.32　对称式构图

对称式构图是一种很简单和自然的构图方法，往往不需要深入学习，因为有些对象本身的几何特点决定了只有使用对称式构图才能获得完整和美观的作品。

2. 三分法构图

三分法构图是大家比较熟悉和非常经典的构图方法。将一张图划分为九宫格，会有 4 条线和 4 个交点，把被摄主体放在这些线条或者交点的附近会得到比较和谐的作品。

图 1.33 展示了一些将落日、云朵、动物、植物主体放在约 1/3 位置的作品，其中虚线表示主要参考线，实际拍摄不严格处在 1/3 位置。

图 1.33　三分法构图

小提示

背景比较宏大、空阔，又有明显的主体或者水平和垂直参考线时，三分法构图是一种比较自然的构图方法。新手们往往在拍摄人像时喜欢让人物站在画面正中间，其实不妨尝试三分法构图。

3. 消失点与引导线构图

消失点是指平行线的视觉交点。当画面中存在消失点时，观众的注意力焦点会自然转移到该点。因此我们可以善用引导线，以线条方向指向要表达的重点。

图 1.34 展示了一些包括远处消失点的作品，其中虚线表示引导线，它们的交点就是消失点。

图 1.34 消失点与引导线构图

小提示

消失点与引导线构图天然具有很强的纵深感和目光吸引力。当我们遇到类似的场景时，将想要突出的目标放在消失点往往能得到不错的作品。

4. 框架式构图

框架式构图需要在拍摄的场景中寻找可以围绕被摄主体的东西，它可以是人造的门、篱笆，或者自然生长的树干、树枝等。框架式构图利用视觉遮挡，可以增强画面的吸引力、空间纵深感和立体感。

图 1.35 展示了利用后期工具、家具物件以及窗的框架式构图作品。

图 1.35 框架式构图

小提示

框架式构图使用作为框的景物来衬托主体，如果景物本身比主体更具吸引力，便会破坏主体的地位，这是框架式构图需要注意的地方。

5. 对角线和曲线构图

对角线和曲线构图是一种导向性很强的构图方法，通过把主体安排在对角线上，使得画面有延伸感。另外，这一类构图中常常会包括突出的曲线元素。

图 1.36 展示了一些包括对角线或曲线的作品。

图 1.36 对角线和曲线构图

小提示

对角线和曲线构图作品中往往从上到下、从左到右都有元素，整体美感强于局部美感。

6. 俯视构图和仰视构图

俯视构图常用于从高楼拍摄车流、拍摄日常小物件等，它可以用“上帝视角”观察全貌，获得独特的感受。

仰视构图所拍摄的主体经常是楼宇、树林以及天空。我们抬头甚至躺下观察楼宇间的线条，让线条从画面的四角向内延伸，拍摄出的作品会使观赏者有种置身其中的感受。

对于人像拍摄，仰视构图可以以“女友视角”的形式捕捉画面，俯视构图可以以“男友视角”的形式捕捉画面，两者也适用于拍摄动物。拍摄动物时，将相机放到与动物齐平或者低于动物的位置，会展现平常观察视角无法观察到的可爱面。

图 1.37 展示了一些常见的俯视构图和仰视构图作品。

图 1.37 俯视构图和仰视构图

小提示

俯视构图并不意味着你非得爬到建筑物顶端，通常可以站得高一些或是窗边记录周围风景全貌。当然，如果使用无人机进行俯拍，可以更容易获得精彩而震撼的作品。

7. 对比构图

前面介绍的三分法构图等方法聚焦于让画面中前景与背景分布和谐，而对比构图则致力于制造强烈的反差。反差可以来自前景与背景的大小对比、颜色对比、浅景深带来的虚实对比和动静对比等。

图 1.38 展示了一些常见的对比构图作品。

（a）　（b）　（c）

（d）　（e）　（f）

图 1.38 对比构图

图 1.38（a）展示的是前景与背景的大小对比，通过宏大的背景来展示人物的渺小。

图 1.38（b）展示的是颜色对比，通过保留主体颜色，去除背景颜色，进一步强化了前景。

图 1.38（c）展示的是动静对比，通过对背景制造动态模糊效果，使作品更有动感和冲击力。

图 1.38（d）展示的是大小与虚实对比，通过在一定方向虚化背景、保留前景，拍摄出了微缩世界的效果，这也被称为移轴摄影或者微缩摄影。

图 1.38（e）展示的是剪影对比，通过对颜色的调整使得作品专注于目标的轮廓。

图 1.38（f）展示的是虚实对比，这也是常见的对比构图，用于突出主体。

小提示

虽然在大部分情况下我们会让作品中的元素布局和谐，但是有的时候也会故意制造构图失衡，如使人物即将超出画面，从而突出焦虑感。

8. 竖直构图

严格来说，竖直构图并不是一种构图方法。通常情况下我们会采用横拍的模式，但是有的时候采用竖拍会更加符合主体的空间分布特点。

图 1.39 展示了一些常见的竖直构图作品。

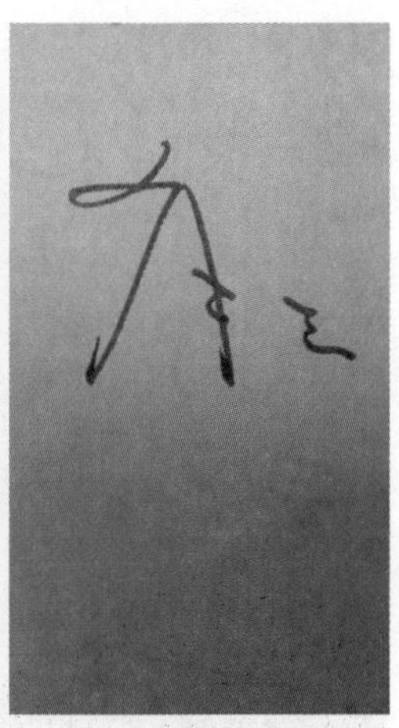

图 1.39 竖直构图

在图 1.39 中，无论是从上至下的航迹云，还是站立的猫的上半身、高楼上的日落，以及竖直结构的签名，都适合采用竖直构图。

9. 其他构图

还有许多特殊的构图方法，例如，鱼眼构图拍摄建筑，可以拍下比正常拍摄更多的空间；人物摄像时故意倾斜画面以突出对象的活泼感；留白构图故意将主体分到较小的空间，留出大量空间让人思考；全景构图记录超广角场景。这些都需要摄影师凭借自身的经验和审美进行大胆的创作。

图 1.40 展示了一些其他构图作品。

图 1.40 其他构图

小提示

摄影中有“三分靠前期，七分靠后期”的说法，当你在拍摄照片的时候不知道应该如何构图，可以留出足够多的空间来供后期构图调整。

1.3.3 光线

摄影就是“用光线进行绘画”，因此摄影用光是一种基本功。光线的运用主要包括两个方面，第一个是正确曝光，第二个是学会使用各类光线来拍摄作品。

1. 曝光

如何利用光线达到正确曝光？怎样才算正确曝光？这取决于摄影者具体的创作意图，不同类型的作品并没有完全统一的标准。正确曝光至少要使得作品中的元素明暗对比度合理，因为曝光由快门速度、光圈大小及感光度决定，所以正确曝光需要对摄影参数熟练掌握。

虽然正确曝光无法进行统一描述，但是错误的曝光却很容易被识别，包括两种，即欠曝光和过曝光。

所谓欠曝光，即曝光不足，重要元素偏暗，在外部光线不足的情况下容易发生，如图 1.41 所示。

（a）（b）（c）

图 1.41 欠曝光

图 1.41（a）是清晨在卧室中拍摄的，图 1.41（b）是夜晚在室内拍摄的，图 1.41（c）是在博物馆暗光下拍摄的。这几幅作品都处于一定程度的欠曝光状态，增加全图的曝光是有必要的。

所谓过曝光，即曝光过度，出现大量亮度超出动态范围的像素，或者某些主体亮度过高，在光线充足场景下使用错误的参数或者逆光等场景下容易发生，如图 1.42 所示。

（a）（b）（c）

图 1.42 过曝光

图 1.42（a）是白天在室内拍摄的，此时室外阳光照射充足，猫的脸部存在一定程度的过曝光；图 1.42（b）是日出过后一段时间逆光拍摄的，此时太阳亮度已经非常高，导致天空背景过曝光；图 1.42（c）是普通数码相机逆光场景下自动拍摄的，人的脸部存在一定程度的过曝光。这几幅作品的部分区域都处于一定程度的过曝光状态，拍摄前期的时候应该控制好曝光程度。

小提示

欠曝光的作品在后期比较好调整，因为照片细节往往都被记录下来，只是亮度较低。而过曝光的作品则往往难以“拯救”，因为被过度曝光的部分容易丢失纹理细节，难以恢复。

2. 光线的运用

自然光是最常见的光线，当我们在室外进行拍摄时大多采用自然光，自然光按照光的强度和方向分为许多种。

就强度来说，自然光可简单分为 3 种：强光、弱光、微光。

强光，出现在晴天阳光直射的户外，尤其是中午时分。强光下拍摄难度较大，需要控制好曝光。

弱光，出现在阴雨天或者室内，此时光线相对较暗和柔和，控制曝光相对容易。

微光，多出现于夜晚，此时光线非常弱，需要镜头有较大光圈并设置较高的感光度才能进行拍摄。当然，如果在城市等环境中，还存在其他较多光源，拍摄时可以合理运用。

就方向来说，自然光可以简单分为 4 种：顺光、侧光、逆光、散射光。

顺光，就是顺着光的方向拍摄，此时拍摄者背对光源，光线直接照射在被摄主体上。

在这样的光线环境下，主体色彩和形态等细节特征都可以得到很好地表现，适合记录自然风景。不过顺光拍摄会使主体没有明显的明暗变化，从而缺乏层次感和立体感，使画面表现略显平淡，如图 1.43（a）所示。

侧光，此时光源与拍摄方向形成夹角，可以使被摄主体产生鲜明的明暗对比效果，用于表现层次分明、具有较强立体感的画面，如图 1.43（b）所示。

逆光，就是逆着光的方向拍摄，此时前景、背景在亮度上有很大的反差，因为空气中的粒子，逆光充满光线的氛围感，常用于在清晨或者傍晚拍摄人像和景物，制造唯美的氛围，如图 1.43（c）所示。另外，逆光环境下可以拍摄各种剪影作品，突出主体的轮廓。

散射光，常见于阴天户外，此时光线没有方向感。当云层挡住了太阳后，太阳就像一个巨大的柔光光源将光线均匀地铺洒到每一个角落。散射光适合记录拍摄，作品光线表达能力一般。

（a）　（b）　（c）

图 1.43 不同方向的自然光

除了自然光的运用，我们还会经常运用人造光，如室内和夜景中的各种灯光、闪光灯等。人造光其实是模仿自然光，不过摄影师可以有更高的自由度来对它进行控制，所以专业摄影师，尤其是在室内从事人像摄影的摄影师需要熟练运用。

普通的摄影爱好者则可以从擅用各种室内光源开始学习。图 1.44 展示了笔者借用室内光源和家具拍摄的作品。

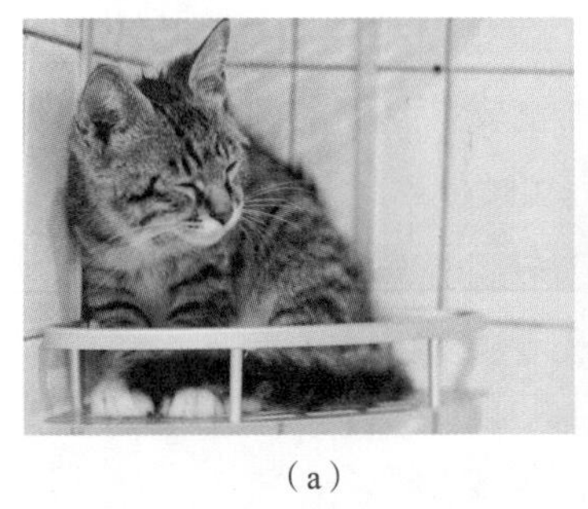
（a）

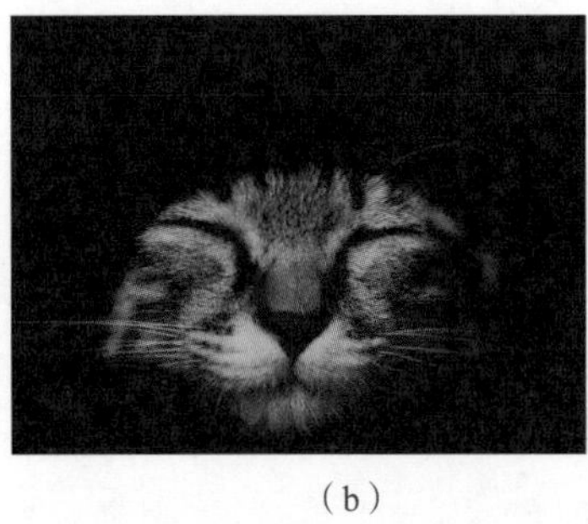
（b）

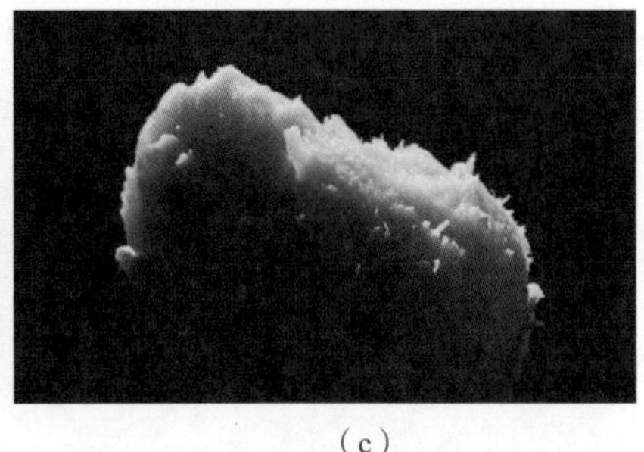
（c）

图 1.44 室内光源

图 1.44（a）使用了浴室的暖灯，光线比较均匀、柔和；图 1.44（b）使用了床柜等家具来遮挡，完成对猫的脸部特写；图 1.44（c）使用了窗户对逆光进行过滤，然后寻找最佳角度来进行水果的特写。

用光的恰当与否，可以直接影响摄影作品的艺术魅力，各种光线的熟练运用需要大量实践。

从第 2 章开始我们将结合技术来讲解摄影中的各个维度的知识，科技与艺术的结合，会让我们能够更好地了解和热爱这个世界。

1.4 小结

本章介绍了摄影相关的基础。

在 1.1 节中，介绍了摄影发展中的重要历史节点和重要流派，感兴趣的读者可以借此加深对摄影艺术的理解，甚至了解一些型号较老的相机。

在 1.2 节中，详细介绍了摄影与图像中的基本概念，包括像素、分辨率、焦距、光圈、ISO、快门、色温、对比度等，通过拍摄的各类图像让初学者迅速掌握这些参数对摄影作品的影响。

在 1.3 节中，介绍了对提升摄影作品美感非常重要的颜色运用、构图方法、光照运用等 3 个维度的知识，供初学者从摄影学的角度来理解和欣赏一幅图片，从而提升摄影美学素质。

本章是全书的基础，除了非常底层的图像处理概念，没有涉及具体的技术，目标是激发起读者对于摄影的兴趣，从而更好地学习本书内容。

参考文献

[1] New York Institute of Photography. 美国纽约摄影学院摄影教材 [M]. 北京：中国摄影出版社 , 2000.
[2] GONZALEZ.R C, WOODSR E. 数字图像处理 [M]. 阮秋琦 , 阮宇智 , 译 . 北京：电子工业出版社，2010：197-213.

第 2 章

图像美学

图像美学质量是对视觉感知美的度量。虽然判断图像的美学质量这一任务主观性非常强，往往涉及情感和个人品位，然而人们往往会达成共识：某些图像在视觉上确实比其他图像更有吸引力。这也是新兴研究领域——计算机美学的研究方向之一。

本章重点探讨如何用可计算方法来自动评估图像的美学质量，这项研究的最大挑战在于低层次图像特性与高层次人类美学感知之间的差距。

- 图像美学基础
- 传统美学质量评估方法
- 深度学习美学质量评估方法
- 建筑图像美学质量评估实战

2.1 图像美学基础

图像美学研究如何用可计算技术来预测人类对视觉刺激产生的情绪反应，并探索令人类产生更愉悦印象的方法，这一领域被称为计算机美学（Computer Aesthetics）。

本节介绍图像美学相关的基础，包括什么是图像美学、图像美学的应用、图像美学的数据集，以及图像美学的研究思路。

2.1.1 什么是图像美学

《牛津高阶英语词典》将美学定义为："concerned with beauty and art and the understanding of beautiful things, and made in an artistic way and beautiful to look at." [1]。

视觉美学是人类对外界视觉刺激产生的感知美的一种度量，不同的图像引发的情感反应不同，一些图像会给观赏者留下比其他图像更愉悦的印象。

图像美学质量是对视觉感知美的度量，它与图像的颜色、光影、构图、虚实等因素密不可分，并与图像的语义内容相关。鉴于美学的抽象性和主观性，即使专业摄影师也难以说明哪些特征对图像美学质量影响更大。虽然美学难以描述，但摄影师们仍然总结出了一些通用的摄影规则和技术来调整图像的颜色、光影、构图、景深等因素来获得更具有视觉吸引力的图像，也就是美学质量更高的图像。

那么，什么是图像美学质量评估呢？传统的图像质量评估目的在于利用计算机模拟人类视觉系统自动评估图像的失真程度，即评估图像质量下降的程度，包括图像在采集、传输、压缩和存储过程中产生的图像质量下降。与传统的图像质量评估不同，图像美学质量评估更注重图像的主观美感。

小提示

图像美学，又可称为计算机美学，对应的英文描述包括 Computer Aesthetics、Photo Aesthetics 等。

2.1.2 图像美学的应用

随着数码相机和智能手机等摄影设备的普及，互联网上和存储在个人相册中的照片数量正在爆炸式增长。图像美学质量评估在许多应用中显示出了越来越重要的作用，如图像检索、自动照片增强、照片筛选和相册管理等。在这些应用中，图像美学质量评估可以帮助人们更好地浏览、管理甚至创作更具视觉吸引力的图像。本小节将介绍图像美学质量评估在现实生活中的应用。

1. 图像搜索

图像美学质量评估算法可以有效改进图像检索应用。当前图像检索应用根据用户的查询检索到大量相关结果，然而位于顶部的搜索结果有时候不具有视觉吸引力。在这种情况下，用户需要浏览更多结果以找到与检索内容相关又具有视觉吸引力的结果。此时，图像美学质量评估可以减少用户工作量。作为后处理步骤，图像美学质量评估算法根据检索到的图像美学质量重新排列检索到的图像。这样使得位于顶部的检索图像都是高质量的图像。

印度理工学院的研究者们 [2] 就利用图像美学技术增强 Twitter 上的广告推广效果。未来，基于美学质量的排序还可以与其他排序标准相结合，以便在图像搜索中提供更好的用户体验。

2. 自动照片增强

用户可以按照自己的喜好通过照片编辑工具修改照片的某些特征，像 Adobe Photoshop 这样的商业软件就提供了这样的工具。但想要得到更具视觉吸引力的图像，通常需要用户有一定的摄影和美学知识。对普通用户来说，他们往往不清楚哪些元素需要修改并且如何修改它们才能使图像更具视觉吸引力。在这种情况下，自动提高图像美学质量的自动照片编辑工具是非常有用的。开发这样的工具需要解决两个问题：如何编辑照片并且如何评估不同编辑后的美学效果。后者的答案是采用图像美学质量评估技术，而前者的答案就是第 3 章的内容，即基于美学的自动构图 [3]。一个常见的实现方法是在两个图像编辑操作之间进行迭代并评估候选方案的美学质量，直到选择最好的构图。

3. 照片筛选和相册管理

个人照片数量激增产生了一个问题：手动管理大量照片会很耗时。因此开发自动有效的照片筛选和相册管理工具是很有必要的。一般人们会依据美学标准选择照片，因此美学质量评估在其中有着重要的作用。

康奈尔大学的研究者们 [4] 开发了一个照片选择应用程序，来从大型个人照片集中选择美观的照片。这个应用的输入是一个个人相册，可以是与朋友旅行时拍的照片，也可以是家庭聚会时拍的照片等。照片中可以包括很多人，也可以是由不同设备在不同场景下拍摄的。此应用的核心算法就是通过图像美学质量评估算法选出美学分数高的、更有视觉吸引力的照片。

由此可见，图像美学质量评估算法已经渗透到了人们生活的各个方面，在未来的生活中图像美学质量评估也将发挥更重要的作用。

2.1.3 图像美学数据集

预测图像美学质量这一任务的主观性引出了一个关键问题：该用什么样的数据来学习图像美学质量？为了对可计算方法进行训练和评估，需要有一个带有人类主观美学标签的图像美学数据集。由于美学主观性较强，创建一个带有人类主观美学标签的数据集难度是很大的，但图像美学质量评估基准数据集的构建是该研究的关键前提条件。

理想情况下，数据集需要收集大量来自不同摄影师（包括业余爱好者和专业人士）的照片，并需要包括不同的内容和风格，从肖像到风景、从抽象到现实等。此外，还需要进行大规模的人类研究，以便评估者在赋予图像美学分数 / 标签时能够达成共识。另外，还应根据美学任务的定义选择研究的参与者。如果美学任务的目的是了解专业摄影师眼中的美学，那么应该在专业摄影师中进行研究。如果美学任务的目的是了解并非专业摄影师的业余人士眼中的美学，那么应该在业余人士范围内进行研究。人类研究还需要在参与者构成、观看条件、观看时间、显示器屏幕分辨率和其他因素方面有很好的控制。

现实研究中，获取图像美学质量评估主观得分的方法主要有实验室内的人工打分（如香港中文大学的 CUHK-PQ 数据集）、在线图像分享打分网站下载（如美国宾夕法尼亚州立大学的 Photo.Net 数据集）、众包评估方法等。

在实验室内进行的人工主观评估打分实验参与人数有限，难以代表不同人群对美的认知。从在线图像分享打分网站下载收集的方法虽然参与者众多，但难以控制图像来源，并且难以控制实验的各项参数，容易引入多种实验误差。因此现在很多研究人员采用众包评估方法来构建数据集，这样既可以控制图像来源，又可以尽量使参与者多样性增强。

下面介绍几个常用的图像美学数据集。

1.CUHK–PQ 数据集

CUHK-PQ 数据集[5]包括从在线图像分享打分网站上收集的 17690 张图像。所有图像被赋予二元审美标签，并被分组成 7 个场景类别，即“动物”“植物”“静物”“建筑”“风景”“人物”“夜景”。

2.Photo.Net 数据集

Photo.Net 数据集[6]包括 20278 张图像，每张图像至少有 10 个评分，来自在线评分。评分范围为 0~7，7 为最美观的图像。

3.AVA 数据集

2012 年，西班牙巴塞罗那自治大学计算机视觉中心的穆雷（Murray）等人[7]构建了一个面向图像视觉美学质量分析与度量的大规模图像数据集（a Large-Scale Database for Aesthetic Visual Analysis），即 AVA 数据集。它包括约 25 万张图像，这些图像是从在线图像分享打分网站上下载得到的。

每张图像由 78~549 名评分者评分，评分者中不仅包括专业的图像工作者、摄影师，还包括摄影爱好者，这样显得更有普适性。评分范围为 1~10，平均分被用来表示每张图像的真值标签。

该数据集作者对数据集的分数分布做了统计，有如下的特点。

（1）2~8 分占比超过 99.77%，0 和 9 分的比例非常低，不必担心评分过于离谱。

（2）对于分值接近于 5 的图像，分数分布是很明显的高斯形状，这说明评分比较一致。而对于分值很高或者很低的图像，曲线在两侧有很陡的表现，这说明大部分评分是一致的，证明了数据集的有效性。

小提示

另外，该数据集作者还对分数的方差图进行了分析，越是平均分值接近于 5 的图像，方差越小，说明越稳定。其中方差大的图像往往都是一些比较抽象的图像，这时候人群的审美差异是最大的。

数据集中每张图像都标注了 1~2 个语义标签，整个数据集总共有 66 种语义标签，大概有 20 万张图像只包括 1 个标签、15 万张图像包括 2 个标签。这些语义标签中有的是描述图像的内容，如 Water（水）、Architecture（建筑）；有的是描述图像的风格，如 Black and White（黑白片）。

出现频率较高的语义标签有：Nature（自然）、Black and White、Landscape（风景）、Still-life（静物）等。

AVA 数据集中的图像还标注了摄影属性，一共有 14 个摄影属性，分别是：Complementary Colors（补色）、Duotones（双色调）、High Dynamic Range（高对比度）、Image Grain（纹理图）、Light on White（亮白）、Long Exposure（长曝光）、Macro（微距）、Motion Blur（运动模糊）、Negative Image（负片）、Rule of Thirds（三分法）、Shallow DOF（浅景深）、Silhouettes（剪影）、Soft Focus（软焦）、Vanishing Point（消失点）。

4.AADB

AADB[8] 是 2016 年 Adobe 整理的数据集，可以说是 AVA 数据集的一个补充。该数据集有 10000 张图像，其中 8500 张图像用于训练、500 张图像用于验证、1000 张图像用于测试。评分者有 5 个人，最终的结果取 5 个人的平均值。除了标注美学质量分数外，还标注了 11 个属性，分别是：balancing element（是否有平衡元素）、content（是否有好的内容）、color harmony（颜色和谐性）、depth of field（是否浅景深）、lighting（是否有好的用光）、motion blur（是否运动模糊）、object emphasis（前景是否突出）、rule of thirds（是否使用三分法）、vivid color（丰富的颜色）、repetition（有没有重复模式）、symmetry（是否有对称性）。

与 AVA 数据集相比，它有如下优势。

（1）AVA 数据集中包括很多非真实的摄影图像和后期处理过的图像，所以 AVA 数据集中分数超过 5 分的图片占据绝大多数。但是 AADB 中，则更多地考虑了专业摄影者和普通摄影者拍摄的图像的均衡，二者的比例基本是 1∶1。

（2）AADB 在 AVA 数据集的基础上做了更多摄影风格的补充。

5.AVA-Reviews 数据集

2018 年，复旦大学的 Wang 等人利用 AVA 数据集构建了 AVA-Reviews 数据集[9]，其中包括 AVA

数据集中的 4 万张图像，每张图像跟随了 6 条语言评论。Wang 等人利用卷积神经网络（Convolutional Neural Network，CNN）与循环神经网络（Recurrent Neural Network，RNN）相结合的神经网络结构同时预测图像的美学分类与语言评论，然而 AVA-Reviews 数据集的规模仍然不大，并且语言评论的标注没有考虑美学因素。

目前以 500px 为代表的摄影平台可以根据阅读量、评论量、被喜欢量来构建更大规模的数据集，随着积累的数据越来越多，相关的公司和团队在美学研究上可能具有绝对压倒性的优势。

小提示

创建大规模数据集对于该研究领域至关重要。迄今为止，AVA 数据集作为第一个具有详细注释的大规模数据集，在数据集规模、多样性和标注的一致性上，是当今使用最广泛的图像美学质量评估数据集。

2.1.4 图像美学的研究思路

图像美学的研究可以分为分类问题、回归问题及排序问题。

1. 分类问题

很多研究将图像美学质量评估定义为分类问题，将此任务定义为分类问题不仅为这一研究领域提供了一个简单的出发点，而且可以降低由于主观评分不一致带来的影响。不同的人有不同的评分标准，这使得人类标注主观性较强。把平均分数在一定范围内的图像作为一组，可以帮助消除评分不一致带来的影响。在这种情况下，将图像美学质量平均分数分为 M 个区间可以得到 M 类美学质量。

最简单的情况下，图像美学质量评估被看作二分类问题，即 M=2，两个类别分别为“高美学质量”和“低美学质量”，然后使用分类器进行学习。

图 2.1（a）中依次为高美学质量的动物图、植物图、建筑图、风光图、夜景图，图 2.1（b）中依次为低美学质量的动物图、植物图、建筑图、风光图、夜景图。

（a）

（b）

图 2.1 高美学质量图和低美学质量图

为了评估美学质量分类算法的性能，可以使用分类算法中的度量标准。对于美学二分类，通常使用分类准确率、ROC（Receiver Operating Characteristic）曲线和 PR（Precision Recall）曲线。

2. 回归问题

虽然分类问题比较简单，但我们更理想的目标是让计算机像人类一样预测美学质量分数。在一些应用中，需要按照美学质量分数将图像排序，这时候我们需要得到更精细的美学质量分数而不是美学质量的粗粒度分类。

如图 2.2 所示的美学质量评分，以 5 分为满分，◆表示一分。

◆◆◆◆◇

◆◇◇◇◇

◆◆◆◇◇

◆◆◆◆◆

◇◇◇◇◇

图 2.2　美学质量评分

假设一组带有美学质量标签的图像集合为（I_1,S_1），（I_2,S_2），…，（I_i，S_i），其中 I_i 表示从各个图像中提取到的美学特征，S_i 表示各个图像的美学质量分数。在训练阶段，学习回归模型来得到图像特征与期望分数之间的映射。在测试阶段，用提取测试图像的特征，学习的回归模型会预测出测试图像的美学质量分数。

图像美学质量分数回归模型有线性回归、支持向量机（Support Vector Machine，SVM）回归、CNN 回归等，通常使用残差平方和 RSS（Residual Sum of Squares）来评估系统性能。RSS 定义如下。

$$R_{res}=\frac{1}{N}\sum_{i=1}^{N}(S_i'-S_i)^2 \qquad 式（2.1）$$

其中，N 为测试图像的数量，S_i 为第 i 张图像的真实美学质量分数，S_i' 为预测分数。

3. 排序问题

判断单张图像的美学类别或者美学质量分数是比较困难的，训练出来的模型也容易过拟合。然而比较两张图像的相对美学，即一张图像是否比另一张图像更加好看，这更加简单，也更加符合人类的常识。如图 2.3 所示，读者可以判断两两之间的相对美学排序，相信很容易就能取得一致的结论。

VS

图 2.3　相对美学排序

图 2.3 相对美学排序（续）

2.2 传统美学质量评估方法

提取计算特征来表示图像吸引力是图像美学质量评估任务的关键步骤，提取特征的好坏会直接影响后续决策算法的性能。传统方法的研究主要通过人类直觉、心理学等获得灵感来设计美学特征。

Peters 等研究者 [10] 分析了人类视觉系统，并推导出视觉美学的 6 个基本维度：颜色、形式、空间组织、运动、深度、人体。Ke Yan 等人 [11] 提出影响图像吸引力的 3 个重要因素：简洁、逼真和基本的摄影技术。Li Congcong 等人 [12] 提出颜色、构图、意义、纹理和形状是影响图像美学质量的重要因素。

Luo Yiwen 等人 [13] 强调了图像的主题对图像美学质量的重要性。此外，Sagnik Dhar 等人提出用高级语义属性 [14] 来描述图像吸引力。

基于这些对图像美学质量评估标准的分析，研究者们提出了多种算法来提取与这些标准相关的图像特征。接下来将会详细分析这些能表征图像吸引力的特征和属性，这些特征主要分为 3 组：底层美学特征、摄影美学特征、通用与专用图像特征。

2.2.1　底层美学特征

所谓底层美学特征，主要是指图像的颜色、亮度等统计特征。

1. 颜色与色调

颜色是从图像中获得的最直接的信息，创造更具吸引力的色彩构成是专业摄影师的重要能力，通常会在 HSL 或者 HSV 颜色空间中进行评估。

粗略提取图像颜色特征的一个方法是计算图像中像素颜色的平均值，从艺术角度来说，平均值或多或少可以反映图像的色调。此外，还可以基于图像中的所有像素生成直方图以表示图像的全局颜色组成，或者基于预分割区域内的像素生成直方图来表示局部颜色组成。

出色的摄影作品通常色调都非常简洁、和谐，这样可以突出主体，而业余人士拍摄的照片可能看起来混乱。对此，研究人员提出了颜色和谐性等特征 [15]。

摄影中色调常遵循单一色调、互补色调、相邻色调等原理。图 2.4 展示了互补色调作品及其色相直方图。基于此，我们可以提取前景和背景 HSV 色相直方图中的平均色相值和方差来判断色调，并使用 KL 散度等指标来判断前景和背景的直方图分布相似度。

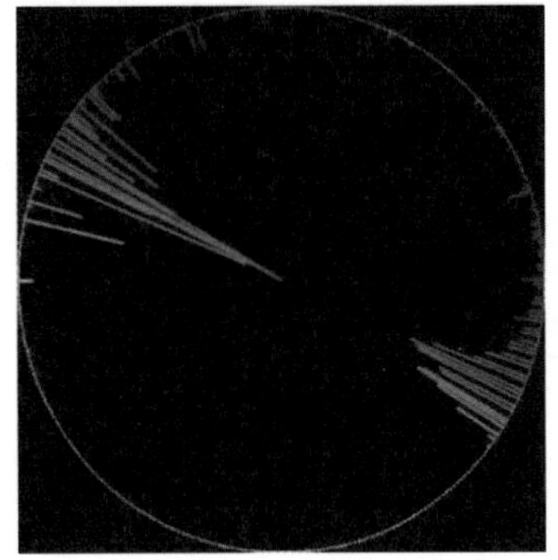

图 2.4　互补色调作品及其色相直方图

> 小提示
>
> 互补色调原理，即具有视觉美感的主色调搭配方案，常常是色相区间相隔 180°。

2. 亮度与对比度

摄影器材的自动曝光程序会依据 18 度灰进行曝光，当物体颜色接近黑色，相机会增加曝光，反之会减少曝光，但是该原则并非对所有场景都适合。例如，雪景中自动曝光会导致人物欠曝光，逆光场景下自动曝光则容易产生过曝现象。选择适当的光线条件和控制曝光是专业摄影师的基本技术，专业摄影师也会充分利用光线对比度来强调主体，如图 2.5 所示。

（a）

（b）

图 2.5 低对比度图与高对比度图

其中，图 2.5（a）为低对比度图，图 2.5（b）为高对比度图。

最简单的情况下，我们可以使用平均亮度和亮度对比度来作为特征。Ke Yan 等人[11] 则提出了全局边缘分布、对比度和亮度指标来表示图像，然后基于这些特征训练贝叶斯分类器。Tong 等人[16] 通过将全局低级特征（模糊性、对比度、显著性）结合起来对摄影作品和普通照片进行分类。

> 小提示
>
> 18 度灰又称中阶灰，来自科学家对自然界的平均反射率的统计结果。

2.2.2 摄影美学特征

摄影美学特征主要是专属于摄影领域的特征，包括空间构图特征、前景与背景特征等。

1. 构图

除了颜色和光线会影响图像吸引力，主体的位置及其空间相互关系在图像美学质量中也起着重要作用。专业摄影师有着丰富的构图知识和技术。若保持主体的完整形状，只是改变其空间位置，图像美学质量也会有很大变化。很多构图特征都是受摄影规则启发的，如黄金分割法则、视觉平衡等，其中最广泛使用的是三分法构图。

图 2.6 展示的是一张符合三分法构图的图，图中白线均匀地将图像横分或纵分为 3 份，中间矩形的 4 个角则是交叉点。满足三分法构图的图中最重要的主体会接近白线或者 4 个交叉点，所以我们可以用主体偏离位置来作为构图特征。

图 2.6 三分法构图

不过，并非所有的照片都是遵循于一个固定的构图模式，摄影就是需要创造，有时候突破常规才能获得更好的作品，更多构图作品会在第 1 章中已有讲述。

2. 主体

专业摄影师会通过各种技术，如大光圈制造浅景深来突出图像中的主体，因为图像中的各个部分对整个图像美学的贡献也不相同。图像的主体区域更能吸引观赏者的注意力，因此其对图像吸引力的影响比背景区域更大。图 2.7 中的主体是“玫瑰”，它决定了整个图像的美感，而背景几乎对美学没有贡献，故被虚化。

图 2.7 背景被虚化

基于此，我们可以计算与前景、背景相关的特征。

第 1 个是主体区域的色彩丰富度，可以基于色调图计数特征来计算主体区域的色彩丰富程度。

第 2 个是背景简洁度，简单的背景可以使观赏者的注意力集中于主体区域，背景是否简单可以用背景区域的颜色分布、边缘特征来衡量。

第 3 个是主体区域的空间位置，主体区域的空间位置对图像的构图有很大影响，因为它会影响图像的视觉平衡和三分法构图。

除此之外，专业摄影师也经常使用光影效果、线性透视技术来增强立体感，这有助于将人类的想象空间扩展到有限的图像空间之外，表现图像的三维立体感，增强图像的艺术性，然而相关的度量指标很难定义。

2.2.3 通用与专用图像特征

最后要说的就是通用与专用图像特征，通用图像特征不直接与摄影美学有关，而专用图像特征只适用于特定图像。

有研究者曾使用了多个通用图像特征 [17]，包括尺度不变特征变换（Scale-in ariant Fenture Transform，SIFT）、视觉词装模型（Bag-of-Visual-Words ，BOV）等，计算一系列特征后组成特征向量，然后使用 SVM 等分类器进行分类。研究表明对于某些风景照，局部二值模式（Local Binary Pattern，LBP）特征和方向梯度直方图（Histogram of Oriented Gradient，HOG）特征比较有效。另外，其他通用的图像质量评估指标如清晰度、噪声等也可以被用来评估美学质量。

而对于某些特定类型的照片，如商业人脸照片 [18]，就可以使用人脸专有的人脸表情、姿态等特征。

总的来说，影响一张图像美学体验的因素非常多，此处我们只介绍了其中最通用的一些，不同类型的图像有最适合它的特征，需要针对性分析才能获得比较好的结果。

小提示

由于传统的特征提取方法受限于专家知识和特征的表达能力，甚至有一些摄影知识难以用数学来描述，当前更好的做法是基于深度学习技术从数据集中自动学习美学相关特征，请看 2.3 节的介绍。

2.3 深度学习美学质量评估方法

从大量数据中学习特征已经在识别、定位、跟踪等任务上表现出越来越好的性能，超越了传统的人工设计特征。越来越多的研究者开始通过深度学习方法学习图像特征，在图像美学质量评估领域研究者们也开始采用深度学习方法学习图像美学特征，本节介绍相关进展。

我们给大家介绍过，图像美学质量评估问题可以作为分类问题、回归问题、排序问题来进行研究，下面我们分别对这 3 类模型的发展进行介绍。

2.3.1　分类模型

利用深度学习方法，研究者即使没有丰富的图像美学和摄影知识也可以完成图像美学质量评估任务模型的训练，且其性能要好于人工设计特征。

1. 单输入模型

一个基本的图像美学质量评后模型架构如图 2.8 所示。

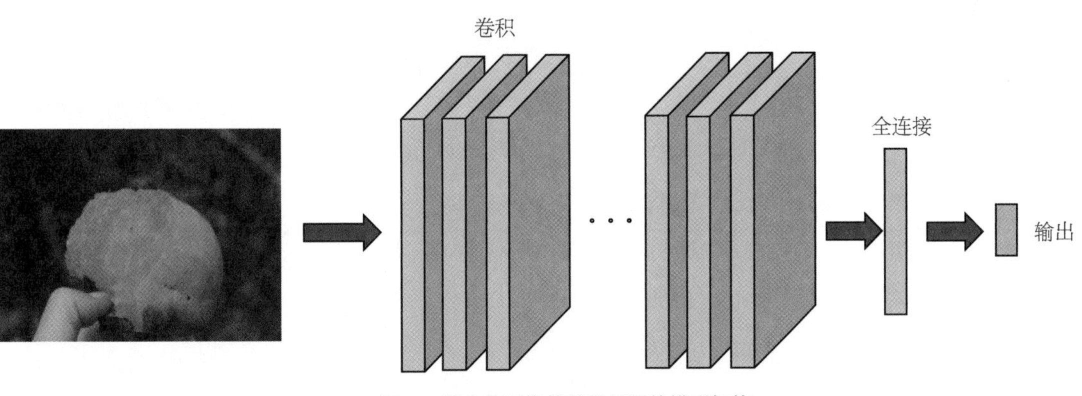

图 2.8　基本的图像美学质量评估模型架构

上述模型架构是一个常见的图像分类或者回归模型架构，由于美学数据集较小，可以采用从其他任务，如 ImageNet 分类任务中学习到的通用深度特征进行初始化，然后为美学质量评估任务训练新的分类器或回归模型。

另外，还可以使用模型本身的多尺度信息，即融合不同层、不同感受来获取全局和局部的特征，这在图像分割模型 UNet 和目标检测模型 SSD 中被证明可以有效改进模型的学习能力。

2. 多输入模型

为了获得更好的结果，Lu 等人提出了 RAPID 模型 [19]，它们将全局和局部 CNN 堆叠在一起形成双列 CNN（DCNN），分别输入全局图和局部图。全局图有利于捕捉主体信息，而局部图有利于捕捉局部细节。RAPID 模型使用类似 AlexNet 的架构，两个子网络的输出层（即全连接层）进行拼接得到最终特征，然后进行分类，优化目标采用 Softmax 损失。RAPID 模型架构如图 2.9 所示。

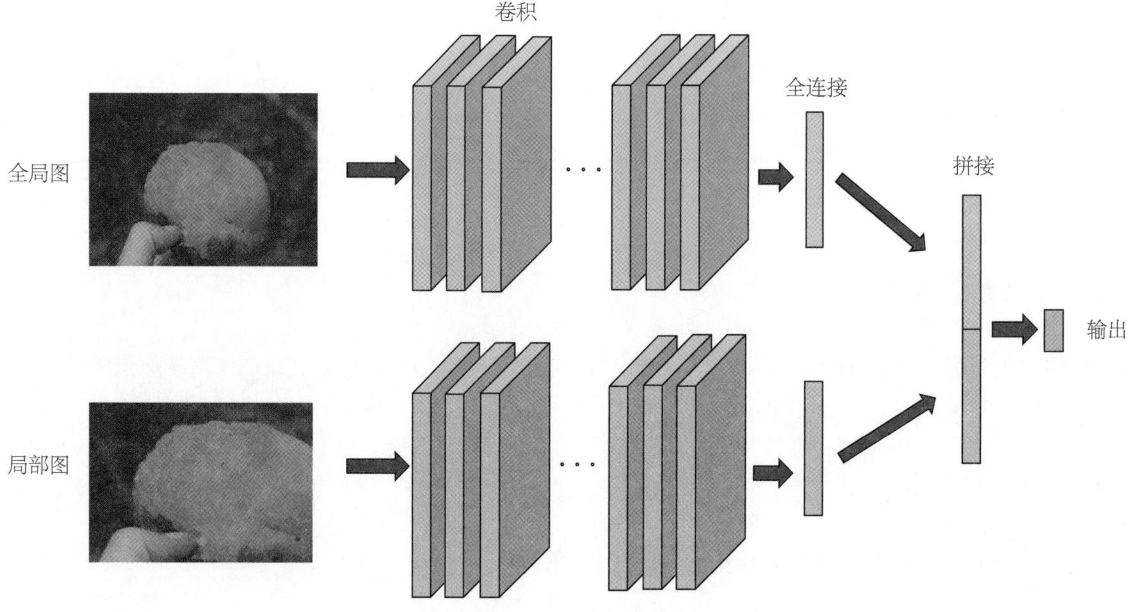

图 2.9 RAPID 模型架构

另外，在 RAPID 模型中还可以通过增加风格输入来进一步提高网络的能力。由于 AVA 数据集中带语义标签的图像较少，笔者使用了预先训练好的风格网络来提取风格向量，然后和美学网络提取的特征向量拼接以作为最后的特征向量，在这个过程中风格向量相当于一个正则项。

Wang 等人 [20] 提出了一种被称为 BDN 的多列 CNN 模型。与 RAPID 模型不同的是，BDN 模型预先训练了多个不同风格的分类 CNN 模型而不是单个风格的分类 CNN 模型，这些模型与图像的亮度、色度底层信息一起并行级联作为 CNN 的输入来预测图像的美学质量分数和分布。

在 DMA 模型 [21] 中，来自多个随机采样的图像块被送入包括 4 个卷积层和 3 个全连接层的单路卷积神经网络。为了组合来自采样图像块的特征输出，设计了一个统计聚集结构（Odderless Multi-Patch Aggregation），在这个结构中使用了最小、最大、中值和平均池化方法对 CNN 的特征进行聚合，最后输出 Softmax 概率到分类层。DMA 模型架构如图 2.10 所示。

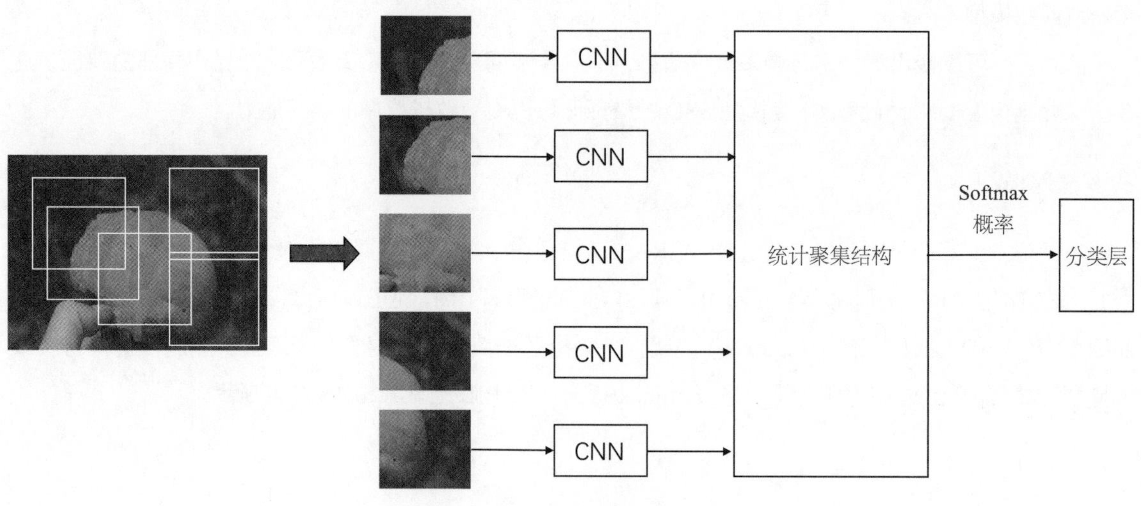

图 2.10 DMA 模型架构

小提示

实际上随机选择图像块并非是最优的方案，因为我们不对整个图像的内容感兴趣，所以对于DMA模型的最简单的改进，就是使用显著目标检测等方法预先确定图像主体目标，然后根据一系列构图方法来选择附近有意义的图像子块。显著目标检测方法将会在第 3 章中介绍。

以上的模型或缩放了图像分辨率，或裁剪了子图，这改变了原图的美学特性。因此 Mai 等人 [22] 借鉴 SPPNet 中的自适应空间池化技术，在最后的卷积层之后，使用了多路不同感受野大小的固定长度的输出，不仅有效地编码了多尺度图像信息，还可以在训练和测试时适应任意大小的输入。不过多尺度特征可能包括冗余或重叠的信息，并且可能导致网络过拟合。

2.3.2　回归模型

虽然使用分类模型可以较好地分类出高美学质量图和低美学质量图，但有时候我们要得到的是美学质量分数的定量结果，而不仅仅是一个分类结果，此时需要使用回归模型。

基本的回归模型与上述的分类模型结构一致，只是标签和预测结果值由美学分类类别换成了具体的分数值，优化目标由交叉熵损失换成了欧氏距离等损失。

然而，预测具体的美学质量分数很容易过拟合，因为不同人的标注结果有很大差异。在 AVA 数据集中，一张图像的标注结果由多个人完成，因此标注结果是一个分布，而不是单一的值。基于此，Google 的研究团队提出了 NIMA 模型 [23]，它预测美学质量的分数分布概率，分数值为 1~10。

该研究团队使用的 NIMA 模型架构如图 2.11 所示，分类网络的最后一层被全连接层取代，输出 10 个分数的分布。

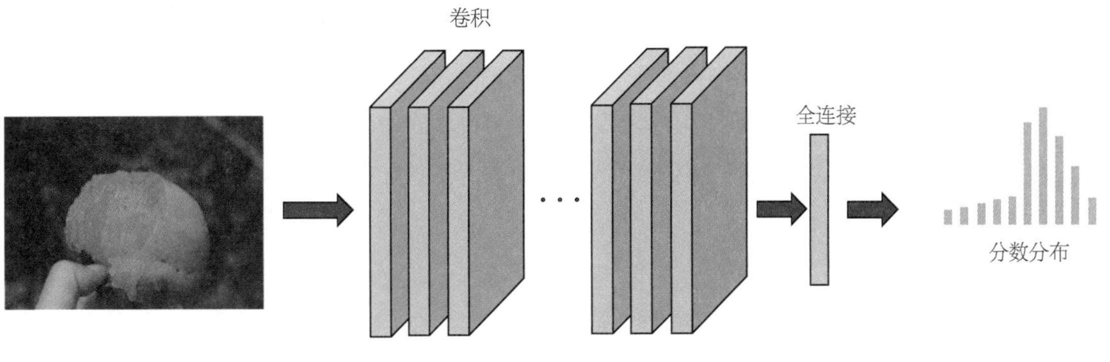

图 2.11　NIMA 模型架构

对于 NIMA 模型，可以使用欧氏距离作为优化目标，但是使用 KL 散度、卡方距离（Chi-square Distance）、推土机距离（Earth Mover's Distance）等是更好的选择，因为它们更适合用于评估两个分布的相似性。

2.3.3 排序模型

前面说过判断单张图像的美学类别或者美学质量分数是比较困难的，然而比较两张图像的相对美学较容易，因此排序模型也是一种研究美学的方案。

Kong 等人提出了以图像对为输入的 Siamese 模型 [8]，其架构如图 2.12 所示。

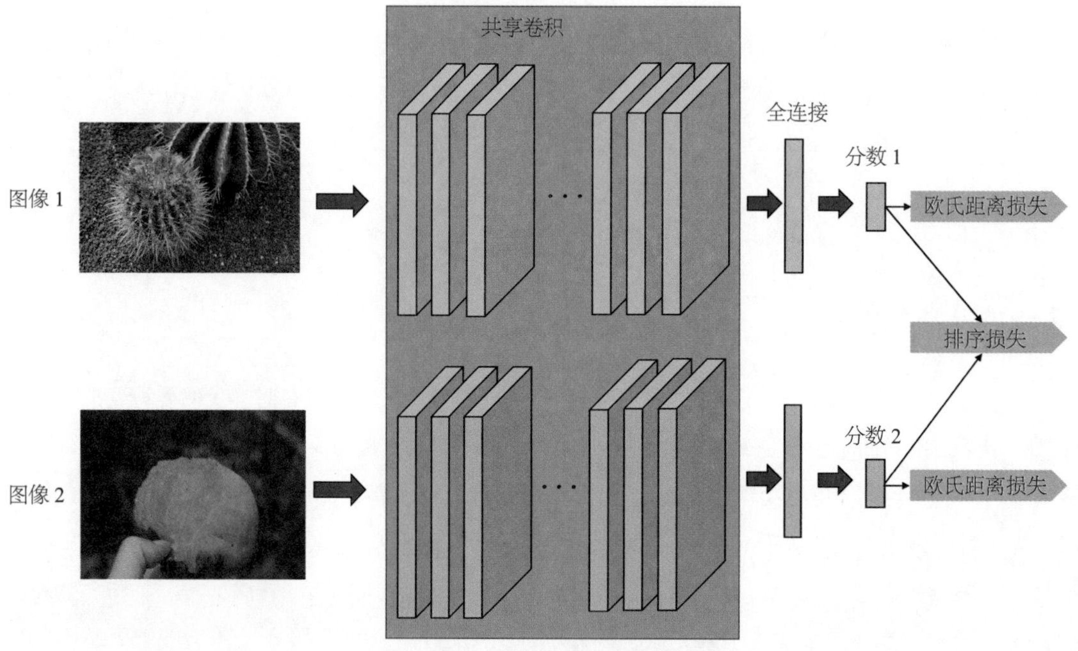

图 2.12 Siamese 模型架构

训练的时候分多步进行。

在第 1 阶段，基础网络在美学数据集上预训练并进行微调，这一阶段使用欧氏距离作为优化目标。之后，Siamese 模型对每个采样图像对的损失进行排序。收敛后，微调的基础网络被用作初步特征提取器。

在第 2 阶段，将属性预测分支添加到基础网络以预测图像属性信息，然后通过结合评分的欧氏距离损失、属性分类损失和排序损失，使用多任务方式继续对基础网络进行微调。

在第 3 阶段，另一个内容分类分支被添加到基础网络以预测预定义的一组类别标签。收敛时，内容分类预测的 Softmax 输出作为加权向量，用于加权每个特征分支（美学分支、属性分支和内容分支）产生的分数。

在第 4 阶段，将带有额外分支的基础网络与固定的内容分类分支一起进行微调。

实验结果表明，通过考虑属性和类别内容信息来学习美学特征是非常有效的。

对于排序模型，我们不仅可以使用 Siamese 模型，也可以使用 Triplet 模型，感兴趣的读者可以阅读更多参考资料。

小提示

Triplet 模型支持一次输入 3 张图像，其中一张作为基准样本，另外两张作为正样本和负样本，通过约束正样本和基准样本的距离小于负样本和基准样本的距离，它可以让模型学习到在类内更加紧凑、类间更加分离的特征。

2.3.4 多任务学习模型

无论是使用分类模型，还是使用回归模型、排序模型，直接对通用的图像进行美学质量评估是非常困难的，因为不同风格的图像、不同语义特征的图像无法共用同样的评估标准。

所以一个好的图像美学质量评估模型，一定会根据不同的类别和语义信息来自适应学习美学特征，这是一个多任务学习过程。

小提示

多任务学习，即同时完成不同任务的学习，如在目标检测过程中的目标分类和定位，其中需要平衡不同任务的损失和学习速度。

1. 监督信息

对于美学质量评估任务，可以使用额外任务，包括不同摄影风格的识别、不同语义内容的识别。

对于风格来说，它表征了一幅作品的主题和摄影手法，不同的摄影手法需要不同的评估标准。

对于语义来说，不同的内容所遵循的摄影准则有巨大的差异。例如，风景图常使用丰富的色调和三分法构图，而它们可能不适用于人像；人像和静物图则往往需要浅景深、干净的背景等。

2. 模型

根据对输入、输出的使用方式不同，多任务学习有多种模型。在前面介绍的 RAPID 模型中，风格网络提取的特征与美学网络提取的特征一起作为网络的输入，BDN 模型同样训练了多个风格子网络来预测图像的风格属性，这样的模型并没有多任务的损失，而是作为一种额外的监督信息用于优化学习过程。

更多的多任务学习模型则将全连接层的输出分为多个任务，分别预测美学、风格、语义内容等，通过多任务损失的约束来进行学习，其架构如图 2.13 所示。

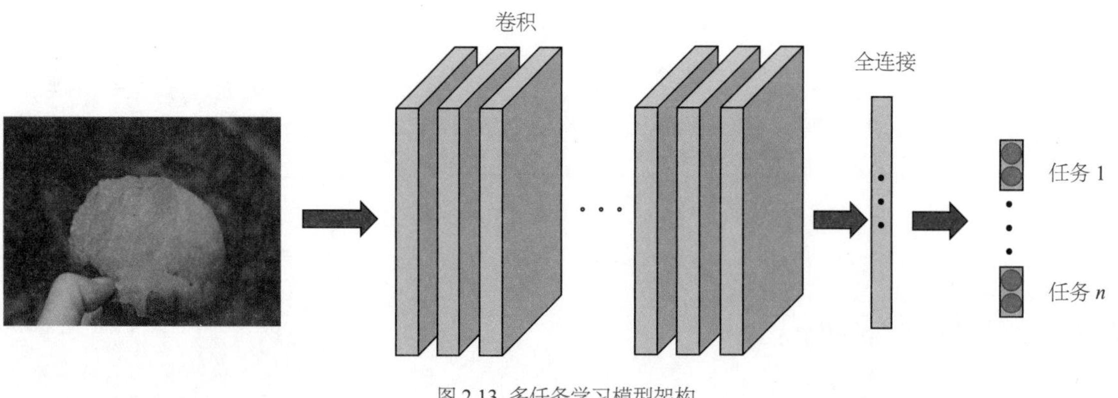

图 2.13 多任务学习模型架构

小提示

2017 年 Google 的研究者创造了 Creatim 系统，它能够通过学习模仿专业摄影师的作品从 Google 拍摄的街景图中创作出更好的图像。

当前图像美学质量评估还面临着一些难题。

（1）美学的主观性决定了图像美学质量评估是一个非常具有挑战性的任务。到目前为止，在图像美学质量评估方面涌现了很多具有竞争力的模型，但是这个领域的研究状况还远未达到饱和。人工设计的美学特征很难被量化，也不够全面。虽然深度学习方法具有强大的自动特征学习能力，是现阶段图像美学质量评估的主流方法，但是如何学习适应各种风格的模型仍然是一个挑战。

（2）深度卷积神经网络输入图像往往经过了裁剪、缩放或填充等操作，这会破坏图像原有的构图，从而损害图像的原始美感，如何同时保留图像的全局信息和局部信息是一个重要课题。

（3）将深度学习方法应用于图像美学质量评估面临的挑战还包括图像美学真值标签的模糊性和如何从有限的辅助信息中学习特定类别的图像美学特征。图像美学质量评估需要具有更丰富注释的、规模更大的数据集，其中每张图像最好由具有不同背景的、数量较多的用户标记。这样一个庞大而又多样化的数据集将大大推动未来图像美学质量评估模型的发展。

（4）人的审美终究是有差异的，如何学习个性化的审美也是一个必须解决的问题。

2.4 建筑图像美学质量评估实战

前文详细介绍了图像美学质量评估的发展现状，这是一个比较主观的问题，不同的摄影作品类型也需要使用不同的评估标准。本节我们将用深度学习方法实现一个比较简单的建筑类图像的美学质量评估模型，让大家感受深度学习模型对美学特征的学习能力。

2.4.1　数据集准备

由于 AVA 数据集等现有的数据集中建筑类图像数量较少，无法满足训练要求，因此我们需要自己准备图像并对其进行美学标注。

1. 数据爬取

下面我们以从图虫网获取图像为例，详细介绍数据获取过程。

图虫网是一个国内非常流行的摄影网站，我们可以利用关键词“建筑”获取非常多建筑类图像，并使用 Python 对图虫网的数据进行爬取。

首先通过解析网页获取图虫网的类别标签。

```
x = urllib.request.urlopen (r'https://网址名称.com/rest/tag-categories/
subject?page=1&count=999') .read () .decode ('utf-8') ##获取页面信息
x = json.loads (x) ##转换为JSON格式
y = [ii['tag_name'] for ii in x['data']['tag_list']] ##获取所有标签
z = [jj['url'].split (r'/') [-2] for jj in x['data']['tag_list']]
yz = zip (y,z) #获取题材分类的所有类名
```

获取类别标签后就可以根据网址循环抓取图像数据。

```
for aa,bb in yz:
print ('开始抓取%s图像数据 (非图像，含url) ' % aa)
Url= ""
    while True:
        try:
            url =
r'https://网址名称.com/rest/tags/%s/posts?page=%s&count=100&order=weekly&before_timestamp=' %
(bb,n) ##图像地址
            A = getimage (url) ##获取图像
            if not A:
               break
            else:
               Url+=A[0]
        except Exception:
            print ('一个url抓取失败')
            N+=0
        n+=1
```

其中图像抓取的函数如下。

```
def getimage (url) :
    a = urllib.request.urlopen (url) .read () .decode ('utf-8') ##解析图像
    a = json.loads (a) ##转换为JSON格式
    if a['result']=='SUCCESS':
        for i in a['postList']:
            if i['title_image']:
                l_url.append (i['title_image']['url'])
            else:
                for xx in [r'https://photo.网址名称.com/%s/ft640/%s.jpg' % (i['author_
id'],j['img_id']) for j in i['images']]:
                    l_url.append (xx)
                    num+=1
        return l_url
    else:
        return None
```

完整的代码请查看随书附赠资源，爬取完图像后需要进行人工筛选，清除非建筑类图像。

2. 数据标注

清洗完数据后我们需要对图像进行美学标注。通常来说，评估一张建筑图的美学质量，我们会从前景与背景对比度、构图、色调等因素来进行，因此我们根据这个标准来进行标注。如果含有某属性，则标注为 1，否则标注为 0。

> 小提示
>
> 由于爬取的图像版权问题，下面以笔者自己拍摄的图为例来进行说明，实际上这些图没有被包括在训练集中。

前景与背景对比度指的是一张图有明确的前景，并且建筑前景处于画面的重点位置，没有其他背景的干扰，整个画面简洁、清晰。图 2.14 展示了一些前景与背景对比度标注案例。其中，图 2.14（a）标注为 1，图 2.14（b）标注为 0。

（a）

（b）

图 2.14 前景与背景对比度标注案例

图 2.14（a）中建筑物主体突出，无干扰，背景非常干净。而图 2.14（b）中或者没有明显的建筑物主体，或者背景杂乱。

好的建筑作品前景与背景分布协调，往往使用一定的构图方法，包括对称式构图、三分法构图、消失点与引导线构图、对角线构图等。如果满足相应的构图方法，则标注为 1，否则标注为 0。图 2.15 展示了一些构图标注案例。其中，图 2.15（a）标注为 1，图 2.15（b）标注为 0。

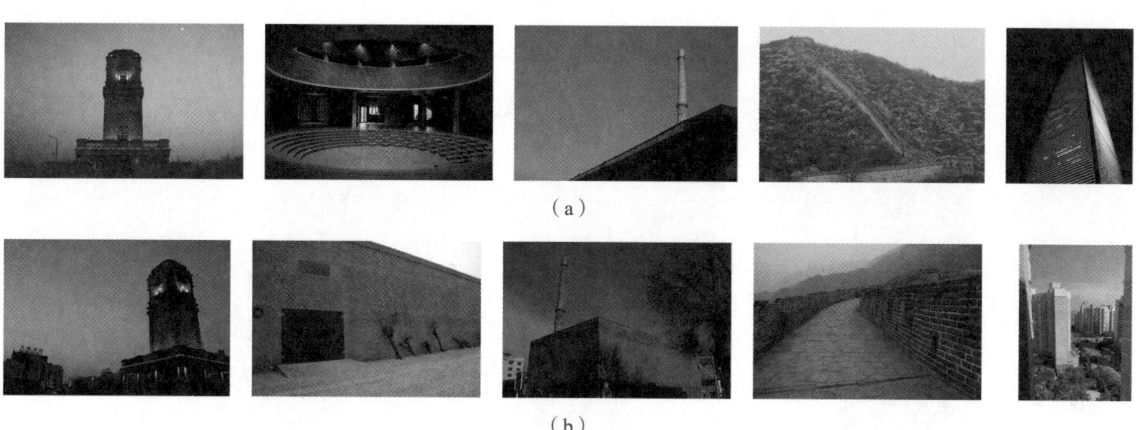

（a）

（b）

图 2.15 构图标注案例

好的建筑作品色调搭配一般和谐、美观，满足单一色调原理或者互补色调原理（如红色与绿色、蓝色与黄色）。图 2.16 展示了一些色调标注案例。其中，图 2.16（a）标注为 1，图 2.16（b）标注为 0。

（a）

（b）

图 2.16 色调标注案例

最终标注完获得了 12000 张图，训练时按照 9∶1 的比例划分。

小提示

需要注意的是，上面这些图都是笔者拍摄的，用于展示标注案例，但它们并不在训练集中，训练集中所有图来自图虫网。

2.4.2　模型设计与训练

对于上述建筑图像的 3 个属性，我们首先训练 3 个结构相同的分类网络，然后将结果进行融合得到最终的分数。

1. 分类模型

我们使用 MobileNet 作为基本模型架构，截取从 conv1 到 conv4_2 的部分，最后的全连接层输出调整为二维，使用 Caffe 深度学习框架，训练时所有的图像大小缩放为 160px × 160px。分类模型结构如图 2.17 所示。

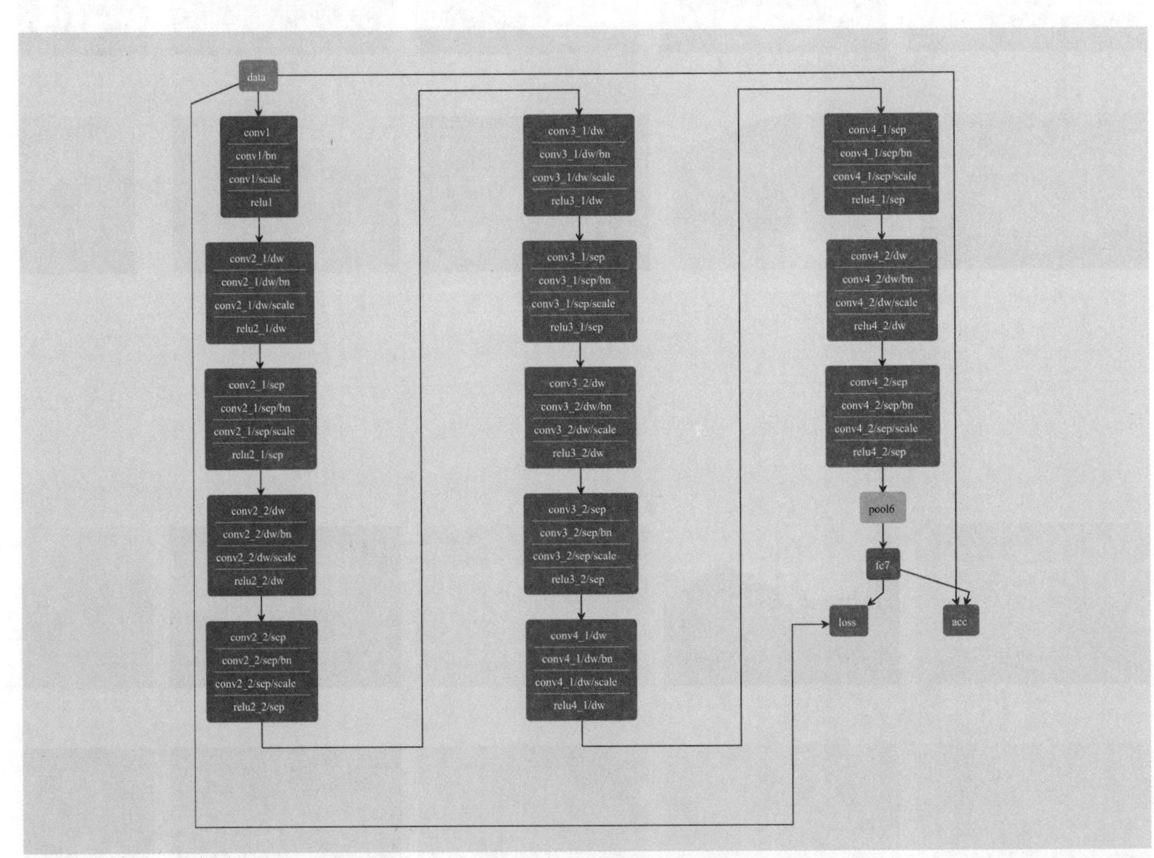

图 2.17　分类模型结构

2. 模型训练

优化方法选择了 Adam，训练 batch_size=64。完整的优化配置文件如下。

```
net: "mobilenet_train.prototxt" #网络名称
test_interval:100 #测试间隔
test_iter:30 #测试迭代次数，等于测试集大小/ 测试的batch_size大小
base_lr: 0.0001 #基础学习率
type: "Adam" ##优化方法
momentum: 0.9 #一阶动量项
momentum2: 0.999 #二阶动量项
```

```
weight_decay: 0.005 #L2正则化因子
display: 100 #显示间隔
max_iter: 20000 #最大迭代次数
snapshot: 1000 #缓存间隔
snapshot_prefix: "models/moblilenet_" #缓存前缀
solver_mode: GPU #训练模式
```

对 3 个任务分别进行训练，模型训练精度曲线如图 2.18 所示。

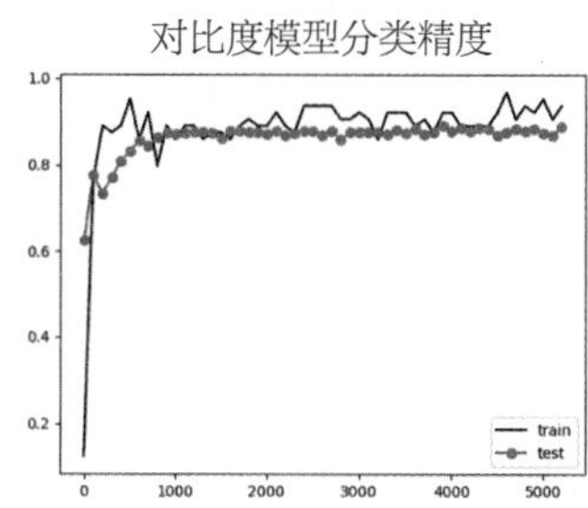

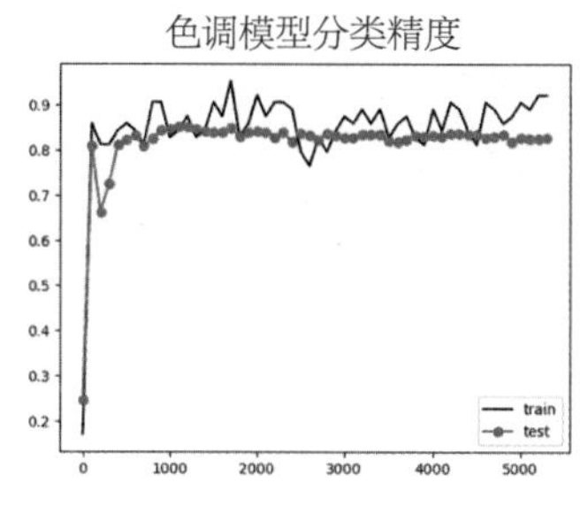

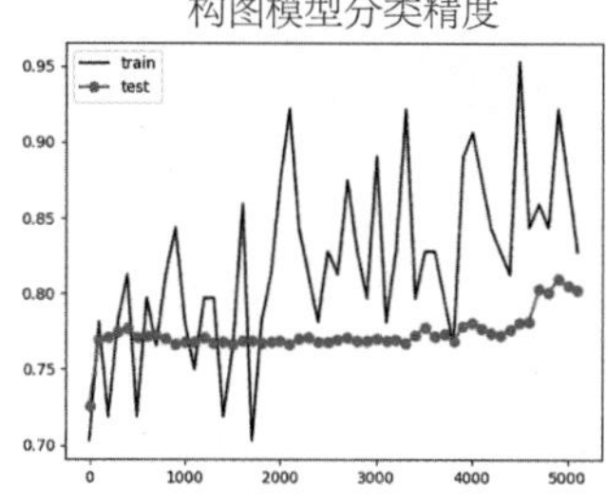

图 2.18 模型训练精度曲线

图 2.18 中从左到右分别是对比度、色调、构图模型的训练精度曲线，可知道模型都已经收敛，测试精度如表 2-1。

表 2-1 模型测试精度

模型	对比度模型	色调模型	构图模型
精度	87.0%	82.6%	78.1%

从表 2-1 的结果可以看出，对比度模型精度最高，色调模型次之，构图模型最低，这很好理解。

对于对比度模型，它需要学习的是图中是否存在明显主体、背景是否纹理简单，这是一个比较简单的任务。

对于色调模型，它需要分别学习主体和背景的颜色分布，相比对比度模型，任务更加复杂，但是相对比较明确。

对于构图模型，它不仅需要学习主体和背景，还需要学习它们的位置分布，并且构图的种类相对复杂，所以是最难完成的任务。

2.4.3 模型测试

得到了对比度评估模型、色调评估模型、构图评估模型之后，我们接下来用自己拍摄的、未包括在训练集中的图来对各个模型进行测试，总共有 500 张图。

之后我们将 3 个模型的结果进行融合，在数据集中进行排序，选择其中得分最高的 10 张图和得分最低的 10 张图。

1. 单个模型测试代码

首先给出测试的主要代码，它包括模型的初始化、数据预处理以及预测等内容。

```
#_*_ coding:utf8

## Python相关库载入
import sys
sys.path.insert (0, '/Users/longpeng/opts/caffe/python/')
import caffe
import os,shutil
import numpy as np
import cv2
import argparse
## 一些参数定义
def parse_args () :
   parser = argparse.ArgumentParser (description='test resnet model for portrait
segmentation')
   parser.add_argument ('--model', dest='model_proto', help='the model', default='deploy.
prototxt', type=str) ##模型文件
   parser.add_argument ('--weights', dest='model_weight', help='the weights', default='./
contrast.caffemodel', type=str) ##权重文件
   parser.add_argument ('--testsize', dest='testsize', help='inference size',
default=60,type=int) ##测试图像大小
   parser.add_argument ('--src', dest='src', help='the src image folder', type=str,
default='./') ##测试文件夹
   args = parser.parse_args ()
   return args

## 测试函数
def start_test (model_proto,model_weight,img_folder,testsize) :
   caffe.set_mode_cpu () ##使用CPU模式测试
   net = caffe.Net (model_proto, model_weight, caffe.TEST) ##模型初始化
   imgs = os.listdir (img_folder) ##遍历图像

   for imgname in imgs:
      ## 判断是不是图像
      imgtype = imgname.split ('.') [-1]
      if imgtype != 'png' and imgtype != 'jpg' and imgtype != 'JPG' and imgtype != 'jpeg' and
imgtype != 'tif' and imgtype != 'bmp':
         print imgtype,"error"
         continue
     imgpath = os.path.join (img_folder,imgname) ##完整图像路径

     img = cv2.imread (imgpath) ##读取图像
     ## 处理异常
     if img is None:
```

```
        print "---------img is empty---------",imgpath
        continue
    img = cv2.resize (img, (testsize,testsize) ) ## 图像缩放

    ## 预处理函数
    transformer = caffe.io.Transformer ({'data': net.blobs['data'].data.shape})
    transformer.set_mean ('data', np.array ([104,117,124]) )
    transformer.set_transpose ('data', (2,0,1) )

    ## forward函数
    out = net.forward_all (data=np.asarray ([transformer.preprocess ('data', img) ]) )
    result = out['prob'][0]

    ## 获得两类概率
    probpos = float (result[0])
    probneg = float (result[1])

    ## 整理结果
    if probpos > probneg:
        shutil.copyfile (imgpath, ('results/pos/'+ imgname) )
    else:
        shutil.copyfile (imgpath, ('results/neg/'+ imgname) )

if __name__ == '__main__':
    args = parse_args ()
    start_test (args.model_proto,args.model_weight,args.img_folder,args.testsize)
```

2. 分类结果

首先我们选择 24 张图作为代表，来查看它的对比度、色调、构图分类结果。这 24 张图如图 2.19 所示。

图 2.19　24 张图

图 2.20 展示的是分类为高对比度的图，图 2.21 展示的是分类为低对比度的图。

图 2.20 分类为高对比度的图

图 2.21 分类为低对比度的图

从图 2.20 和图 2.21 可以看出，高对比度的图前景突出，背景简单；低对比度的图背景纹理较为复杂，图不够简洁。

图 2.22 展示的是分类为好色调的图，图 2.23 展示的是分类为差色调的图。

图 2.22 分类为好色调的图

图 2.23 分类为差色调的图

从图 2.22 和 2.23 可以看出，好色调的图属于全图色调单一或者符合互补色调原理的图，没有过多的杂色；而差色调的图色调杂乱。

图 2.24 展示的是分类为好构图的图，图 2.25 展示的是分类为差构图的图。

图 2.24 分类为好构图的图

图 2.25 分类为差构图的图

图 2.25 分类为差构图的图（续）

从图 2.24 和 2.25 可以看出，好的构图基本属于对称式构图。其实在图 2.25 中有很多图的构图是非常不错的，只是因为标注数据中未包括该类构图，并且构图的判断相比于对比度和色调要难得多。

3. 美学排序

接下来我们融合 3 个模型的结果，将分类为高对比度、好色调、好构图的概率相加得到总的概率作为图像美学质量分数，然后将其从左到右、从上到下进行降序排列。24 张图的美学质量排序结果如图 2.26 所示。

图 2.26 美学质量排序结果

从图 2.26 可以看出，这 24 张图的美学质量排序结果的确是比较准确的，越靠前的图，美学质量越高。

2.5 小结

本章介绍了图像美学的基础，传统图像美学评估的方法以及基于深度学习的美学评估方法，然后在 2.4 节中进行了实践。

在 2.1 节图像美学基础部分，重点讲解了美学在图像搜索、自动照片增强、照片筛选方向的应用，介绍了目前用于研究美学问题的主流数据集，以及从分类、检索、排序等 3 个角度来研究美学的思路。

在 2.2 节传统图像美学评估的方法中，介绍了底层美学特征中的颜色与色调特征、亮度与对比特征、摄影美学特征中的构图特征、主体特征，以及通用和专用的图像特征。由于摄影美学问题是一个主观性和复杂性都较高的问题，这一些基于专家经验设计的特征很难完成图像美学评估任务。

在 2.3 节基于深度学习的美学评估方法中，从分类模型、回归模型、排序模型以及多任务学习模型 4 个方向介绍了相关核心技术，目前基于深度学习的方法已经可以较好地理解图像美学，不过人群的审美差异和不用风格图像的统一评估仍然面临较大的挑战。

在 2.4 节中针对建筑图片进行了美学评估模型实践训练，从前背景对比度、构图、色调 3 个方面，完成了对建筑摄影作品的美学分类，并融合几个模型的结果对美学进行了排序，验证了美学模型的有效性。不过其中还有许多可以改进的地方，包括：

（1）增加更多的美学维度。本次只聚焦在了对比度、构图、色调 3 个方向，实际上一个好的建筑摄影作品，还需要足够好的创意或其他因素，添加更多的美学维度一定可以获得更好的模型；

（2）改进各个维度的评分方法。本实验中 3 个方向的标注相对简单，需要进行更多的细分改进，尤其是构图的标注相对于各种各样的构图方法过于简略，在实验结果中就无法学习到俯仰构图、消失点构图、对角线构图等好的构图方法。

关于更多图像美学质量评估模型的解读，读者可以阅读 Deng Yubin 等人在 2017 年撰写的图像美学质量评估综述 *Image Aesthetic Assessment:An Experimental Survey*[24]，并了解其在学术界和工业界近年来的发展。

图像美学质量评估仍然是一个比较开放且可能永远没有标准答案的问题，但仍然有不少研究者对其保持热情，因为让计算机能够像人一样理解美是一件非常有趣的事情。

参考文献

[1] DATTA R, JOSHI D, LI J, et al. Studying Aesthetics in Photographic Images Using a Computational Approach[C]//European Conference on Computer Vision, 2006: 288-301.

[2] SRIVASTAVA A, DATT M, CHAPARALA J, et al. Social Media Advertisement Outreach: Learning the Role of Aesthetics[C]// Proceedings of the 40th International ACM SIGIR Conference on Research and Development in Information Retrieval. ACM, 2017: 1193-1196.

[3] LIU L, CHEN R, WOLF L, et al. Optimizing Photo Composition[J]. Computer Graphics Forum, 2010, 29（2）: 469-478.

[4] LI C, LOUI A C, CHEN T, et al. Towards aesthetics: a photo quality assessment and photo selection system[C]. ACM Multimedia, 2010: 827-830.

[5] LUO W, WANG X, TANG X, et al. Content-based photo quality assessment[C]. International Conference on Computer Vision, 2011: 2206-2213.

[6] JOSHI D, DATTA R, FEDOROVSKAYA E A, et al. Aesthetics and Emotions in Images[J]. IEEE Signal Processing Magazine, 2011, 28（5）: 94-115.

[7] MURRAY N, MARCHESOTTI L, PERRONNIN F, et al. AVA: A Large-Scale Database for Aesthetic Visual Analysis[C]. Computer Vision and Pattern Recognition, 2012: 2408-2415.

[8] KONG S, SHEN X, LIN Z, et al. Photo Aesthetics Ranking Network with Attributes and Content Adaptation[J]. European Conference on Computer Vision, 2016: 662-679.

[9] WANG W, YANG S, ZHANG W, et al. Neural Aesthetic Image Reviewer.[J]. Computer Vision and Pattern Recognition, 2018.

[10] PETERS G. Aesthetic Primitives of Images for Visualization[C]. IEEE International Conference on Information Visualization, 2007: 316-325.

[11] KE Y,TANG X,JING F,et al.The Design of High-Level Features for Photo Quality Assessment[C].Computer Vision and Pattern Recognition,2006：419-426.

[12] LI C, CHEN T. Aesthetic Visual Quality Assessment of Paintings[J]. IEEE Journal of Selected Topics in Signal Processing, 2009, 3（2）: 236-252.

[13] LUO Y, TANG X. Photo and Video Quality Evaluation: Focusing on the Subject[C]. European Conference on Computer Vision, 2008: 386-399.

[14] DHAR S, ORDONEZ V, BERG T L, et al. High level describable attributes for predicting aesthetics and interestingness[C]. Computer Vision and Pattern Recognition, 2011: 1657-1664.

[15] NISHIYAMA M, OKABE T, SATO I, et al. Aesthetic quality classification of photographs based on color harmony[C]. Computer Vision and Pattern Recognition, 2011: 33-40.

[16] TONG H, LI M, ZHANG H, et al. Classification of Digital Photos Taken by Photographers or Home Users[C]. Advances in Multimedia, 2004: 198-205.

[17] MARCHESOTTI L, PERRONNIN F, LARLUS D, et al. Assessing the aesthetic quality of photographs using generic image descriptors[C]. international conference on computer vision, 2011: 1784-1791.

[18] LI C, GALLAGHER A, LOUI A C, et al. Aesthetic quality assessment of consumer photos with faces[C]//2010 IEEE International Conference on Image Processing. IEEE, 2010: 3221-3224.

[19] LU X, LIN Z, JIN H, et al. RAPID: Rating Pictorial Aesthetics using Deep Learning[C]. ACM Multimedia, 2014: 457-466.

[20] WANG Z, DOLCOS F, BECK D M, et al. Brain-Inspired Deep Networks for Image Aesthetics Assessment.[J]. arXiv: Computer Vision and Pattern Recognition, 2016.

[21] LU X, LIN Z, SHEN X, et al. Deep Multi-patch Aggregation Network for Image Style, Aesthetics, and Quality Estimation[C]. International Conference on Computer Vision, 2015: 990-998.

[22] MAI L, JIN H, LIU F, et al. Composition-Preserving Deep Photo Aesthetics Assessment[C]. Computer Vision and Pattern Recognition, 2016: 497-506.

[23] TALEBI H, MILANFAR P. Nima: Neural image assessment[J]. IEEE Transactions on Image Processing, 2018, 27（8）: 3998-4011.

[24] DENG Y, LOY C C, TANG X. Image Aesthetic Assessment: An experimental survey[J]. IEEE Signal Processing Magazine, 2017, 34（4）: 80-106.

第 3 章 自动构图

构图是摄影最基础的技能之一，使用不同的构图方法往往会得到效果差异很大的作品。本章讲述摄影中的构图，尤其是自动构图算法。

- 构图基础
- 自动构图的研究方法
- 实时自动构图算法实战

3.1 构图基础

本节将介绍构图的基础知识，包括构图的基本概念、构图的应用场景、显著数据集，以及构图数据集。

3.1.1 构图的基本概念

构图来源于绘画，最初指绘画时根据题材和主题思想的要求，把要表现的形象适当地组织起来，构成一个协调的、完整的画面。因此，一种构图方法一定要能够表达作品的核心思想内容，并有一定的艺术感染力。

在第 1 章中已经简要介绍过摄影中的构图方法，下面我们首先欣赏一些在前期拍摄时没有细致构图，但是经过后期构图调整截然不同的作品。

图 3.1 所示是一个三分法构图调整案例。其中，图 3.1（a）是原图，图 3.1（b）是构图调整后的图，黄色线是参考线。

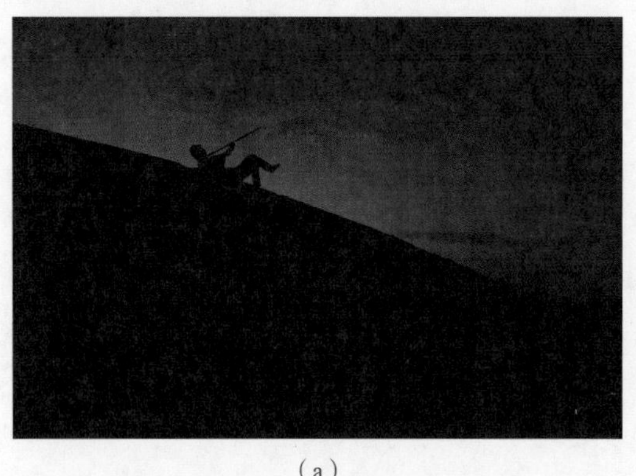

（a）

（b）

图 3.1 三分法构图调整案例

原图的大小是 6000px × 4000px，高宽比是 2∶3；调整后图的大小是 3464px × 1949px，高宽比是 0.5626，等于 9∶16，也就是电影宽屏的高宽比。

在拍摄原图的时候，使用的是长焦镜头和遥控器，因为镜头与人物主体的距离超过 30m，所以前期没有很好的构图条件。

后期构图调整将人物主体放大到左侧 1/3 的位置，给右边留出更多的空白，凸显人物和背景的对比，整个图像更加协调、简洁，留白则增加了想象空间。

图 3.2 所示是一个对比构图调整案例。其中，图 3.2（a）是原图，图 3.2（b）是构图调整后的图。

（a）

（b）

图 3.2　对比构图调整案例

图 3.2 中包括两个方面的修改，其一是图像的裁剪，其二是图像的色调调整。

原图的大小是 6000px × 4000px，高宽比是 2∶3；调整后图的大小是 4276px × 2455px，高宽比是 0.57，接近 9∶16。

首先看裁剪，从图 3.2 可以看出，原图的下半部基本被裁剪，右侧也被裁剪 1/4 左右。经过裁剪后，图像中的人物更大，而一些杂物已经被剔除。

再看色调调整，将原图转换为了黑白图，此时整个图像的对比度大大提升，增加了艺术感和视觉冲击力。

经过构图调整后，笔者将新的作品命名为《独行》，表现出了背着小包的人物行走在沙漠上的渺小。

图 3.3 所示是一个框架式构图调整案例。其中，图 3.3（a）是原图，图 3.3（b）是构图调整后的图。

（a）

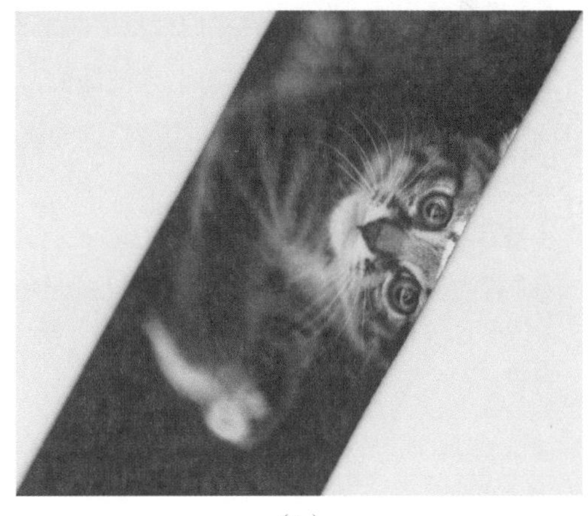

（b）

图 3.3　框架式构图调整案例

图 3.3 中包括两个方面的修改，其一是图像的裁剪，其二是图像的色调调整。

原图的大小是 6000px × 4000px，高宽比是 2∶3；调整后图的大小是 3921 px × 3225px，高宽比接近 1∶1，即正方形构图。

在拍摄原图的时候，笔者对猫的神态进行了抓拍，没有仔细调整构图，导致右侧出现比较杂乱的背景。考虑到左侧床沿背景简单，我们将左侧床沿以上部分复制到右侧，形成一个框架式构图。另外，为了减少无关色调的干扰，将图像调整为黑白。

经过构图调整后，作品更加干净，主体更加突出。

3.1.2 构图的应用场景

3.1.1 小节展示了笔者后期构图的一些摄影案例，而对于互联网上的海量图像，也有自动构图的需求，构图的应用不仅限于摄影中，下面进行详细介绍。

1. 构图推荐

学习基本的构图方法虽然很简单，但是也需要大量时间练习，对于学习能力较差或者对新事物接受较慢的人来说，这依然是一个难题。

目前，Sony 相机和一些摄影类软件产品会提供一个九宫格来辅助拍摄者进行构图。如果有一款产品能够在拍摄时指导拍摄者进行前后左右移动，相信会非常实用和受欢迎。

2. 图像重匹配

很多时候，我们需要将一张图像放到一个尺寸与其不匹配的地方，如将使用相机拍摄的照片放置到各种移动设备中，这需要改变分辨率、高宽比等，这被叫作图像重匹配（Image Retargeting）。

在图像重匹配的时候，我们会考虑两个重要因素：

（1）原始图像的重要信息必须被保留，主体不能被裁剪；

（2）要保存原始图像的结构信息，如构图风格，并且尽量保证目标比例。

小提示

对于各种图像重匹配方法的比较，读者可以参考相关综述文章[1]。并没有一种方法对所有的图都是适用的，但是大部分情况下人们对图像变形比较敏感，尤其是人像、有良好对称性的图像等，此时人们愿意牺牲内容也不愿意图像变形扭曲。

3. 缩略图生成

缩略图即缩小尺寸的图像。缩略图通常在互联网网页中为图像提供与普通文本索引相同的功能。缩略图的生成可以看作是图像重匹配的一种，如今在摄影类 App 和视频类 App 中都广泛应用封面缩略图。

3.1.3　显著目标数据集

在构图的研究方法中，有一类研究方法是基于显著图的。显著图就是一个像素值为 0~1 的概率图，其中亮度越大，代表该处的信息越重要，通常就是目标所在的位置，如图 3.4 所示。

（a）

（b）

图 3.4　原图与显著图

其中，图 3.4（a）是原图，图 3.4（b）是显著图。

有了显著图后，就可以基于显著图进行裁剪。如果将显著图的所有像素值的和当作能量，那么设定一个阈值就可以裁剪出包括一定能量的最小外接矩形图。

当前有许多的显著目标数据集，我们主要介绍其中的 MIT300 数据集、CAT2000 数据集、SALICON 数据集。

1.MIT300 数据集 [2]

这是显著目标检测领域非常通用的基准数据集，包括 300 张室内和室外场景图，图像最长边是 1024px，最小边是 457px。被采集者包括 39 个观众，年龄为 18~50 岁。采集时包括任意的视角，使用 ETL 400 ISCAN 以 240Hz 的频率进行被采集者眼球的跟踪，采集时间持续 3s。这个数据集只用于测试，因为没有公开训练标注文件。

2.CAT2000 数据集 [3]

该数据集包括 20 种不同类别的图像，共 4000 张图像，每一种类别都包括 200 张图像，图像尺寸为 1920px × 1080px。

被采集者年龄为 18~27 岁，每一张图像采集 24 个人的数据，总共有 120 个人。采集时使用 EyeLink1000 以 1000Hz 的频率进行被采集者眼球的跟踪，采集时间持续 5s，将结果进行平均得到最终的标注。

训练集和测试集都包括 2000 张图像，每一种类别包括 100 张图像。训练集的采集过程中有 18 个人是固定的，而另外 6 个人则不固定；测试集的 24 个采集者从 120 个人中随机选择。

3.SALICON 数据集[4]

该数据集包括 20000 张图像，原图来自 Microsoft COCO 数据集，包括非常丰富的场景信息。数据集中训练集包括 10000 张图像、验证集包括 5000 张图像、测试集包括 5000 张图像，共 80 种类别，图像尺寸为 640px × 480px。

被采集者年龄为 19~28 岁，包括 10 个男性、6 个女性。与 MIT300 数据集和 CAT2000 数据集的采集方式不同，SALICON 数据集采用的是跟踪鼠标指针位置的方法，即被采集者移动鼠标指针到图像感兴趣的区域。这通过 MATLAB 工具箱就可以完成，采集成本更低，因此 SALICON 数据集更大。

小提示

除了上述数据集外，现有的显著目标数据集还包括 MIT 数据集、EyeTrackUAV 数据集、DHF1K 数据集、EMOd 数据集、FIGRIM Fixation 数据集、Coutrot 数据集、SAVAM 数据集、EyeCrowd 数据集、FiWI 数据集、OSIE 数据集、VIP 数据集、MIT 低分辨率数据集、KTH Koostra 数据集、NUSEF 数据集、TUD 图像质量数据集、Ehinger 数据集、DOVES 数据集、VAIQ 数据集、Toronto 数据集、FiFA 数据集等。

3.1.4 构图数据集

喜欢图像处理和摄影的研究人员在很久以前就开始研究自动构图问题了，提出了一些标准数据集，下面简单介绍。

1.CUHK Cropping 数据集[5]

CUHK Cropping 数据集由香港中文大学汤晓鸥实验室发布，并由经验丰富的摄影师手动裁剪，共 950 张图像。这 950 张图像共包括 7 类图像，其中 animal（动物）134 张、architecture（建筑）136 张、human（人物）133 张、landscape（风景）140 张、night（夜景）136 张、plant（植物）138 张、static（静物）133 张。

裁剪参数包括裁剪框的左上角和右下角的坐标，每一张图像由 3 个摄影师进行标注。一个标注案例如下。

```
animal\1116.jpg  #文件名字
309 832 339 783 #第1个摄影师的裁剪，依次分别是左上角的x、y坐标，右下角的x、y坐标
1 1199 2 900    #第2个摄影师的裁剪，依次分别是左上角的x、y坐标，右下角的x、y坐标
157 1005 1 900  #第3个摄影师的裁剪，依次分别是左上角的x、y坐标，右下角的x、y坐标
```

2.Flickr Cropping 数据集[6]

为了构建 Flickr Cropping 数据集，研究人员首先从 Flickr 收集了 31888 张图像，然后在标注平台上雇用工人来过滤不合适的图像，如拼贴图像、计算机生成的仿真图像或带有后处理的图像。

剩下的图像由一组摄影爱好者来进行裁剪，每一张图像产生 10 个裁剪版本，然后送至 AMT 平台供标注人员进行选择。

最终发布的数据集共包括 1705 张图像，包括一个标注框的标注结果存在 cropping_training_set.json 和 cropping_testing_set.json 中，标注格式如下。

```
[
  {
["url":"4910188666_04cf9f487d_b.jpg",]
    "flickr_photo_id":4910188666,
    "crop":[
      266,
      6,
      757,
      399
    ]
  },
]
```

url 字段存储图像地址。flickr_photo_id 字段存储 Flickr 图像的 ID， Flickr 网站开放了 API 用于图像爬取。crop 字段包括标注结果，依次分别是左上角的 x、y 坐标，右下角的 x、y 坐标。从 10 个候选裁剪中，由 5 个标注人员进行投票，其中投票最高的作为最终的标注结果。

除了绝对裁剪，该数据集还提供了相对裁剪的标注结果，也就是一张图进行两个裁剪标注，让标注人员选择更喜欢哪一个。因此包括两个标注 crop_0、crop_1，vote_for_0 和 vote_for_1 分别是标注人员投票给第 0 个裁剪框和第 1 个裁剪框的结果，1 表示有一个投票。

```
[
  {
    "url":"15251367120_9bdca6b5c3_c.jpg",
    "crops":[
      {
        "vote_for_1":1,
        "vote_for_0":4,
        "crop_1” :[
             171,
             281,
             300,
             400
        ],
        "crop_0":[
             139,
             234,
             300,
             400
        ]
      },
```

```
    ],
    "flickr_photo_id":15251367120
  },
]
```

完整的一张图的相对标注结果如下。

```
[{"url":"15251367120_9bdca6b5c3_c.jpg",
"crops":[{"vote_for_1":1,"vote_for_0":4,"crop_1":[171,281,300,400],"crop_0":[139,234,300,400]},
{"vote_for_1":5,"vote_for_0":0,"crop_1":[132,216,360,480],"crop_0":[165,174,300,400]},
{"vote_for_1":5,"vote_for_0":0,"crop_1":[64,101,420,560],"crop_0":[159,252,300,400]},
{"vote_for_1":5,"vote_for_0":0,"crop_1":[103,38,480,640],"crop_0":[201,192,300,400]},
{"vote_for_1":1,"vote_for_0":4,"crop_1":[118,137,360,480],"crop_0":[50,234,360,480]},
{"vote_for_1":5,"vote_for_0":0,"crop_1":[92,98,420,560],"crop_0":[39,135,360,480]},
{"vote_for_1":4,"vote_for_0":1,"crop_1":[61,132,480,640],"crop_0":[167,247,360,480]},
{"vote_for_1":5,"vote_for_0":0,"crop_1":[44,167,420,560],"crop_0":[88,235,420,560]},
{"vote_for_1":2,"vote_for_0":3,"crop_1":[31,100,480,640],"crop_0":[108,38,420,560]},
{"vote_for_1":3,"vote_for_0":2,"crop_1":[76,142,480,640],"crop_0":[94,75,480,640]}],
"flickr_photo_id":15251367120}
```

可以看出，共包括 10 个裁剪样本对，每一个样本对由 5 个标注人员进行投票。

3.CPCD 数据集 [7]

CPCD 数据集是由纽约州立大学石溪分校和 Adobe 公司共同整理的数据集，初衷是在目前绝对标注的构图图像有限时提供更多的相对构图标注数据。最终发布的带标注的结果共包括 10798 张图像，原图来自 AVA、COCO 等数据集。标注结果超过 100 万的图像对，每一个图像对就是原图及其裁剪图，它们会有相对美学的标注。

为了保证分布的广泛性，采集者不仅选择了专业的图像，还选择了日常生活中的图像。从量级上来说，该数据集是目前最大的一个构图标注数据集。

其中每张图像生成了 24 个采集结果，由 6 个 AMT 平台的工作人员进行选择。一个标注样例结果如下，存储为 ava_obj_0_302.jpg.txt，其中 ava_obj_0_302.jpg 就是图像的名字。

```
"{\"scores\": [[3, 2, 0, 1, 1, 1, 1, 1, 0, 1, 1, 1, 1, 1, 0, 1, 1, 1, 1, 4, 0, 1, 1, 0], [2, 1, 0,
0, 0, 0, 3, 0, 0, 4, 0, 0, 1, 1, 0, 1, 0, 1, 1, 1, 0, 1, 0, 0], [0, 0, 1, 0, 0, 1, 0, 1, 4, 2, 0, 0, 0,
1, 1, 0, 0, 0, 0, 0, 3, 0, 0, 1], [0, 0, 4, 0, 0, 2, 0, 1, 1, 0, 0, 0, 0, 1, 1, 0, 0, 0, 0, 0, 3, 0,
0, 1], [2, 1, 0, 0, 0, 0, 4, 0, 0, 1, 0, 0, 1, 1, 0, 0, 0, 0, 0, 1, 0, 3, 0, 0], [1, 0, 0, 0, 1, 0, 3,
0, 0, 1, 0, 0, 0, 1, 1, 0, 0, 0, 0, 4, 0, 2, 0, 0]], \"bboxes\": [[96, 0, 576, 480], [48, 0, 432,
384], [192, 96, 480, 384], [240, 48, 624, 432], [1, 85, 385, 469], [148, 90, 532, 474], [48,
48, 560, 432], [192, 144, 576, 432], [125, 182, 509, 470], [110, 56, 494, 344], [49, 111, 433,
399], [233, 42, 617, 330], [192, 0, 552, 480], [96, 0, 456, 480], [192, 96, 407, 384], [15,
19, 360, 479], [290, 17, 635, 477], [59, 4, 404, 464], [48, 144, 560, 432], [0, 48, 640, 408],
[144, 144, 528, 360], [48, 0, 560, 288], [243, 174, 627, 390], [86, 241, 470, 457]]}"
```

可以看到，标注中包括两个字段，即 scores 和 bboxes。其中 scores 共包括 6 个向量，每一个向量为 24 维，对应 24 个裁剪框。以第一个为例，该向量为 [3, 2, 0, 1, 1, 1, 1, 1, 0, 1, 1, 1, 1, 1, 0, 1, 1, 1, 1, 4, 0, 1, 1, 0]，每一维代表分数。

小提示

从构图数据集的标注可以看出，更多数据集采用了相对构图，因为人们更容易比较两张图的构图美感，而不是直接获取最好的构图结果。

3.2 自动构图的研究方法

本节我们将介绍当前的自动构图的研究方法，包括基于构图方法的研究方法、基于显著图的研究方法，以及基于美学的研究方法等。

3.2.1　自动构图的基本流程

自动构图通常有两大类，分别是基于比较的构图和基于迭代的构图，它们的流程分别如图 3.5 和图 3.6 所示。

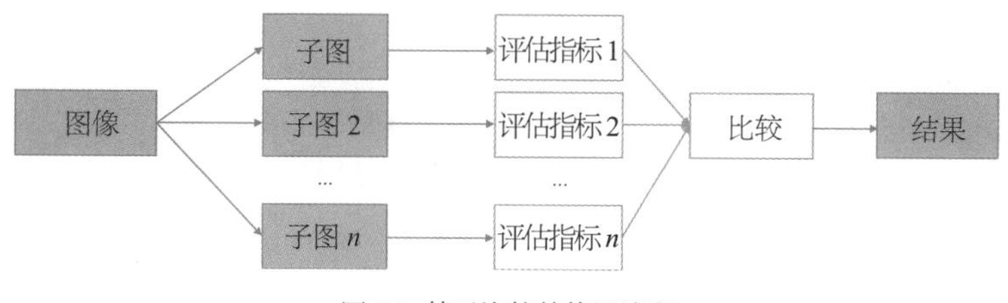

图 3.5　基于比较的构图流程

基于比较的构图通过基于某个评估指标（如美学质量分数等）对多个子图进行比较，选择其中评估指标最高的结果。这一类构图的优点是流程简单，缺点是处理思路比较粗糙，也违背人类进行构图处理时的思维方式。

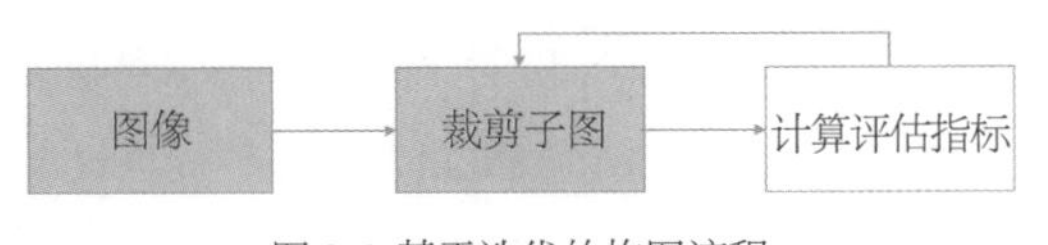

图 3.6 基于迭代的构图流程

基于迭代的构图从某个任务的初始化（目标检测、分割结果）结果开始，然后通过某个方法进行优化。这一类构图的优点是精度高，利用了先验知识，缺点是计算量大，对优化方法敏感。

3.2.2 基于构图准则的构图方法

构图有一定的指导原则，因此也引申出了一系列对构图进行定量评判的标准，随之也出现了基于构图方法的研究方法，它的关键在于如何在图像中进行构图方法的量化。

以三分法构图为例，三分法构图通常将图像主体放在离上、下、左、右边界的 1/3 的位置处。图 3.7 展示了两种构图方法。

图 3.7 两种构图方法

图 3.7 中红色虚线框和黄色虚线框展示了两种构图方法，红色实心展示的是图像主体，即“荷花”的重心。4 个黄色箭头分别代表重心到黄色虚线框的 4 个三分顶点的距离，4 个红色箭头分别代表重心到红色虚线框的 4 个三分顶点的距离，它们就可以作为构图的特征向量。

可以看出，4 个黄色箭头中最短的箭头要短于 4 个红色箭头中最短的箭头，这说明黄色虚线框的结果更接近三分法构图。下面我们分别看两者的构图对比结果，如图 3.8 所示。

（a）

（b）

图 3.8 构图对比结果

图 3.8 分别展示了图 3.7 中的黄色虚线框的结果（图 3.8（a））和红色虚线框的结果（图 3.8（b）），可以看出图 3.8（a）是一个更好的构图，主题和背景更加协调。通常我们在拍摄静物时很少将主体直接放在图像中心，而是会选择接近三分法构图的方式。

小提示

还有许多构图方法，但是通常都很难定量评估，而且对于不同的图像效果也不同，因此计算机算法较少使用它们来进行构图，更多是由专业人士手动调整。

3.2.3　基于显著图的构图方法

人眼观察图像满足视觉注意机制，即面对一个场景时，人眼自动地对感兴趣区域进行处理而选择性地忽略不感兴趣区域。这些人们感兴趣的区域被称为显著性区域，即显著目标，这种原理也可以用于自动构图。本小节介绍相关技术。

1. 什么是显著目标检测

检测显著目标的方法被称为视觉显著性检测（Visual Saliency Detection），即通过算法模拟人的视觉，提取出图像中的显著目标，检测结果通常由一张概率图（即显著图）展示，如图 3.4 所示。

人类的视觉注意机制主要分为两种：第一种是由下而上基于特征的机制，实现的时候采用基于底层图像特征提取的方式；第二种是由上而下基于模型的机制，实现的时候采用模型学习图像中的高层语义特征，以深度学习模型为代表。

2. 基于底层图像特征的显著目标检测方法

基于底层图像特征提取的显著目标检测方法通过利用图像的亮度、边缘、颜色等特征，判断显著目标与周围的差异，进而计算出显著性，以 Itti and Koch 模型（采用特征整合理论）[8] 为代表。

Itti and Koch 模型首先计算出多个通道的多尺度底层特征，包括对比度、颜色、梯度等；然后计算出差分特征图，即一个区域的平均值与周围区域进行比较的差异图；最后融合所有特征图，归一化得到最终的灰度概率图，即显著目标检测结果。

2012 年，Judd T 等人 [2] 将 10 种传统的显著目标检测方法与随机概率图、中心概率图和真实标注概率图做了比较详细的比较，这些方法都是对 Itti and Koch 模型的实现或者改进。其中改进方法包括增加场景先验知识（如人脸检测结果）到概率图、利用先验知识学习各种特征的权重等。

3. 基于模型的显著目标检测方法

基于模型的显著目标检测方法则利用模型直接从数据中学习图像的某些高层语义特征，早期以 eDN 模型 [9] 为代表，它利用 SVM 模型学习了 3 个不同层级的特征的融合。

如今基于深度学习的方法是主流，因为估计的真值是一张与图像大小相同的概率图，因此其网络结构与图像分割任务非常相似，首先利用卷积模块降低分辨率来抽象特征，然后恢复分辨率。

小提示

在基于模型的显著目标检测方法中，多尺度图像和特征技术常被使用，这与图像分割、目标检测等任务是通用的，这里就不再介绍各类模型。

4. 基于显著图的自动构图方法

基于显著图的自动构图方法是最早期用于自动构图的方法，被称为 Attention-Based 的方法。它基于一个假设，图像中的显著目标是最重要的部分，我们应该保留这个最重要的部分而裁剪其他部分。

这类方法的目标就是研究如何用最小的裁剪窗口使得注意力（图像显著特性）总和最大化，注意力总和可以简单定义为图像所有像素值的和，它是图中的有效信息。

一种高效的实现方法 [10] 如图 3.9 所示。图 3.10 所示是它的具体迭代实现方式。

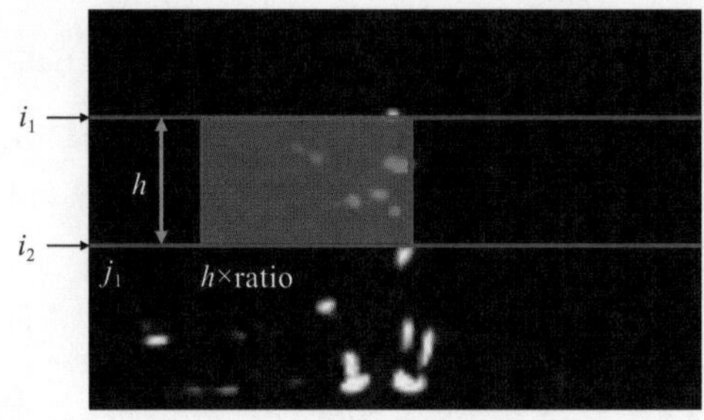

图 3.9 显著图裁剪迭代搜索方法

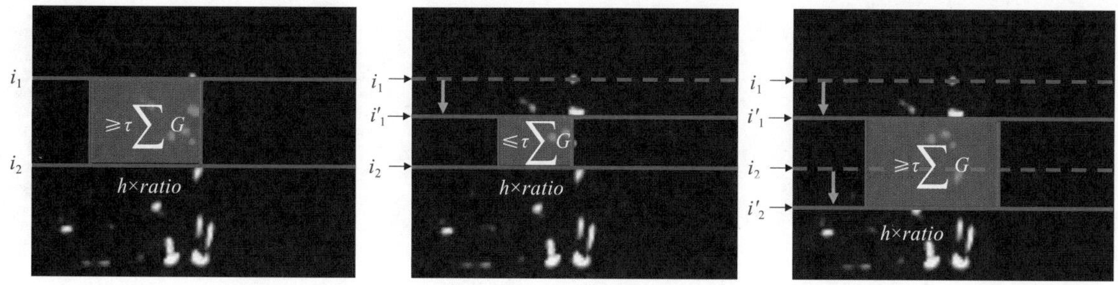

图 3.10 具体迭代实现方式

图 3.10 利用了积分图的思想来实现最小包围区域的裁剪，步骤如下。

（1）计算概率积分图。

（2）初始化 i_1、i_2 为 0。

（3）迭代 i_1、i_2，方法是刚开始固定 i_1，增加 i_2，直到它们包括的区域的概率图积分超过阈值，即大于 $\tau\Sigma G$。其中 ΣG 就是全图像素的和，τ 是一个参数，表示要保留的信息比例，取值为 0~1。然后增加 i_1，直到小于阈值。接着增加 i_2，直到大于阈值，停止迭代。

（4）根据是否要保留高宽比来对高度进行搜索。如果保留高宽比，则选择的是一个固定的高度，可以滑动搜索，取得最大概率和。如果不保留高宽比，则可以采用类似于 i_1、i_2 的迭代方法进行更新。

当然，我们还可以使用更简单的方案，即基于最小信息损失迭代的方案，如图 3.11 所示。

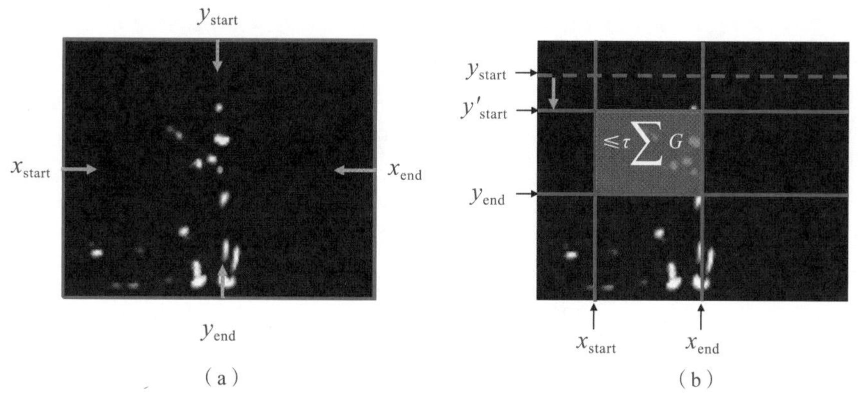

图 3.11 最小信息损失迭代

图 3.11（a）所示是初始化结果，$x_{start}=0$，$x_{end}=w-1$，$y_{start}=0$，$y_{end}=h-1$，随后我们设置一个步长 step，分别计算当 $x_{start}=x_{start}+step$，$y_{start}=y_{start}+step$，$x_{end}=x_{end}-step$，$y_{end}=y_{end}-step$ 时 x_{start}，x_{end}，y_{start}，y_{end} 所围成的矩形的信息改变量，取其中改变量最小的更新相关参数。如图 3.11（b）所示，$y_{start}=y_{start}+step$ 是最小的信息改变量方向，因此下一步更新 y_{start} 为 y'_{start}，直到满足终止条件。

基于显著图的自动构图方法能够得到最紧凑地保留目标信息的方案，因此适用于对保留关键信息要求高的应用场景，如缩略图的生成。但它缺少对图像构图方法和美学质量的考量，可能会导致裁剪出来的图像不美观，而且很多图没有显著目标（如图 3.12 所示），因此无法进行有效的裁剪。

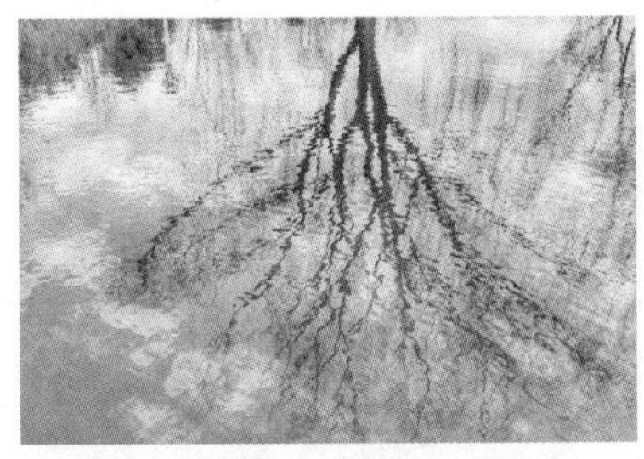

图 3.12 无显著目标的图

> 小提示
>
> 图 3.12 展示了一些无显著目标的图，通常为室外风景图。

3.2.4 基于美学的研究方法

基于美学的研究方法更加符合摄影师构图的原理，它要求裁剪出美学质量分数更高的区域，因此关键就在于搜索区域的选择。根据不同搜索区域的选择方案，可以分为以下几个研究思路。

1. 暴力搜索法

暴力搜索法 [11] 是早期的研究思路，其基本流程如图 3.13 所示。

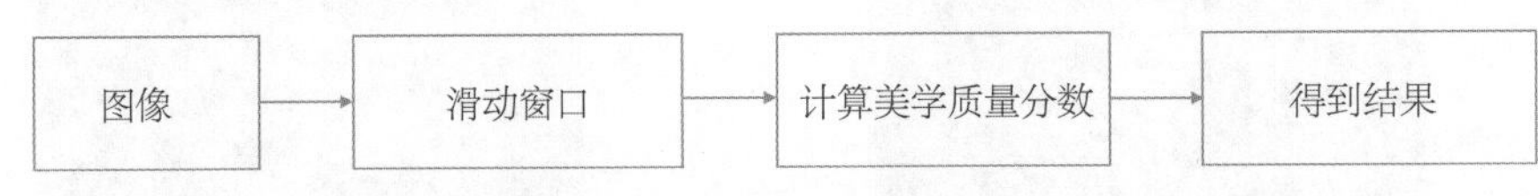

图 3.13 暴力搜索法基本流程

它通过滑动窗口的方式获取一系列的候选裁剪框，如图 3.14 所示，然后从中选择美学质量分数最高的。这一类方法的缺点就是效率太低，计算量太高，根本无法实际应用。

图 3.14 候选裁剪框

为了减少候选裁剪框，可以从限制候选裁剪框的比例和大小、减小搜索空间入手。常用的构图比例包括 1:1、3:2、4:3、5:4、7:5、16:9 等比例，能够满足大部分设备的需求，可以限制候选裁剪框的比例。另一方面，还可以限制候选裁剪框大小的上限和下限。但是不管怎样，这一类方法都有着非常大的计算代价。

以 1000px × 1000px 的图像为例，只使用 1:1 的比例，假如限制候选裁剪框边长为 500px~750px，候选裁剪框的采样间隔为 50px，滑动窗口的采样间隔为 10px，要生成 500px × 500px 的候选裁剪框，那么会产生 2500 个候选裁剪框。每一个候选裁剪框的图像都需要使用美学质量评估模型进行评估。如果一个美学质量评估模型的评估时间为 1ms，总共需要 2.5s，无法满足实时处理要求。因此暴力搜索法只在理论上可行，无法实际应用。

2. 基于显著图预处理的方法

暴力搜索法巨大的计算量来自巨大的搜索空间和后续带来的图像美学质量评估的计算量，如果能够减小搜索空间，减少不必要的图像美学质量评估的计算量，就可以大大提升效率。

研究者提出与显著目标检测方法融合 [12] 就可以实现该目标。图 3.15 所示是与显著目标检测方法融合的基本流程。

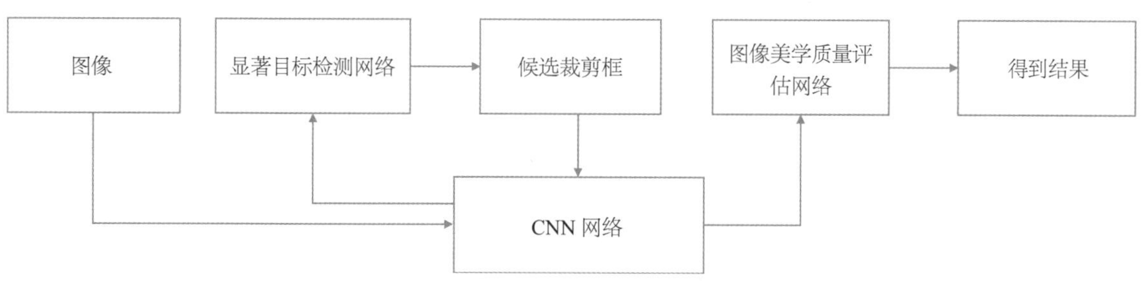

图 3.15 与显著目标检测方法融合的基本流程

图 3.15 所示流程中首先训练了一个显著目标检测网络，使用它可以得到显著目标的初始框；在初始框附近，可以根据不同大小和比例得到一系列候选裁剪框，然后用图像美学质量评估网络进行评分。该框架分别使用显著目标检测网络和图像美学质量评估网络完成区域提取和评分，两个网络还可以公用浅层特征，大大提高了效率。

这一类思路本质上就是先减小搜索区域，然后在搜索区域附近进行暴力搜索。其中目标检测中的许多技术可以很好地应用，Abode 公司的研究者们就提出了相关框架 [7]，它包括一个候选裁剪框网络用于提取候选裁剪框，一个图像美学质量评估网络进行评估。

3. 基于增强学习的搜索法

候选裁剪框的选择本质上是一个搜索问题，除了减小搜索空间，也可以使用更加高效的搜索方法。有研究者提出了 A2RL 框架 [13]，使用增强学习更高效地搜索候选裁剪框。相比前面的两种方法，它需要更少的候选裁剪框与更少的运行时间，可以获得任意尺度、位置、更精确的候选裁剪框。

基于美学的方法能够得到视觉质量更高的结果，与基于显著图的方法不同的是，有时它会有大量留白，因此不适用于缩略图生成这一应用场景，但是适用于摄影作品的自动裁剪。

小提示

更多方法的比较，大家可以阅读综述参考资料[6]。

3.2.5 构图质量评估

为了评估一个自动构图算法的好坏，我们不仅需要定性的指标，还需要定量的指标，常用的指标有两个，即平均交叉区域和平均边界位移。

1. 平均交叉区域

平均交叉区域（Average Intersection-over-Union，IoU），也是目标检测中使用的优化目标，其定义如下。

$$\mathrm{IoU}=1/N\sum_{1}^{N}\mathrm{area}(w_i^g\cap w_i^c)/\mathrm{area}(w_i^g\cup w_i^c) \quad \text{式（3.1）}$$

式（3.1）中 N 为输入图像的总数，w_i^g 为第 i 张图像真实人工裁剪框，w_i^c 为不同方法裁剪出的第 i 张图像的最优窗口，IoU 的值越大说明裁剪的最优窗口与真实人工裁剪框越接近，即剪裁的效果越好。

2. 平均边界位移

平均边界位移（Average Boundary Displacement)，即 Disp，它的定义如下。

$$\mathrm{Disp}=1/N\sum_{i=1}^{N}\sum_{j=\{l,r,u,b\}}|B_i^g(j)-B_i^c(j)|/4 \quad \text{式（3.2）}$$

式（3.2）中 N 为输入图像的总数，$B_i^g(j)$ 为第 i 张图像真实人工裁剪框的 4 条边与原图像对应边的距离，$B_i^c(j)$ 为不同方法裁剪出的第 i 张图像的最优窗口 4 条边与原图像对应边的距离，Disp 的值越小说明裁剪的结果与真实人工裁剪框越接近，即裁剪的效果越好。

3.3 实时自动构图算法实战

前面讲到，基于显著图的方法和基于美学的方法各有优劣，因此在这里我们分别对两种方法进行尝试，最后对结果进行比较。

3.3.1 基于显著图的方法

基于显著图的方法，首先需要训练一个显著图检测模型，它输入 RGB 图，输出显著图，可以使用常用的图像分割模型。

1. 数据集与网络

我们使用前文介绍过的 SALICON 数据集作为训练数据集，采用 MobileNet 模型来训练，其网络结构如图 3.16 所示。

为了训练一个实时并且稳健的显著图检测模型，我们对原始的 MobileNet 模型进行了新的设计。关于原始 MobileNet 模型的网络结构，读者需要自行参考相关资料。

对网络的设计总结如下。

（1）选择原始 MobileNet 模型从 conv1 到 conv5_5/sep 的所有卷积层作为特征提取层，并将第一个卷积层的卷积核大小改为 5、步长改为 4。输入图像大小为 224px × 224px，conv5_5 的输出特征图大小为 7px × 7px。

（2）将 conv3_2/sep 到 conv5_5/sep 的卷积层修改为 DenseNet 模型网络结构的设计，其中 DenseNet 模型每一层的学习通道数为 32。关于 DenseNet 模型完整的网络结构，读者需要自行参考相关资料。

（3）从 conv5_5 开始，经过了 5 个反卷积层，每一个反卷积层提升两倍的分辨率。

（4）反卷积层和卷积层添加了跳层连接，具体的连接方式如图 3.16 所示。

经过设计后，该 MobileNet 模型可以用于显著图预测，并且是一个非常轻量级的网络，模型大小只有不到 1MB，从而可以在一些资源受限的设备上工作。

2. 模型训练

训练时使用了 L2 损失，完整的模型训练优化参数如下。

```
net: "mobilenet_train.prototxt" ##网络结构
base_lr: 0.001 ##基本学习率
momentum: 0.9 ##一阶动量项
momentum2: 0.999 ##二阶动量项
type: "Adam" ##Adam优化方法
lr_policy: "fixed" ##学习率策略
display: 100 ##显示间隔
max_iter: 200000 ##最大迭代次数
snapshot: 10000 ##缓存间隔
snapshot_prefix: "snaps/MobileNet_saliency_prob" ##缓存前缀
solver_mode: GPU ##训练模式为GPU
```

验证集的训练损失曲线如图 3.17 所示。

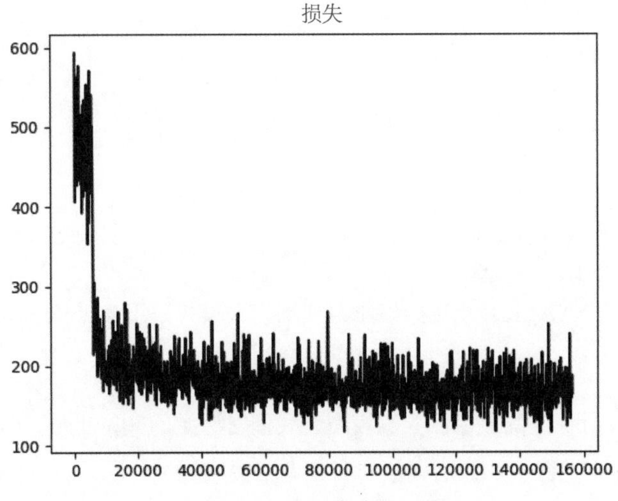

图 3.17 验证集的训练损失曲线

从图 3.17 可看出，模型在 20000 个 batch 迭代后已经基本收敛。图 3.18 所示为一些不在训练集中的图像的显著图检测结果。

图 3.18 显著图检测结果

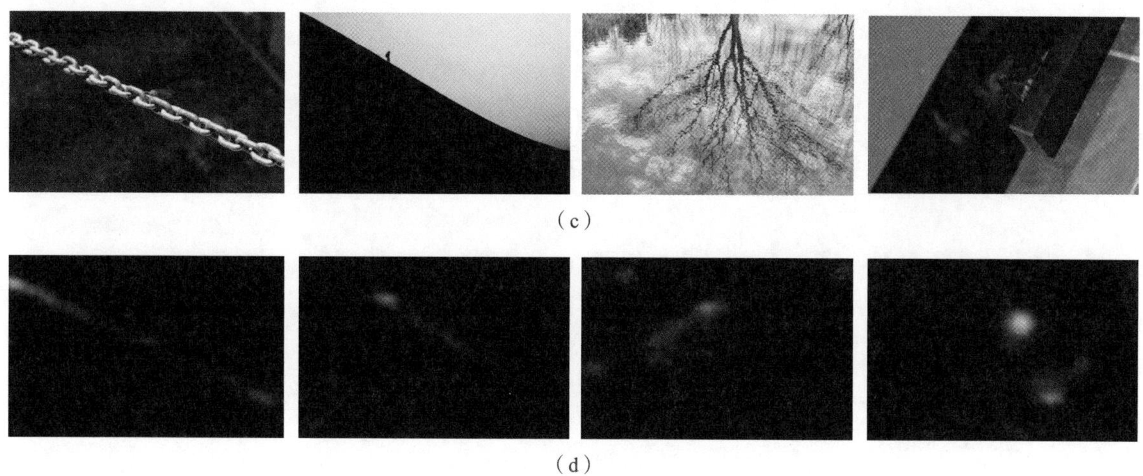

（c）

（d）

图 3.18 显著图检测结果（续）

图 3.18（a）和图 3.18（c）是原图，其中图 3.18（a）中主题突出，背景比较简单，图 3.18（c）中背景比较复杂。图 3.18（b）和图 3.18（d）是对应图 3.18（a）和图 3.18（c）的显著图检测结果，可以看出很成功地检测到了显著目标。

3. 构图结果

使用在 3.2.3 小节中所述的基于显著图的最小信息损失迭代方法进行裁剪，具体的实现代码如下。

```
## Python相关库载入
#coding=utf8
import sys
import math
sys.path.insert (0, '/Users/longpeng/opts/caffe/python/')
import caffe
import os
import numpy as np
import cv2
import time

## 计算积分图
def integral (img) :
    integ_graph = np.zeros ( (img.shape[0],img.shape[1]) ,dtype = np.float32)
    for x in range (img.shape[0]) :
        sum_col = 0
        for y in range (img.shape[1]) :
            sum_clo = sum_col + img[x][y] ##列向量
            integ_graph[x][y] = integ_graph[x-1][y] + sum_col;
   return integ_graph

## 搜索裁剪结果
```

```
## saliency_map为输入显著图
## infor_ratio_th为要保持的信息比例
def search_rectangle（saliency_map,infor_ratio_th）:
   if len（saliency_map.shape）!=2:
      print "saliency_map must be single channel"
      return

   srcimage = np.copy（saliency_map）
   saliency_map = saliency_map.astype（np.float32）/ np.sum（saliency_map）
   integral_map = integral（saliency_map）##计算积分图
   height,width = saliency_map.shape

   ## 初始化4个指针
   x_start = 0
   y_start = 0
   x_end = width-1
   y_end = height-1

   ## 初始化4个信息损失
   xspeed_add = 0
   yspeed_add = 0
   xspeed_sub = 0
   yspeed_sub = 0

   total_infor = integral_map[height-1,width-1] ##全部信息值
   cur_infor = 0 ##当前信息
   flag = 0

   step = 5 ##迭代步长，值越大则迭代速度越快，但是结果可能越不精确
   while 1:
      ## 计算各个方向带来的信息损失
      xspeed_add = integral_map[y_start,x_start] + integral_map[y_end,x_start+step] -
integral_map[y_end,x_start] - integral_map[y_start,x_start+step]
      yspeed_add = integral_map[y_start,x_start] + integral_map[y_start+step,x_end] -
integral_map[y_start+step,x_start] - integral_map[y_start,x_end]
      xspeed_sub = integral_map[y_end,x_end] + integral_map[y_start,x_end-step] -
integral_map[y_end,x_end-step] - integral_map[y_start,x_end]
      yspeed_sub = integral_map[y_end,x_end] + integral_map[y_end-step,x_start] -
integral_map[y_end,x_start] - integral_map[y_end-step,x_end]

      ## 得到最小信息损失方向
      tmp = [xspeed_add,yspeed_add,xspeed_sub,yspeed_sub]
      index = np.argmin（tmp）

      ## 根据最小信息损失对指针进行更新
      if index == 0:
         x_start = x_start + step
```

```
        elif index == 1:
            y_start = y_start + step
        elif index == 2:
            x_end = x_end - step
        else:
            y_end = y_end - step

        ## 计算当前信息
        cur_infor = integral_map[y_end,x_end] - integral_map[y_start,x_start]
        ## 满足迭代停止条件则停止迭代
        if cur_infor < infor_ratio_th * total_infor:
            break

    return [x_start,y_start,x_end,y_end] ##返回裁剪坐标
```

以上就是裁剪的核心代码，至于从显著图预测到产生最终结果的整个过程，读者可以参考第 2 章中 Caffe 的结果预测代码。

在保留显著图中 95% 的有效信息的情况下，图 3.19 所示为构图裁剪结果。

图 3.19　构图裁剪结果

从图 3.19 可以看出，基于显著图的方法可以保留图像中最重要的信息，因此使用该方法提取图像缩略图是非常合适的。

在保留不同比例的有效信息的阈值下，我们查看该方法在前面介绍过的 CUHK Cropping 数据集的各类图像上的实验结果，定量指标为 IoU，对 3 个标注者的构图方法都进行了统计，结果如表 3-1、表 3-2 和表 3-3 所示。

表 3-1 CUHK Cropping 数据集测试结果（有效信息比例阈值 =0.9）

类别 标注	动物	建筑	人物	风景	夜景	植物	静物
标注 1	0.4286	0.4606	0.3835	0.4249	0.4066	0.4813	0.4260
标注 2	0.3826	0.4523	0.3615	0.4267	0.4100	0.4480	0.4182
标注 3	0.4050	0.4558	0.3738	0.4240	0.4179	0.4818	0.4185

表 3-2 CUHK Cropping 数据集测试结果（有效信息比例阈值 =0.95）

标注＼类别	动物	建筑	人物	风景	夜景	植物	静物
标注 1	0.5442	0.5896	0.5150	0.5628	0.5285	0.5878	0.5526
标注 2	0.5010	0.5731	0.4968	0.5596	0.5337	0.5580	0.5412
标注 3	0.5277	0.5806	0.5034	0.5564	0.5354	0.5959	0.5387

表 3-3 CUHK Cropping 数据集测试结果（有效信息比例阈值 =0.98）

标注＼类别	动物	建筑	人物	风景	夜景	植物	静物
标注 1	0.6487	0.7196	0.6501	0.7030	0.6572	0.6869	0.6780
标注 2	0.6262	0.6956	0.6484	0.6883	0.6551	0.6697	0.6610
标注 3	0.6476	0.7047	0.6402	0.6824	0.6559	0.6994	0.6616

从表 3-1、表 3-2 和表 3-3 可以看出，有效信息比例阈值的值对结果影响较大，因此我们最终选定 0.98 作为阈值，在 Flickr Cropping 数据集上的指标最终达到 0.6472，与主流的方法性能相当。

3.3.2　与基于美学的方法对比

我们选择了中国科学院研究者开源的 A2RL 模型 [13] 进行比较，它基于增强学习进行搜索，是目前最好的自动构图方法之一。

首先查看图 3.19 中裁剪后对应的裁剪结果，如图 3.20 所示。

图 3.20　A2RL 模型裁剪结果

从图 3.20 可以看出，A2RL 模型裁剪部分图相对比较保守，幅度很小；部分图则裁剪幅度很大，总体来说会更倾向于保持图像的美学价值。

不过该方法有一定的随机性，即不同的运行次数和图像分辨率配置下可能取得不同的结果。从图 3.21 所示的 4 次同样的程序配置，同样的输入分辨率下裁剪的结果，可以看到不同裁剪次数结果差异非常大，尤其是对于第 3、第 4 张比较复杂的图。

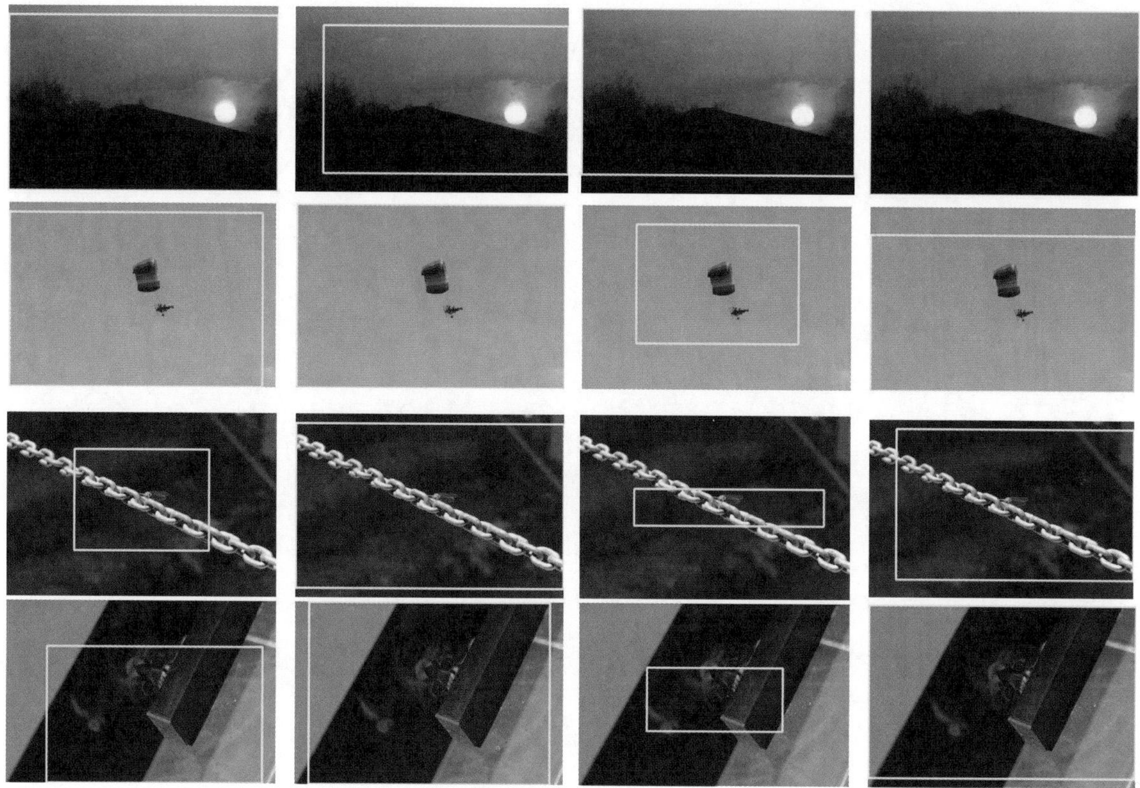

图 3.21　4 次同样的程序配置、同样的输入分辨率下裁剪的结果

由于 A2RL 模型没有提取语义信息而是单纯依靠美学因素，无法像显著图检测模型一样取得稳定可控的结果。

两种模型在两个自动构图数据集上的实验比较结果如表 3-4 所示。其中显著图检测模型选择有效信息比例阈值为 0.98，CUHK Cropping 数据集中选择了第一个标注者作为真值。

表 3-4 显著图检测模型与 A2RL 模型的实验比较结果

指标 模型（数据集）	IoU	运行时间	模型大小	框架
显著图检测模型（CUHK Cropping 数据集）	0.678	200ms	936KB	Caffe
A2RL 模型（CUHK Cropping 数据集）	0.783	2s	140MB	TensorFlow
显著图检测模型（Flickr Cropping 数据集）	0.6472	200ms	936KB	Caffe
A2RL 模型（Flickr Cropping 数据集）	0.6582	2s	140MB	TensorFlow

从表 3-4 可以看出，A2RL 模型的效果优于显著图检测模型，在 CUHK Cropping 数据集上的优势更加明显，在 Flickr Cropping 数据集上两者取得相当的结果。

不过 A2RL 模型的大小和运行时间都远超过显著图检测模型，在 Mac Pro 上 A2RL 模型的运行时间是显著图检测模型的 10 倍，模型大小则是它的 100 倍以上。因此对于缩略图等任务来说，显著图检测模型具有更好的性价比。

3.4 小结

本章介绍了构图基础以及自动构图方法，然后在 3.4 节中进行了实践。

在 3.1 节构图基础部分，重点讲解了构图的应用场景，以及与该问题相关的显著目标数据集与构图数据集。

在 3.2 节自动构图方法中，分别从构图准则、显著图检测以及美学等 3 个方向来介绍对应的自动构图方法，它们各自都有适用的场景。

在 3.3 节中对基于显著图检测的自动构图方法进行了实践，并且将其与一个主流的基于美学的构图方法进行了定量与定性比较。

构图问题与美学问题一样，虽然有一定的评判标准，但仍然是一个比较主观的问题，总体来说有两个重要的维度。

第一个是应用场景，不同的应用场景需要不同的构图方法。对于网站博客等需要提取主体信息的场景，好的构图方法是能够选取图像中最重要的信息。对于摄影等应用场景，好的构图方法是能够保持图像的美感，增强表现力的。因此无法判断是基于显著图的方法更好还是基于美学的方法更好，它们各自有适合的应用场景。

第二个是图像类型。不同的图像类型需要不同的构图方法。对于建筑图来说，对称式构图、消失点与引导线构图、对角线构图是常用的。对于人像和静物图来说，三分法构图等更为常用。对于不同的图像类型，可以尝试采用不同的构图方法，这都留待读者去实践。

参考文献

[1] RUBINSTEIN M, GUTIERREZ D, SHAMIR A, et al. A comparative study of image retargeting[C]//ACM SIGGRAPH Asia. ACM, 2010:160.

[2] JUDD T, DURAND F, TORRALDA A. A Benchmark of Computational Models of Saliency to Predict Human Fixations[C]//Computer Science and Artificial Intelligence Laboratory Technical Report,2012.

[3] BORJI A, ITTI L. CAT2000: A Large Scale Fixation Dataset for Boosting Saliency Research[J]. Computer Science,2015.

[4] JIANG M, HUANG S, DUAN J, et al. Salicon: Saliency in Context[C]//Proceedings of the IEEE Conference on Computer Vision and Pattern Recognition,2015: 1072-1080.

[5] YAN J, LIN S, BING K S, et al. Learning the Change for Automatic Image Cropping[C]//Proceedings of the IEEE Conference on Computer Vision and Pattern Recognition,2013: 971-978.

[6] CHEN Y L, HUANG T W, CHANG K H, et al. Quantitative Analysis of Automatic Image Cropping Algorithms: A Dataset and Comparative Study[J]. IEEE Winter Conference on Applications of Computer Vision,2017:226-234.

[7] WEI Z, ZHANG J, SHEN X, et al. Good View Hunting: Learning Photo Composition from Dense View Pairs[C]//Proceedings of the IEEE Conference on Computer Vision and Pattern Recognition,2018: 5437-5446.

[8] ITTI L, KOCH C, NIEBUR E. A Model of Saliency-Based Visual Attention for Rapid Scene Analysis[J]. IEEE Transactions on Pattern Analysis & Machine Intelligence, 1998（11）: 1254-1259.

[9] VIG E, DORR M, COX D. Large-Scale Optimization of Hierarchical Features for Saliency Prediction in Natural Images[C]//Proceedings of the IEEE Conference on Computer Vision and Pattern Recognition,2014: 2798-2805.

[10] CHEN J, BAI G, LIANG S, et al. Automatic Image Cropping: A Computational Complexity Study[C]// Computer Vision and Pattern Recognition. IEEE, 2016:507-515.

[11] CHEN, YI-LING, KLOPP, JAN, SUN, MIN, et al. Learning to Compose with Professional Photographs on the Web[C]//Proceedings of the 25th ACM International Conference on Multimedia,2017:37-45.

[12] WANG W, SHEN J. Deep Cropping via Attention Box Prediction and Aesthetics Assessment[J]IEEE Computer Society,2017:2205-2213.

[13] LI D B, WU H K, ZHANG J G,et al.A2-RL:Aesthetics Aware Reinforcement Learning for Automatic Image Cropping[J]//IEEE/CVF Conference on Computer Vision and Pattern Recognition.IEEE,2018.

第 4 章

图像去噪

摄影作品在产生和传输过程中，都会受到噪声的干扰，本章着重于讲述摄影作品中的图像去噪。

- 图像去噪基础
- 传统去噪方法研究
- 深度学习去噪方法研究
- 通用去噪模型实战

4.1 图像去噪基础

图像噪声（简称噪声）是指存在于图像数据中的不必要的或多余的干扰信息，更加广泛的定义是“不可预测的随机误差”，可以使用随机过程来描述，采用概率分布函数和概率密度分布函数来表征。噪声的存在会严重影响图像的质量，如污染图像的边缘、影响灰度的分布等，从而妨碍人们和计算机对图像的理解。

本节介绍摄影中的噪声、摄影中常用的去噪方法、常用去噪数据集以及评估方法。

4.1.1 摄影中的噪声

下面介绍摄影中的噪声来源和类型，以及噪声对摄影作品的影响。

1. 噪声来源和类型

目前大多数数字图像系统中，传输图像都采用先“冻结”再“扫描”的方式将多维图像变成一维电信号，再对其进行处理、存储、传输等变换，最后还原成多维图像信号。这个过程中电气系统本身和外界的影响都会产生噪声。

这里主要关注电气系统本身产生的噪声，它被称为内部噪声，有以下常见类型。

（1）光和电的基本性质产生的噪声，如导体中自由电子的无规则热运动产生的热噪声、光量子密度随时间和空间变化产生的光量子噪声等。

（2）电器的机械运动产生的噪声，如磁头、磁带等各种接头因抖动引起电流变化产生的噪声。

（3）器材材料本身产生的噪声，如正片和负片的表面颗粒性和磁带磁盘表面缺陷产生的噪声。

（4）系统内部设备电路产生的噪声，如电源引入的交流噪声等。

2. 噪声对摄影作品的影响

摄影中的噪声有 3 种，即固定噪声、随机噪声、非均匀响应噪声。

固定噪声：这种噪声来自电路本身，在各类信号处理系统中广泛存在，信噪比（Signal to Noise Ratio，SNR）曲线是一条斜率为 20dB/dec 的直线，20dB 代表信号幅度是噪声信号幅度的 10 倍，此时信号能够保证比较好的质量。

随机噪声：光子进入传感器的过程在数学上可以用泊松过程进行建模，此时带来的噪声（即随机噪声）是与亮度的平方根成正比的，信噪比曲线是一条斜率为 10dB/dec 的直线。

非均匀响应噪声：这种噪声来自每个像素在制造时候的个体差异，即使感受相同的亮度，不同的像素给出的响应也是不同的，这种噪声与亮度成正比，信噪比曲线是一条水平线，它决定了相机信噪比的上限。

小提示

在摄影中随机噪声是主要噪声，通常在高感光度配置下拍摄的作品中出现。

一般来说，我们在白天或者光线充足条件下拍摄的图像噪声很小，此时的感光度通常较低，笔者常用的是 ISO 400。但是在晚上拍摄的图像就有非常大的噪声，因为在晚上拍摄的图像感光度通常都在 ISO 1600 以上。

图 4.1 所示是在不同时间拍摄的同一建筑物的图像。其中，图 4.1（a）的感光度为 ISO 200，图 4.1（b）的感光度为 ISO 3200。从图像可以看出，高感光度的图像噪点更加明显。

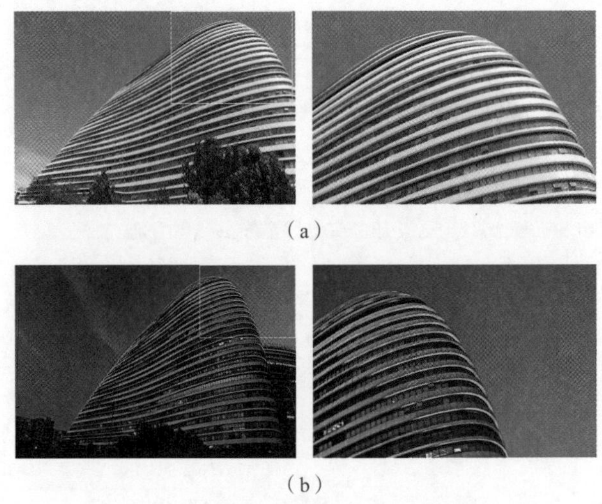

（a）

（b）

图 4.1 在不同时间拍摄的同一建筑物的图像

小提示

笔者使用的相机是 Canon EOS M6，在该设备的信噪比曲线上，20dB 对应的感光度在 ISO 6400 和 ISO 12800 之间，说明这个区间已经是该设备能取得好作品的最高感光度区间了。对于更好的相机如 Sony a6300，20dB 对应的感光度则是在 ISO 12800 和 ISO 25600 之间。

除了摄影设备和参数造成的影响，不可抗的图像源污染也会带来噪声，如图 4.2 所示。

（a）

（b）

（c）

图 4.2 来自图像源污染的噪声

图 4.2（a）中有来自玻璃上的水滴污染，图 4.2（b）中有来自玻璃反光的光污染，图 4.2（c）中有来自镜头脏物的污染。另外，图片上的水印也可以被认为是噪声。

小提示

在摄影作品中有一类作品是在下雨天拍摄的，有时候拍摄者并不是想拍摄雨景，因此雨点、雨线会部分遮挡目标主体，此时产生了“去雨”算法的需求，许多研究者对该问题进行了广泛研究，读者可以参考相关资料[6]。

当然，有的时候摄影师会在后期中给图像添加噪声以增加作品的感染力，如黑白作品、人像作品以及一些特殊的场景，如图 4.3 所示。

（a）

（b）

图 4.3　后期添加的噪声

图 4.3（a）是进行黑白后期处理的图，添加了一定的噪声后显得更有质感；图 4.3（b）是添加了“人造雪”噪声的图，当时的拍摄场景是北京的冬天，家里比较冷，两只猫一起抱团取暖，添加了噪声后增强了场景画面感。

4.1.2　摄影中常用的去噪方法

摄影中常用的去噪方法可以分前期去噪和后期去噪两种。前期去噪主要是拍摄时对相机参数的设置，后期去噪主要通过“修图”软件处理。

1. 前期去噪

利用相机本身的参数设置进行去噪处理。设置低感光度，一般白天相机的感光度为 ISO100~ISO 200，就能获取噪声可以被忽略的作品。对于大部分相机来说，建议使用 ISO 6400 以内的感光度。此外，设置较长的曝光时间，使用多张图进行平均值堆栈也可对去噪起到一定的作用。

2. 后期去噪

几乎所有主流的修图软件如 Adobe Camera Raw 都有去噪功能，一般情况下彩色噪点去噪参数可以使用默认设置，明度噪点的参数不超过 20，过高的参数会影响图像的锐度和细节。另外，还有许多不错的去噪插件，如 Nik Dfine、 Noiseware、 Topaz Denoise 等，可以进行更为精细的参数控制。

所有后期去噪方法都会对图像细节产生一定的损伤，因此我们需要对图像进行正确分析后，在细节损失和去噪之间进行权衡。需要注意的是，不是完全没有噪点的图像才是好的图像，需要根据实际情况进行处理，很多时候我们也会刻意添加噪点来模仿胶片的颗粒感。

4.1.3 常用去噪数据集

目前效果出色的去噪方法大都采用监督学习的方法，需要采集输入 - 输出图像对建立训练数据集，数据集的质量将直接决定去噪结果的质量。如何获取尽量多场景的图像数据和高质量的参考图像是目前研究的热点。下面介绍去噪数据集的建立方法和一些主流的去噪数据集。

1. 去噪数据集的建立方法

目前去噪数据集的建立主要有以下 3 种方法。

（1）从现有图像数据集获取高质量图像，然后做图像处理（如线性变化、亮度调整）并根据噪声模型添加人工合成的噪声，生成噪声图像。这一类方法比较简单、省时，高质量图像可以直接从网上获取，但由于噪声是人工合成的，其与真实噪声图像有一定差异，使得在该数据集上训练的网络在真实噪声图像上的去噪效果欠佳。

（2）针对同一场景，拍摄低感光度图像作为真值，高感光度图像作为噪声图像，并调整曝光时间等相机参数使得两张图像亮度一致。这一类方法只使用单张低感光度图像作为真值，难免会残留噪声，且与噪声图像可能存在亮度差异和不对齐的问题。

（3）对同一场景连续拍摄多张图像，然后做图像处理（如图像配准、异常图像剔除等），最后加权平均合成真值。这种方法需要拍摄大量图像，工作量比较大，且需要对图像进行严格对准，但一般得到的真值质量比较高。

小提示

在实际应用中，这 3 种方法都有被采用，并常会相互结合。一般在模型训练初期，会采用第一种合成噪声图像的方法，快速获得数据集对模型进行训练。

2. 仿真数据集

由于噪声和无噪声的真实图像对不容易获取，早期的研究大多采用了仿真数据集，代表性数据集是 Tampere Image Database（TID2013）[1]。这个数据集包括 25 张参考图像，使用 24 种不同的污染方法，包括加性 / 乘性高斯噪声、高频噪声、编码误差等，每一种污染方法包括 5 种程度等级，最后处理得到了 3000 张图像。

3. 真实噪声图像数据集

为了将去噪模型应用于真实环境中，现在越来越多的方法采用真实噪声图像进行网络训练，下面简单总结现有的真实噪声图像数据集，其中数据集数量以不同的场景与拍摄设备计算（即对同一场景用同一设备在同一参数下连续拍摄多张以一张计算）。

一些主要的真实噪声图像数据集汇总如表 4-1 所示。

表 4-1 真实噪声图像数据集

数据集	年份	类型	数量
RENOIR	2014	Low/high-ISO images pair	120 张
DND	2017	Low/high-ISO images pair	50 张
SIDD	2018	multi-images mean	200 张
PolyU	2018	multi-images mean	40 张

RENOIR 数据集 [2] 采集了 120 张暗光场景的图像，包括室内和室外场景。每个场景拍摄 4 张图像，包括两张噪声图像和两张低噪声图像。使用的采集配置如表 4-2 所示。

表 4-2 RENOIR 数据集采集配置

设备	感光元件尺寸（mm）	数量（张）	低噪声图像 ISO 值	低噪声图像感光时间	噪声图像 ISO 值	噪声图像感光时间	图像大小
Xiaomi 3	4.69×3.52	40	100	Auto	1600、3200	Auto	4208px×3120px
Canon S90	7.4×5.6	40	100	3.2s	640、1000	Auto	3684px×2760px
Canon T3i	22.3×14.9	40	100	Auto	3200、6400	Auto	5202px×3465px

可以看出，低噪声图像，即被当作真值的图像是使用低感光度的设备采集的，也具有较长的曝光时间；高噪声图像则是使用两档更高感光度的设备采集的。对于低噪声图像来说，同样的配置采集两次，一张是最开始时采集的，另一张是采集完高噪声图像后采集的，如果峰值信噪比（Peak Signal to Noise Ratio，PSNR）低于 34dB，则该图会被丢弃。

Darmstadt Noise Dataset（简称 DND）[3] 采集了 50 对噪声图像和无噪声图像，包括室内和室外场景，使用的采集配置如表 4-3 所示。

表 4-3 DND 采集配置

设备	数量（对）	ISO	感光元件尺寸（mm）
Sony Alpha7R	13	100~25600	36×24
Olympus E-M10	13	200~25600	17.3×13
Sony DSC-RX100 IV	12	125~8000	13.2×8.8
Huawei Nexus 6P	12	100~6400	6.17×4.55

DND 做了比较细致的后处理，包括小的相机偏移调整、线性灰度缩放、低频干扰去除。该数据集的主要不足是图像较少，噪声的幅度较低。

Smartphone Image Denoising Dataset（简称 SIDD）[4] 则使用了 Apple iPhone7、Google Pixel、Samsung Galaxy S6 Edge、Motorola Nexus6、LG G4 共 5 个相机在 4 种相机参数下拍摄的 10 个场景，每个场景连续拍摄了 150 张图像，获得了将近 30000 张图像。

其中 ISO 值的范围为 50~10000，使用了 15 个不同的等级，具体配置没有公布。照明条件使用了 3 个，分别是钨光灯条件的 3200K、荧光灯条件的 4400K、日光灯条件的 5500K、并分别使用了低、中、高 3 种光照亮度。

PolyU 数据集 [5] 采集了 40 个场景的照片，包括室内正常光照场景和暗光场景，室外正常光照场景，每个场景连续拍摄了 500 次，使用的采集配置如表 4-4 所示。

表 4-4 PolyU 数据集采集配置

设备	场景数量	ISO 值	感知元件尺寸（mm^2）
Canon 5D Mark II	10	3200、6400	36×24
Canon 80D	6	800、1600、3200、6400、12800	22.5×15
Canon 600D	5	1600、3200	22.3×14.9
Nikon D800	12	1600、1800、3200、5000、6400	35.9×24
Sony A7II	7	1600、3200、6400	35.8×23.9

PolyU 数据集参考了前面所有的数据集，使用了更多的参数配置，覆盖了更多的场景。其中每一个场景使用了 6 档 ISO 值，分别是 800、1600、3200、6400、12800、25600，采集时需小心配置使得图像不会过曝光也不会欠曝光。

目前去噪数据集的建立，仍然有许多问题需要解决，主要集中在以下几个方面。

（1）多场景、多设备图像的获取。

（2）高质量真值图的获取。

（3）更加符合真实噪声分布的噪声模型的建立。

（4）更加准确的噪声水平估计方法。

小提示

为了获得泛化能力更好的模型，真实噪声图像数据集的建立非常重要，不过为了提高去噪网络的稳健性和泛化能力，也常常需要将输入噪声图像的噪声水平估计作为网络输入，而真实噪声图像的噪声水平估计往往存在一定误差，此时合成噪声图像由于噪声模型已知，反而有利于网络在不同噪声水平上的泛化。因此有的模型会考虑将真实噪声图像和合成噪声图像一起作为训练集，交替对网络进行训练以提升网络的性能。

4.1.4　评估方法

研究图像去噪问题需要一些客观的评估标准，常用的包括峰值信噪比和结构一致性相似因子（Structural Similarity Index Measurement，SSIM）。

1. 信噪比与峰值信噪比

信噪比，是信号处理领域广泛使用的定量描述指标。它原是指一个电子设备或者电子系统中信号与噪声的比例，计量单位是 dB，其计算方法是 $10\times\log(P_s/P_n)$，其中 P_s 和 P_n 分别代表信号和噪声的有效功率。也可以换算成电压幅值的比率关系，即 $20\times\log(V_s/V_n)$，其中 V_s 和 V_n 分别代表信号和噪声电压的“有效值”。

在图像处理领域，更多的是采用峰值信噪比，它是原图像与处理图像之间均方误差（Mean Square Error，MSE）相对于 $(2^n-1)^2$ 的对数值，其中 n 是每个采样值的位数，8 位图像即 256。PSNR 定义如下。

$$\text{PSNP}=10\times\log\left(\frac{255^2}{\text{MSE}}\right) \qquad \text{式（4.1）}$$

PSNR 越大表示失真越小。MSE 的计算如下。

$$\text{MSE}=\frac{\sum_{0\leqslant i\leqslant M}\sum_{0\leqslant j\leqslant N}(f_{i,j}-g_{i,j})^2}{M\times N} \qquad \text{式（4.2）}$$

其中 M、N 为图像的行数与列数，$f_{i,j}$ 是去噪后图像灰度值，$g_{i,j}$ 即无噪声真实图像灰度值。

2. 结构一致性相似因子

PSNR 从底层信噪的角度来评估图像的质量，但是人眼对质量的评估关注的层次其实更高。根据人类视觉系统模型，人眼观察图像有以下几个特点。

（1）低通过滤器特性，即人眼对于过高的频率难以分辨。

（2）人眼对亮度的敏感大于对颜色的敏感。

（3）对亮度的响应不是线性变换的，在平均亮度大的区域，人眼对灰度误差不敏感。

（4）人眼对边缘和纹理敏感，有很强的局部观察能力。

结构一致性相似因子是一种来源于结构相似性理论，建立在人眼的视觉特征基础上的衡量两张图像相似度的指标，其值越大越好，最大值为 1，被广泛用于图像质量评估领域。

结构相似性理论认为，自然图像信号是高度结构化的，即空域像素间有很强的相关性并蕴含着物体结构的重要信息。它没有试图通过累加与心理物理学简单认知模式有关的误差来估计图像质量，而是直接估计两个复杂结构信号的结构改变，并将失真建模为亮度、对比度和结构 3 个不同因素的组合。用均值作为亮度的估计，标准差作为对比度的估计，协方差作为结构相似程度的度量。

PSNR 忽略了人眼对图像不同区域的敏感度差异，在不同程度上降低了图像质量评估结果的可靠性，而 SSIM 能突显轮廓和细节等特征信息。SSIM 具体的计算如下。

首先结构信息不应该受到照明的影响，因此在计算结构信息时需要去掉亮度信息，即需要减掉图像的均值；其次结构信息不应该受到图像对比度的影响，因此计算结构信息时需要归一化图像的方差。

光度 L、对比度 C、结构对比度 S 计算如下，其中 C_1、C_2、C_3 用于增强计算结果的稳定性；μ_x、μ_y 为图像的均值；d_x、d_y 为图像的方差；$d(x,y)$ 为图像 x、y 的协方差。

$$L(x,y)=\frac{2\mu_x\mu_y+C_1}{\mu_x^2+\mu_y^2+C_1} \qquad 式（4.3）$$

$$C(x,y)=\frac{2d_xd_y+C_2}{d_x^2+d_y^2+C_2} \qquad 式（4.4）$$

$$S(x,y)=\frac{d(x,y)+C_3}{d_xd_y+C_3} \qquad 式（4.5）$$

而 $\mathrm{SSIM}=\mathrm{G}(x,y)^aC(x,y)^bS(x,y)^c$，其中 a、b、c 分别用来控制 3 个要素的重要性，为了计算方便可以均选择为 1；C_1、C_2、C_3 为比较小的数值，通常 $C_1=(\mathrm{K}_1\times\mathrm{G})^2$，$C_2=(\mathrm{K}_2\times\mathrm{G})^2$，$C_3=C_2/2$，$\mathrm{K}_1<<1$，$\mathrm{K}_2<<1$，G 为像素的最大值（通常为 255）。当 a、b、c 都等于 1，$C_3=C_2/2$ 时，SSIM 的定义如下。

$$\mathrm{SSIM}=\frac{(2\mu_x\mu_y+C_1)(2d_xd_y+C_1)}{(\mu_x^2+\mu_y^2+C_2)(d_x^2+d_y^2+C_2)} \qquad 式（4.6）$$

SSIM 发展出了许多的改进版本，其中较好的包括 Fast SSIM、Multi-scale SSIM。

4.2 传统去噪方法研究

传统的去噪方法总需要基于一个噪声模型，在该噪声模型的基础上再应用各类滤波算法。本节简单总结传统去噪方法噪声模型及其研究现状。

4.2.1 噪声模型

根据信号随时间变换的特点，噪声可以分为平稳噪声和非平稳噪声两种。统计特性不随时间变化的噪声被称为平稳噪声，统计特性随时间变化而变化的噪声被称为非平稳噪声。因为我们研究的是静态图像，所以噪声都是平稳噪声。

根据噪声引入方式的不同，噪声可分为加性噪声和乘性噪声。加性噪声的幅度与信号的幅度无关，是叠加到图像信号上的，去除相对容易。而乘性噪声的幅度取决于信号的幅度，与信号的幅度成正比，去除相对困难。不过若将其取对数，则乘性噪声亦可认为是加性噪声，因此可假设噪声均为加性噪声。

加性噪声模型如下。

$$I=I_0+N_r \tag{式(4.7)}$$

其中 N_r 是噪声，I_0 是无噪声的原图，I 是我们获取的图像。去噪的过程就是要根据 I 得到 I_0，这是一个病态问题，因为 I_0 往往本身就是不可知的，所以我们会假设噪声符合一定的分布。

根据噪声的性质的不同，噪声可分为脉冲噪声（Impluse Noise）、椒盐噪声（Pepper-Salt Noise）、高斯白噪声（Gaussian White Noise）、莱斯噪声（Racian Noise）等。在大多数图像去噪的研究中，通常都将噪声当作高斯噪声进行处理。最常用的噪声模型就是各个通道之间独立的高斯模型（Gaussian Model）。N_r 的高斯模型如下。

$$p(N_r,z)=\frac{1}{\sqrt{2\pi\sigma}}\mathrm{e}^{-(z-m)2/2\sigma 2} \tag{式(4.8)}$$

其中 z 是噪声，m 是高斯分布均值，σ 是方差，求解高斯噪声便是估计高斯模型的参数。

另外，传感器获取的是原始数据（即 RAW 格式的图），考虑到光子进入传感器的过程在数学上可以用泊松过程进行建模，研究人员提出了泊松 - 高斯（Poissonian-Gaussian）模型等。

4.2.2 常见滤波去噪方法

传统的去噪方法根据去噪的原理不同可分为基于空域像素特征的方法、基于频域变换的方法和基于特定模型的方法。

小提示

对所有的去噪方法都进行详细讲述会超出本书的内容，其中基于空域像素特征的方法在摄影图像处理中是最常用的，这里我们给大家介绍相关的代表性算法。

基于空域像素特征的方法是通过分析在一定大小的窗口内中心像素与其他相邻像素之间在灰度空间的直接联系，来获取新的中心像素值的方法。因此，往往都会存在一个典型的输入参数，即滤波半径 r，此滤波半径用于在该局部窗口内计算像素的统计性质。

1. 均值滤波与高斯滤波

均值滤波用像素邻域的平均灰度来代替像素值，适用于脉冲噪声，因为脉冲噪声的灰度级一般与周围像素的灰度级不相关，而且亮度高出其他像素许多。

均值滤波结果随着滤波半径取值的增大而变得越来越模糊，图像对比度越来越小。经过均值处理之后，噪声部分被弱化到周围像素点上，所得到的结果是噪声幅度减小，但是噪声点的颗粒面积同时变大，所以污染面积反而增大。为了解决这个问题，可以通过设定阈值比较噪声和邻域像素灰度，只有当差值超过一定阈值时，像素点才被认为是噪声。不过阈值的设置需要考虑图像的总体特性和噪声特性，进行统计分析。

高斯滤波矩阵的权值，随着与中心像素点的距离增加，而呈现高斯衰减的变换特性。这样的好处在于，离算子中心很远的像素点的作用很小，从而能在一定程度上保持图像的边缘特征。通过调节高斯平滑参数，可以在图像特征过分模糊和欠平滑之间取得折中。与均值滤波一样，高斯平滑滤波的尺度因子越大，结果越平滑，但由于其权重考虑了与中心像素的距离，因此是更优的对邻域像素进行加权的滤波算法。

2. 中值滤波

中值滤波对窗口内的像素值进行排序，然后使用灰度值的中间值代替窗口中心位置像素的灰度，适用于椒盐噪声和脉冲噪声。因为对于受椒盐噪声和脉冲噪声污染的图像，相应位置的图像灰度发生了跳变，是不连续的，而此处的中值滤波正是一种非线性滤波算法。对这些类型的随机噪声，它比相同尺寸的线性平滑滤波器引起的模糊更少，能较好地保持边缘，但会使图像中的小目标丢失，因此对点、线和尖顶多的图像不宜采用中值滤波。当噪声像素数大于窗口像素总数的一半时，由于灰度排序的中间值仍为噪声像素灰度值，因此滤波效果很差。此时如果增加窗口尺寸，会使得原边缘像素被其他区域像素代替的概率增加，图像更容易变模糊，并且运算量也大大增加。无论是中值滤波还是加权滤波，两者受窗口的尺寸大小影响非常大。

3. 双边滤波

双边滤波又称保边滤波，它在去除噪声的同时可以很好地保护边缘。之所以可以达到此效果，是因为滤波器由两个函数构成。一个函数由几何空间距离决定滤波器系数，另一个函数由像素差值决定滤波器系数。双边滤波器中，输出像素的值依赖于邻域像素的值的加权组合。

$$g(i,j)=\frac{\Sigma_{k,l}f(k,l)w(i,j,k,l)}{\Sigma_{k,l}w(i,j,k,l)} \qquad \text{式（4.9）}$$

权重系数 $w(i,j,k,l)$ 取决于空间距离权重和颜色距离权重，分别计算如下。

$$d(i,j,k,l)=\exp\left[-\frac{(i-k)^2+(j-l)^2}{2\sigma_d^2}\right] \qquad \text{式（4.10）}$$

$$r(i,j,k,l)=\exp\left[-\frac{(f(i,j)-(f(k,l))^2}{2\sigma_r^2}\right] \qquad \text{式（4.11）}$$

$$w(i,j,k,l)=d(i,j,k,l)r(i,j,k,l) \qquad \text{式（4.12）}$$

其中 σ_d^2 和 σ_r^2 是两个预设的方差参数，i、k 是像素 x 坐标，j、l 是像素 y 坐标，$f(\cdot)$ 是像素灰度函数。

原始的双边滤波计算量较大，复杂度为 $O(Nr^2)$，N 为像素数目，r 为滤波半径。针对此缺点，许多学者进行研究，提出了复杂度为 $O(N)$ 的双边滤波。

双边滤波比高斯滤波多了一个高斯方差，它是基于空间分布的高斯滤波函数，所以在边缘附近，离得较远的像素不会严重影响边缘上的像素值，这样就保证了边缘附近像素值的保存。但是由于保存了过多的高频信息，对于彩色图像里的高频噪声，双边滤波器不能够干净地过滤，只能够对于低频信息进行较好的滤波。

双边滤波在实际的使用过程中还存在另一个缺陷，即它虽然是保边滤波，但是不能保证边缘处的梯度，存在所谓梯度反转（Gradient Inverse）效应。这是由于在边缘处，中心像素与邻域内像素之间的差异不稳定，导致高斯加权权值不稳定。

4. 引导滤波

好的滤波算法总是在稳健的去噪效果与不模糊图像的边缘信息之间进行折中，同时为了能够取得更广泛的应用，对算法的复杂度也有一定的要求。

引导滤波是一种复杂度为 $O(N)$ 的滤波算法，去噪性能非常优良，已经被广泛应用于图像去噪、高对比度图像压缩、图像融合以及图像去雾等领域。

引导滤波，是在引导图像的作用下指导滤波的算法。引导图像可以是图像本身或者是另外的图像，对应不同的用途可以采用不同的引导图像，不过往往采用的就是图像本身或者中值滤波输入图像，因为真实的无噪声图像并不可得。

设引导图像 I、初始图像 p、结果 q，有广泛使用的局部线性模型如下。

$$q_i= a_k I_i+b_k, \forall i \in W_k \quad \text{式（4.13）}$$

W_k 表示以像素 i 为中心、半径大小为 k 的一个邻域，在该邻域内 a、b 是固定的值，这也是局部线性模型的基本思想，所以 q 与 I 的梯度值相等。

$$\nabla q= a\nabla I \quad \text{式（4.14）}$$

求解滤波结果，即相当于最小化式（4.15），其中第一项为数据项，用于保真；而第二项为规整项，用于规整化值很大的 a；ε 等于 0，引导图像是 I 本身时，则会获取 $q=I$ 的平凡解，所以 ε 必须大于 0。

$$E(a_k,b_k)= \Sigma_{i\in W_k}((a_k I_i+b_k-p_i)^2+\varepsilon a_k^{\,2}) \quad \text{式（4.15）}$$

实际上该滤波器也可以写为下面的形式：

$$q_i= \Sigma_j W_{ij}(I)p_j \quad \text{式（4.16）}$$

其中

$$W_{ij}(I)= \frac{1}{|W|^2}\ \Sigma_{k\in i,j\in W_k}\left(1+\frac{(I_i-\mu_k)(I_j-\mu_k)}{\sigma_k^{\,2}+\varepsilon}\right) \quad \text{式（4.17）}$$

因为在边缘处，当 i 与 j 处于不同的边缘时，$\frac{(I_i-\mu_k)(I_j-\mu_k)}{\sigma_k^{\,2}+\varepsilon} < 0$，导致权重很小，$M_K$ 表示区域均值；当 i 与 j 处于同一边缘时，权重大，所以它能避免双边滤波器出现的梯度反转效应，但是做不到像最小二乘滤波器与锐化滤波器那样能保持非常清晰的边缘。

引导滤波不像高斯滤波等线性滤波算法所用的核函数相对于待处理的图像是独立无关的，而是在滤波过程中加入了引导图像中（去噪时用的就是图像本身）的信息，所以引导滤波本质上就是通过一张引导图像 I，对初始图像 p（输入图像）进行滤波处理，使得最后的输出图像大体上与初始图像 p 相似，但是纹理部分与引导图像 I 相似。在滤波效果上，引导滤波和双边滤波差不多，在一些细节上，引导滤波较好。

引导滤波最大的优势在于能够保持线性复杂度，每个像素虽然由多个窗口包括，但求某一点像素值的具体输出值时，只需将包括该点所有的线性函数值平均即可。而双边滤波在处理较大图像时，运算量会大得多。

5. 非局部均值滤波

以上基于邻域像素的滤波算法，只考虑了有限窗口范围内的像素灰度值信息，没有考虑该窗口范围内像素的统计信息如方差，也没有考虑整个图像的像素分布特性和噪声的先验知识。针对其局限性，非局部均值（Non Local Mean，NLM）滤波算法被提出。

原始的 NLM 滤波算法利用图像中所有像素灰度值的加权平均来得到该点的灰度估计值，其中权重由像素邻域的相似度来度量，NLM 滤波算法假设相似邻域的图像像素来自相同的分布。

由于原始的 NLM 滤波算法需要用图像中所有的像素来估计每一个像素的值，因此计算量非常大，研究者不断对该算法进行了以下几点改进。

（1）采用一定的搜索窗口代替所有的像素。

（2）使用相似度阈值，对于相似度低于某一阈值的像素，不加入权重的计算。

（3）使用块之间的显著特征，如纹理特征等代替灰度值的欧氏距离来计算相似度，在计算上更加有优势，应用上也更加灵活。

在以上所述的算法中，中值滤波、高斯滤波与双边滤波是应用最为广泛的算法，也是相对最简单的算法。

NLM 滤波算法可以看作双边滤波算法的拓展，它将像素之间的灰度相似性与空间相近度拓展到了图像块之间的灰度相似性与空间相近度，因此其去噪性能更优于双边滤波。但是原始 NLM 滤波算法和相关改进算法的复杂度都很高，这是由其算法是通过搜索所有图像块的本质决定的。在取得好的噪声方差估计的情况下，牺牲速度可以换成 NLM 滤波算法非常好的去噪性能。不过 NLM 滤波算法常常对边缘的破坏比较严重，相对于以上几种算法，其对边缘的保持能力最差。

下面使用图像和 OpenCV 算法库对上述的各种算法进行比较，输入图像的宽度都是 600px，高度进行等比例缩放，代码如下。

```
#coding:utf8
import cv2
import matplotlib.pyplot as plt
import numpy as np
import sys
import os

filename = sys.argv[1]
img = cv2.imread (filename,1)

##----高斯滤波----##
plt.figure (figsize= (16,10) )
img_gaussian= cv2.GaussianBlur (img, (5,5) ,0)
cv2.imwrite ("gaussian.jpg",img_gaussian)
```

```
##----中值滤波----##
img_medianblur= cv2.medianBlur (img,5)
cv2.imwrite ("medianblur.jpg",img_medianblur)

##----双边滤波----##
img_bilateral= cv2.bilateralFilter (img,10,40,40)
cv2.imwrite ("bilateral.jpg",img_bilateral)

##----引导滤波----##
from cv2.ximgproc import guidedFilter
img_guided = cv2.ximgproc.guidedFilter (img,img,16,50)
cv2.imwrite ("guided.jpg",img_guided)

##----非局部均值滤波----##
img_nonlocal= cv2.fastNlMeansDenoisingColored (img,None,10,10,7,21)
cv2.imwrite ("nonlocal.jpg",img_nonlocal)
```

图 4.4、图 4.5 和图 4.6 所示分别为用传统滤波算法对彩色夜景图像、黑白图像、有镜头污染源的图像进行去噪的比较。

图 4.4　彩色夜景图像传统滤波算法比较

图 4.4 中的夜景图像有轻微的背景噪声，从各类算法的结果比较可以看出，高斯滤波和中值滤波去噪效果较差，并且严重污染了建筑物的边缘；双边滤波、引导滤波、非局部均值滤波较好地保持了边缘的锐利，其中双边滤波在背景中引入了一些色块，非局部均值滤波的去噪能力最强。

原图　高斯滤波　中值滤波

双边滤波　引导滤波　非局部均值滤波

图 4.5　黑白图像传统滤波算法比较

图 4.5 中的黑白图像有非常严重的噪声，图中存在一个目标，即“远方的轮船”，图像是直接使用 Canon EOS M3 相机自带的黑白图像摄影功能拍摄而成的。从各类算法的结果比较可以看出，高斯滤波和中值滤波完全无法去除噪声，并且严重模糊了目标。双边滤波、引导滤波、非局部均值滤波较好地保护了目标，其中引导滤波的滤波结果最好，基本保留了原图质量；双边滤波次之；非局部均值滤波再次展现了强大的去噪能力，不仅去除了天空的噪声，还去除了水面波纹。

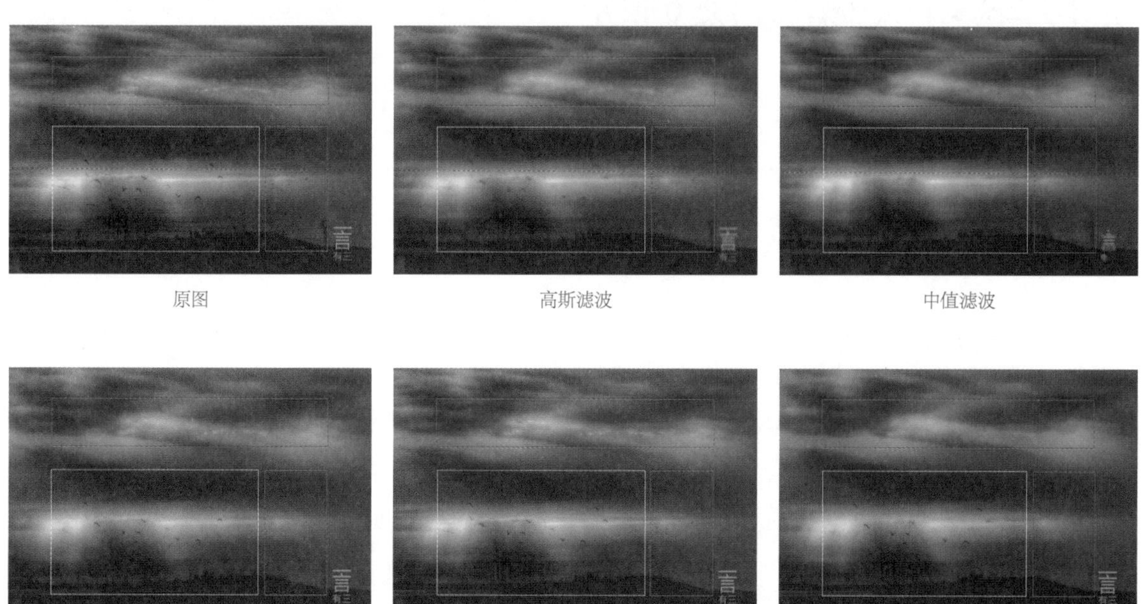

原图　高斯滤波　中值滤波

双边滤波　引导滤波　非局部均值滤波

图 4.6　有镜头污染源的图像传统滤波算法比较

图 4.6 中的彩色图像有比较严重的镜头污染源，即红色方框内的黑色斑点，而黄色方框内是图像中最重要的主体，即不希望被模糊的地方。从各类算法的结果比较可以看出，高斯滤波完全失败；中值滤波可以非常好地去除噪声，但同时也模糊了图像中的主体，滤波后小目标完全消失，严重影响了原图的美感；双边滤波和引导滤波未能很好地去除噪声；非局部均值滤波取得了最优的结果，基本去除了噪声，但是也一定程度上模糊了结果。

从图 4.4 和图 4.5 可以看出，双边滤波、引导滤波作为最常用的两种滤波算法，能比较好地去除噪声并且保护目标主体边缘的锐化；非局部均值滤波是一种非常强大的滤波算法，但是也可能过度平滑结果；中值滤波对于随机斑点类的椒盐噪声有较好的效果，但是无法保证主体的完整性；高斯滤波则表现非常差。

小提示

除了上述的基于空域像素特征的方法，常用的去噪方法还有基于频域变换的方法、基于变分偏微分方程的方法、加权最小二乘法、稀疏表达法等。当前在传统去噪算法中最好的算法是 BM3D 算法 [7]，它是一种融合了频域小波滤波和非局部均值滤波优点的算法，不过计算代价大，感兴趣的读者可以阅读参考相关资料。

4.3 深度学习去噪方法研究

深度学习在计算机视觉的很多领域都取得了重大突破，也渐渐被应用于图像去噪领域。它的优势在于使用复杂的模型从数据中对噪声分布进行学习，本节我们介绍其中的主要工作。

4.3.1 基本研究思路

图像去噪任务与图像分割等任务一样，输入是一张图像，输出也是一张同等大小的图像，所以基本的模型是编码器 - 解码器架构。

1. 多层感知器和自编码器结构

早在 2008 年就有研究者使用多层感知器 [8-9] 来对去噪问题进行研究，因为使用的不是 CNN 结构，所以输入图像比较小，最早的时候使用 6px × 6px 的图像块，后来扩大到 17px × 17px 的图像块，但是与实际应用所需要的分辨率相比仍然太小。

有一些网络还将输入噪声的方差等级作为一个节点添加到网络中，不过这里的噪声都是仿真的噪声，使用的数据集也非常小。

自编码器（Auto-Encoder）[10] 也在早期被研究者们用来处理去噪问题，与多层感知器一样，网络结构都非常浅，只有 3 层左右，它们都只能够在仿真数据集上取得和 BM3D 差不多的水平。

2. 基本的 CNN 结构

随着 2012 年之后深度学习技术迅速发展，研究人员设计出了各种各样有效且性能强大的网络结构，使用 CNN 模型研究图像去噪领域也被众多研究者重视起来，按照噪声的种类，可以分为真实噪声图像去噪和合成噪声图像去噪两个方向。

由于图像去噪模型的输出是无噪声图像，需要恢复出完整的图像细节，如果只是从降低分辨率后的卷积层上采样，不可能恢复出清晰的细节，因此融合高低层信息通常都有利于提升模型的性能。基于跳层连接的卷积与反卷积对称结构最早被用于尝试 [11]，如图 4.7 所示。

输入有噪声图像，输出无噪声图像，训练时使用仿真的高斯白噪声生成成对的噪声图像和无噪声图像，优化目标为逐个像素的欧氏距离损失。

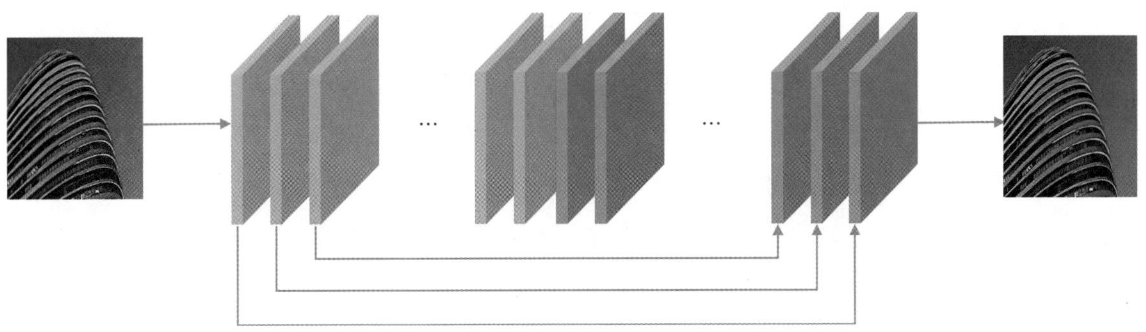

图 4.7　基于跳层连接的卷积与反卷积对称结构

图 4.7 展示的就是一个最简单的去噪模型，它不对噪声的分布做出任何先验假设，而是基于成对的数据进行学习。如果能够确定噪声的类型，并针对该类型噪声采集大量数据进行训练，可以取得非常好的效果，但是该模型并不能适用于其他类型的噪声，因此泛化能力有限。

4.3.2　核心技术

基本的 CNN 去噪模型思路清晰，但是并不能泛化到各类复杂噪声。随着技术发展，研究人员提出了各种各样的改进，下面我们汇总其中具有代表性的技术。

1. 估计噪声残差

在信息处理领域中，学习信号的改变量往往比学习原始信号更加简单，这被用于非常有效的残差网络。DnCNN 模型 [12] 也借鉴了这个思路，它不是直接输出去噪图像，而是预测残差图像，即观察噪声图像和潜在的无噪声图像之间的差异，其结构如图 4.8 所示。

图 4.8 DnCNN 模型结构

这个方法将图像去噪视为一个判别学习问题，即通过卷积神经网络将图像与噪声分离，从而进行盲高斯去噪。

> 小提示
>
> 盲高斯去噪，即去除图像中未知水平的高斯噪声。

DnCNN 模型在每一层进行卷积之前进行补零填充，从而保证中间层的每个特征图都和输入图像大小相同。零填充策略不会导致任何边界伪影，这对于图像去噪问题来说也是非常重要的。在训练阶段，可以使用包括各种噪声水平的噪声图像来训练单个 DnCNN 模型，学习完后的 DnCNN 模型则可以用于含有不同噪声水平的图像去噪。

2. 噪声估计模型

CBDNet 模型 [13] 是一个真实图像非盲去噪模型，对于 RAW 格式的图像，它的噪声模型如下。

$$n(x)= n_s(x)+n_c \qquad \text{式（4.18）}$$

其中 n_c 表示高斯噪声分布，它是一个与图像信号无关的噪声；$n_s(x)$ 则是一个与图像信号有关的噪声。模型的方差表达式如下。

$$\sigma^2(x)= x\cdot\sigma_s^2+\sigma_c^2 \qquad \text{式（4.19）}$$

其中 σ_c^2 是高斯噪声方差，$x\cdot\sigma_s^2$ 是与图像像素值有关的噪声方差。CBDNet 模型使用了一个噪声估计子网络估计出噪声水平，然后与原输入图像一起输入基于跳层连接的非盲去噪子网络，其结构如图 4.9 所示。

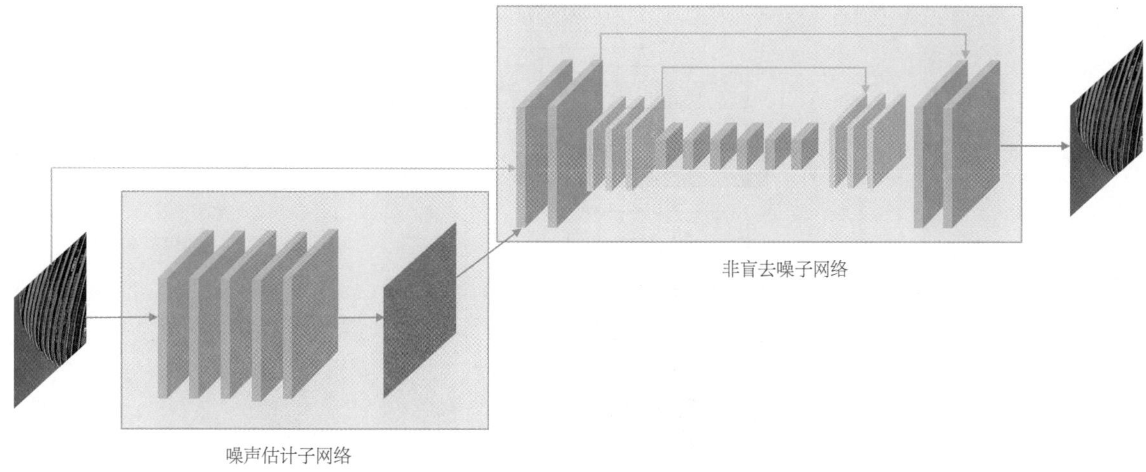

图 4.9 CBDNet 模型结构

在图 4.9 中，噪声估计子网络将噪声观测图像 y 转换为估计的噪声水平图像 $\hat{\sigma}(y)$ ，然后和原图一起输入，使用非盲去噪子网络得到最终的去噪结果 $\hat{x}$。

小提示

除此之外，噪声估计子网络允许用户在估计的噪声水平图像 $\hat{\sigma}(y)$ 输入非盲去噪子网络之前对其进行调整。CBDNet 模型提出了一种简单的策略，$\hat{\rho}(y)=\gamma\hat{\sigma}(y)$，即线性缩放，这给模型提供了一个交互式的去噪运算能力。

噪声估计子网络使用 5 层全卷积网络，每一层卷积核大小是 3×3，通道数为 32。噪声估计子网络包括两个损失，分别是噪声估计损失和全变分（Total Variation）平滑损失。其中噪声估计损失使用了非对称的形式，定义如下。

$$L_{asymm}=\Sigma_i|\alpha-I_{\hat{\sigma}(y_i)-\sigma(y_i)<0}|\cdot(\hat{\sigma}(y_i)-\sigma(y_i))^2 \quad \text{式（4.20）}$$

其中 e < 0 时 I_e=1，否则为 0。通过设置 $0<\alpha<0.5$，可以在噪声估计水平比真实的噪声水平低时加大惩罚。

非盲去噪子网络使用 16 层的 U-Net 结构，且使用残差学习的方式学习残差映射，使用重建损失。训练的时候同时使用了仿真数据集和真实数据集，既弥补了仿真数据集中噪声与真实噪声分布的差异，也弥补了真实数据集太小的缺陷，与单独只使用仿真数据集或者真实数据集的对比结果表明这有益于提升模型性能。

3. 基于 GAN 的模型

获取成对的噪声图像和无噪声图像是非常困难的，因此有研究者使用了生成对抗网络（Generative Adversarial Network， GAN）来生成成对图像用于训练模型 [14]。基于 GAN 的去噪模型如图 4.10 所示。

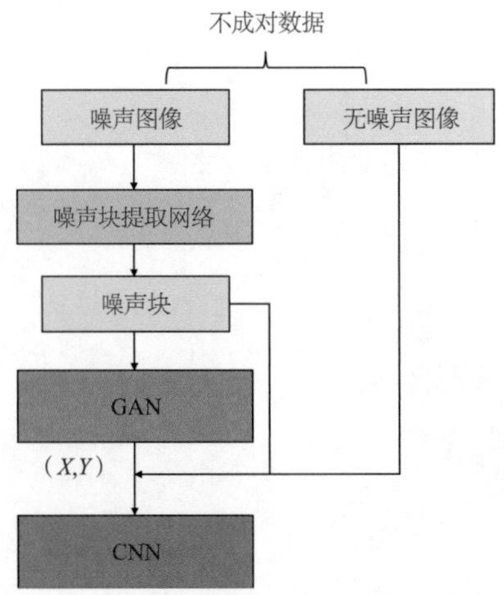

图 4.10 基于 GAN 的去噪模型

从图 4.10 可以看出，首先给出一组“不成对”的噪声图像和无噪声图像；然后使用噪声块提取网络从噪声图像中提取近似噪声块来训练 GAN 进行噪声建模和采样；随后从训练得到的 GAN 模型中采样大量噪声块，并将这些噪声块与无噪声图像组合以获得成对的训练数据，输入 CNN 进行去噪。

小提示

噪声块提取网络从噪声图像中选择噪声块的方法为，选择其中比较平滑的图像噪声块，然后减去该噪声块的灰度均值。可以看出它采用了高斯加性噪声模型的假设。

真实噪声图像和无噪声图像的获取是将深度学习应用于去噪问题的关键，基于 GAN 的去噪模型等无监督模型的方式值得重点关注。

4. 从噪声图像中估计

既然分别获取噪声图像和无噪声图像的成本非常高昂，那么是否可以只使用噪声图像就训练出好的去噪模型呢?

如果使用噪声和无噪声图像对训练，要优化的目标函数如下。

$$\arg\min_{\theta} \mathrm{E}_{(x,y)}\{L(f_{\theta}(x),y)\} \quad \text{式 (4.21)}$$

这里的 (x,y) 就是 (噪声图像 , 无噪声图像)。式（4.21）即最小化损失函数的期望，损失函数常使用欧氏距离。

其实很多传统去噪方法并不需要噪声和无噪声图像对训练，如强大的 BM3D 算法，就基于自相似的原理进行去噪。

研究者们提出了 Noise2Noise 模型 [15]，他们指出很多输入噪声数据的期望本身就是无噪的。以摄影中的图像拍摄为例，一个长曝光无噪声的图像就是若干各自独立的、短曝光的、带噪声的图像的平均值。

只要条件期望不变，式（4.21）可以使用式（4.22）等效代替，其中 (x,y) 就不再需要一一对应，y 不再是唯一的无噪声真值图像，而是一次观测结果。

$$\arg\min_{\theta} \mathrm{E}_x\{\mathrm{E}_{y|x}\{L(f_\theta(x),y)\}\} \quad \text{式（4.22）}$$

这给我们带来的启示是，只需要多次取两张带噪声但内容一样的图像作为训练样本来充分学习，就能实现去噪功能，这比获取精确的噪声和无噪声图像对数据集所需的成本小很多。要优化的目标函数如下。

$$\arg\min_{\theta} \Sigma_i L(f_\theta(\hat{x}_i),\hat{y}_i) \quad \text{式（4.23）}$$

这里的 $\hat{x}_i$、$\hat{y}_i$ 都是噪声图像。

因此 Noise2Noise 模型就是一个只将噪声图像作为训练样本就能够实现去噪功能的模型。研究者们对高斯噪声、泊松噪声、脉冲噪声、文本噪声等进行了实验，验证了该模型的有效性。

5. 去噪图像域的选择

现在越来越多的去噪方法应用于原始图像（RAW）格式。RAW 格式与 RGB 格式相比，噪声模式更为简单，一般可以描述为泊松分布与高斯分布的叠加。而从 RAW 格式到 RGB 格式会经过一系列 ISP 流程，这些操作会使得噪声分布更加复杂，使其变得与空间位置和颜色相关。

在 RGB 格式图像去噪中，我们常使用高斯噪声模型，高斯噪声与实际噪声分布存在差异，所以基于高斯噪声训练的模型在真实噪声图像上应用时往往泛化能力不好。而在 RAW 格式图像中，无论是真实拍摄的图像噪声去除，还是人工添加噪声模拟噪声分布，往往都更加有效。

4.4 通用去噪模型实战

4.2 节和 4.3 节中介绍了许多深度学习去噪模型，本节对其中比较经典的 DnCNN 模型进行实践，使用 PyTorch 完成模型的训练与测试流程。

4.4.1 训练数据准备

DnCNN 模型需要成对的数据以进行训练，我们采用仿真的方式来完成数据集的构建，定义一个 Dataset 类如下。

```
##----非局部均值滤波----##
import os
import os.path
import numpy as np
import random
import h5py
import torch
import cv2
import glob
import torch.utils.data as udata
from utils import data_augmentation

## 归一化方法
def normalize (data) :
    return data/255.

## 从图像中采样图像块
def Im2Patch (img, win, stride=1) :
    k = 0
    endc = img.shape[0] ##图像通道数
    endw = img.shape[1] ##图像宽度
    endh = img.shape[2] ##图像高度

    ##以stride为步长采集图像块，图像块大小为win*win
    patch = img[:, 0:endw-win+0+1:stride, 0:endh-win+0+1:stride]
    TotalPatNum = patch.shape[1] * patch.shape[2] ##计算patch的数目
    Y = np.zeros ([endc, win*win,TotalPatNum], np.float32) ##初始化结果矩阵
    ## 按照窗口大小来扫描，采集每一个窗口中每一个点的坐标种类
    for i in range (win) :
      for j in range (win) :
        ## 获取第k个像素的所有patch的坐标
        patch = img[:,i:endw-win+i+1:stride,j:endh-win+j+1:stride]
        Y[:,k,:] = np.array (patch[:]) .reshape (endc, TotalPatNum)
        k = k + 1
    return Y.reshape ([endc, win, win, TotalPatNum]) ##转化为图像块格式，第1维是通道数，第2、3
维是图像块的宽度、高度，第4维是图像块的数目

## 从文件到图像块的函数
def prepare_data (data_path, patch_size, stride, aug_times=1) :
    ## 准备训练集数据
    print ('process training data')
    scales = [1, 0.9, 0.8, 0.7] ##定义缩放尺寸数组
```

```
    files = glob.glob (os.path.join (data_path, 'train', '*.png') ) ##获取所有图像
    files.sort ()
    h5f = h5py.File ('train.h5', 'w') ##获取.h5文件写指针
    train_num = 0
    for i in range (len (files) ) :
      img = cv2.imread (files[i]) ##读取图像
      h, w, c = img.shape
      ## 扫描各种缩放尺寸
      for k in range (len (scales) ) :
        Img = cv2.resize (img, (int (h*scales[k]) , int (w*scales[k]) ) ,
interpolation=cv2.INTER_CUBIC)
        Img = np.expand_dims (Img[:,:,0].copy () , 0) ##只保留第一个通道
        Img = np.float32 (normalize (Img) )
        ## 从图像转换为图像块
        patches = Im2Patch (Img, win=patch_size, stride=stride)
        ## 扫描所有图像块
        for n in range (patches.shape[3]) :
          data = patches[:,:,:,n].copy () ##取一个图像块
          h5f.create_dataset (str (train_num) , data=data) ##添加str (train_num) 键
          train_num += 1
          ## 一个图像块做aug_times次数据增强
          for m in range (aug_times-1) :
            data_aug = data_augmentation (data, np.random.randint (1,8) ) ##数据增强
            ##添加str (train_num) + "_aug_%d" % (m+1) 键
            h5f.create_dataset (str (train_num) + "_aug_%d" % (m+1) , data=data_aug)
            train_num += 1
h5f.close ()

  ## 准备验证集数据
  print ('\nprocess validation data')
  files.clear ()
  files = glob.glob (os.path.join (data_path, 'Set12', '*.png') )
  files.sort ()
  h5f = h5py.File ('val.h5', 'w') ##获取.h5文件写指针
  val_num = 0
  ## 对每一张图像进行归一化，然后添加到验证集.h5文件
  for i in range (len (files) ) :
    img = cv2.imread (files[i])
    img = np.expand_dims (img[:,:,0], 0)
    img = np.float32 (normalize (img) )
    h5f.create_dataset (str (val_num) , data=img)
    val_num += 1
  h5f.close ()

## Dataset类定义
class Dataset (udata.Dataset) :
  def __init__ (self, train=True) :
    super (Dataset, self) .__init__ ()
```

```
        self.train = train
        if self.train:
            h5f = h5py.File ('train.h5', 'r') ##创建训练集.h5文件
        else:
            h5f = h5py.File ('val.h5', 'r') ##创建验证集.h5文件
        self.keys = list (h5f.keys () ) ##保存键值
        random.shuffle (self.keys) ##随机打乱训练集和验证集
        h5f.close ()
    def __len__ (self) :
        return len (self.keys)

    ## 根据index一次获取一个文件
    def __getitem__ (self, index) :
        if self.train:
            h5f = h5py.File ('train.h5', 'r')
        else:
            h5f = h5py.File ('val.h5', 'r')
        key = self.keys[index]
        data = np.array (h5f[key])
        h5f.close ()
        return torch.Tensor (data) ##返回torch类型的Tensor
```

从上面代码可以看出，函数 prepare_data 实现了从文件到图像块的产生，得到 train.h5 和 val.h5 文件，还调用了函数 Im2Patch 完成从图像中采样；定义了 Dataset 类，它用于从 .h5 文件中读取数据。

train.h5 文件中同时存储了原始图像和数据增强后的图像，数据增强函数为 data_augmentation，定义如下。

```
## 数据增强函数
def data_augmentation (image, mode) :
    out = np.transpose (image, (1,2,0) )
    if mode == 0:
        ## 返回原始图像
        out = out
    elif mode == 1:
        ## 上下翻转
        out = np.flipud (out)
    elif mode == 2:
        ## 旋转90°
        out = np.rot90 (out)
    elif mode == 3:
        ## 旋转90°并上下翻转
        out = np.rot90 (out)
        out = np.flipud (out)
    elif mode == 4:
        ## 旋转180°
        out = np.rot90 (out, k=2)
    elif mode == 5:
```

```
        ## 旋转180°并上下翻转
        out = np.rot90 (out, k=2)
        out = np.flipud (out)
    elif mode == 6:
        ## 旋转270°
        out = np.rot90 (out, k=3)
    elif mode == 7:
        ## 旋转270°并上下翻转
        out = np.rot90 (out, k=3)
        out = np.flipud (out)
    return np.transpose (out, (2,0,1) )
```

用于产生数据集的原始 RGB 格式图像有 400 张，大小为 180px × 180px，产生的图像块大小为 60px × 60px，研究者们发现使用更多的数据并不能明显提升性能。

4.4.2 模型训练

接下来我们看模型定义和训练，首先是模型定义。

1. 模型定义

定义部分核心代码如下。

```
class DnCNN (nn.Module) :
    def __init__ (self, channels, num_of_layers=17) :
        super (DnCNN, self) .__init__ ()
        kernel_size = 3 ##卷积核大小
        padding = 1 ##填充大小
        features = 64 ##每一层特征通道数
        layers = []
        ## 添加卷积层和激活函数层
        layers.append (nn.Conv2d (in_channels=channels, out_channels=features, kernel_
size=kernel_size, padding=padding, bias=False) )
        layers.append (nn.ReLU (inplace=True) )
        ## 分别添加num_of_layers-2个卷积层、归一化层、激活函数层
        for _ in range (num_of_layers-2) :
            layers.append (nn.Conv2d (in_channels=features, out_channels=features, kernel_
size=kernel_size, padding=padding, bias=False) )
            layers.append (nn.BatchNorm2d (features) )
            layers.append (nn.ReLU (inplace=True) )
        ## 最后一个卷积层
        layers.append (nn.Conv2d (in_channels=features, out_channels=channels, kernel_
size=kernel_size, padding=padding, bias=False) )
        self.dncnn = nn.Sequential (*layers)
```

```
    def forward (self, x) :
        out = self.dncnn (x)
        return out
```

从上面代码可以看出，模型结构是由普通的卷积层、归一化层、激活函数层堆叠而成的。

2. 模型训练

得到了模型之后，便可以开始训练，使用 Adam 优化方法和 MSE 损失，学习率为 0.001，批处理大小为 128，epoch 数为 50，即在复杂的噪声模式下，batch 中的所有样本添加的噪声水平与其自身方差成正比，即使用未知水平的噪声。

训练部分核心代码如下。

```
## 训练部分核心代码
def main () :
    ## 载入数据集
    print ('Loading dataset ...\n')
    dataset_train = Dataset (train=True) ##训练集
    dataset_val = Dataset (train=False) ##验证集
    loader_train = DataLoader (dataset=dataset_train, num_workers=4, batch_size=opt.
batchSize, shuffle=True)
    ## 创建模型
    net = DnCNN (channels=1, num_of_layers=opt.num_of_layers)
    net.apply (weights_init_kaiming) ##参数初始化
    criterion = nn.MSELoss (size_average=False) ##优化目标为MSE损失
    ## 使用GPU进行训练
    device_ids = [0]
    model = nn.DataParallel (net, device_ids=device_ids) .cuda ()
    criterion.cuda ()
    ## 优化方法为Adam
    optimizer = optim.Adam (model.parameters () , lr=opt.lr)
    ## 日志文件
    writer = SummaryWriter (opt.outf)
    step = 0
    noiseL_B=[0,55] ## 噪声水平
    for epoch in range (opt.epochs) :
        if epoch < opt.milestone:
            current_lr = opt.lr
        else:
            current_lr = opt.lr / 10.
        ## 设置学习率
        for param_group in optimizer.param_groups:
            param_group[ "lr" ] = current_lr

        ## 训练
        for i, data in enumerate (loader_train, 0) :
            # training step
```

```
        model.train()
        model.zero_grad()
        optimizer.zero_grad()
        img_train = data
        ## 如果噪声模式为'S'，则一个batch中的所有样本使用同样水平的噪声
        if opt.mode == 'S':
            noise = torch.FloatTensor(img_train.size()).normal_(mean=0, std=opt.
noiseL/255.)
        ## 如果噪声模式为'B'，则一个batch中的所有样本的噪声水平与其自身方差成正比
        if opt.mode == 'B':
            noise = torch.zeros(img_train.size())
            stdN = np.random.uniform(noiseL_B[0], noiseL_B[1], size=noise.size()[0])
            for n in range(noise.size()[0]):
                sizeN = noise[0,:,:,:].size()
                noise[n,:,:,:] = torch.FloatTensor(sizeN).normal_(mean=0,
std=stdN[n]/255.)

        imgn_train = img_train + noise ##给图像添加噪声
        img_train, imgn_train = Variable(img_train.cuda()), Variable(imgn_train.cuda
())
        noise = Variable(noise.cuda())
        out_train = model(imgn_train)
        loss = criterion(out_train, noise) / (imgn_train.size()[0]*2)
        loss.backward()
        optimizer.step()

        ## 测试模型
        model.eval()
        out_train = torch.clamp(imgn_train-model(imgn_train), 0., 1.)
        psnr_train = batch_PSNR(out_train, img_train, 1.) ##计算PSNR
        ## 将损失和PSNR写入日志文件
        if step % 10 == 0:
            writer.add_scalar('loss', loss.item(), step)
            writer.add_scalar('PSNR on training data', psnr_train, step)
        step += 1

    ## 一次epoch后对整个验证集进行测试
    model.eval()
    psnr_val = 0
    for k in range(len(dataset_val)):
        img_val = torch.unsqueeze(dataset_val[k], 0)
        noise = torch.FloatTensor(img_val.size()).normal_(mean=0, std=opt.val_
noiseL/255.)
        imgn_val = img_val + noise
        img_val, imgn_val = Variable(img_val.cuda(), volatile=True), Variable(imgn_val.
cuda(), volatile=True)
        out_val = torch.clamp(imgn_val-model(imgn_val), 0., 1.)
        psnr_val += batch_PSNR(out_val, img_val, 1.)
```

```
psnr_val /= len (dataset_val)
writer.add_scalar ('PSNR on validation data', psnr_val, epoch)

## 将图像写入日志文件
out_train = torch.clamp (imgn_train-model (imgn_train) , 0., 1.)
Img = utils.make_grid (img_train.data, nrow=8, normalize=True, scale_each=True)
Imgn = utils.make_grid (imgn_train.data, nrow=8, normalize=True, scale_each=True)
Irecon = utils.make_grid (out_train.data, nrow=8, normalize=True, scale_each=True)
writer.add_image ('clean image', Img, epoch)
writer.add_image ('noisy image', Imgn, epoch)
writer.add_image ('reconstructed image', Irecon, epoch)

## 保存模型
torch.save (model.state_dict () , os.path.join (opt.outf, 'net.pth') )
```

3. 训练结果

经过 100 个 epoch 后，DnCNN 模型的训练结果如图 4.11 所示。

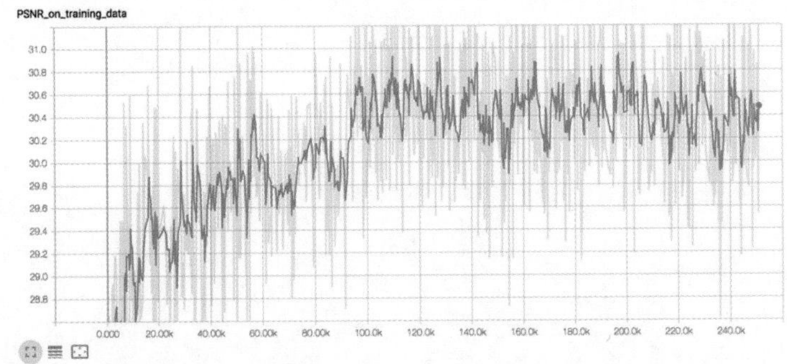

从图 4.11 可以看出，结果基本收敛，训练集和验证集的 PSNR 超过 30dB，这说明 DnCNN 模型的确学习到了去噪能力。

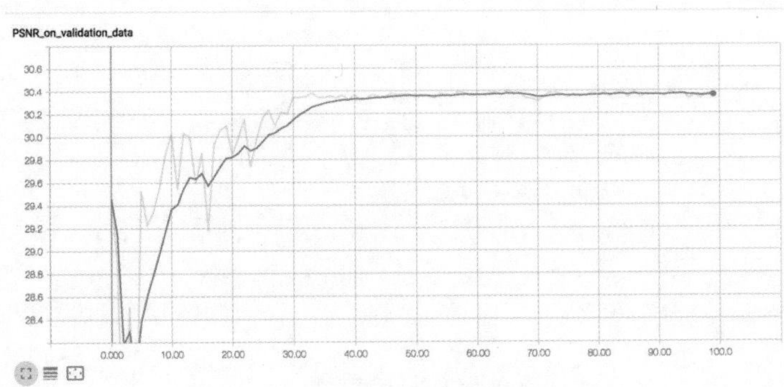

图 4.11 DnCNN 模型的训练结果

4.4.3 模型测试

接下来我们使用真实拍摄的噪声图像对模型进行测试，完整的测试代码如下。

```
## Python相关库载入
```

```
import cv2
import os
import argparse
import glob
import numpy as np
import torch
import torch.nn as nn
from torch.autograd import Variable
from models import DnCNN
from utils import *

## 参数解释器
parser = argparse.ArgumentParser (description="DnCNN_Test")
parser.add_argument ("--num_of_layers", type=int, default=17, help="Number of total
layers") ##网络层数
parser.add_argument ("--logdir", type=str, default="logs", help='path of log files' ) ##日志目录
parser.add_argument ("--test_data", type=str, default='Set12', help=' test on Set12 or
Set68') ##测试集
parser.add_argument ("--test_size", type=int, default=256, help='test image size') ##测试
图像大小
opt = parser.parse_args ()

## 归一化函数
def normalize (data) :
    return data/255.

def main () :
    ## 创建模型
    net = DnCNN (channels=1, num_of_layers=opt.num_of_layers)
    device_ids = [0]
    model = nn.DataParallel (net, device_ids=device_ids) .cuda ()

    ## 模型权重载入
    model.load_state_dict (torch.load (os.path.join (opt.logdir, 'net.pth') ) )
    model.eval ()

    ## 扫描测试文件夹下的所有.jpg文件
    files_source = glob.glob (os.path.join ('data', opt.test_data, '*.jpg') )
    files_source.sort ()

    for f in files_source:
        Img = cv2.imread (f) ##读取图像
        h,w,c = Img.shape
        Img = cv2.resize (Img, (opt.test_size,opt.test_size) ,cv2.INTER_NEAREST) ##图像缩放
        normalize (np.float32 (Img)
        result = np.zeros (Img.shape,np.uint8)

        ## 每一个通道单独去噪
```

```
out_val = torch.clamp (Img-model (Img) , 0., 1.)
result = Out.cpu () .numpy ()
result = (result*255.0) .astype (np.uint8)
cv2.imwrite (f.replace (opt.test_data,'results') ,result)
```

图 4.12 和图 4.13 展示了未知噪声水平的 DnCNN 模型对彩色图像和黑白图像的去噪结果，其中第一排为原图，第二排为对应的去噪结果。

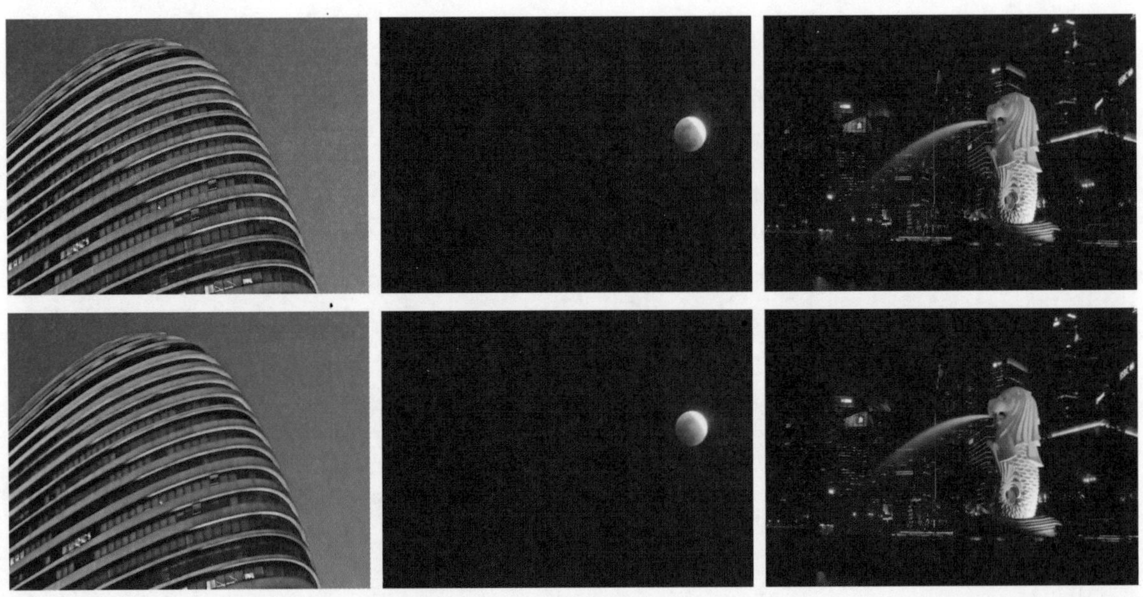

图 4.12 DnCNN 模型对彩色图像的去噪结果

图 4.13 DnCNN 模型对黑白图像的去噪结果

从图 4.12 和图 4.13 可以看出，DnCNN 模型确实具有较好的去噪能力，但是会严重模糊目标边缘。这说明该模型仍然有着很大的改进空间，这也是当前大部分去噪模型面临的问题。

本章我们详细介绍了摄影中的图像噪声和相关算法，图像去噪作为底层的图像任务，虽然随着图像采集设备的进步，噪声污染越来越小，但是基于图像的去噪方法仍然是非常重要的，尤其是处理具有暗光背景或较差的设备拍摄的图像。

小提示

在传统去噪方法达到瓶颈后，基于深度学习的去噪方法当前已经成为主流，但是仍然无法在真实噪声图像上取得非常满意的结果。如何学习适用于未知分布噪声的模型，如何在去噪的同时保留目标主体的清晰度，如何处理复杂的噪声是图像去噪领域需要解决的重点问题。

4.5 小结

本章介绍了图像去噪基础、传统去噪方法以及深度学习去噪方法，然后在 4.4 节中进行了实践。

在 4.1 节图像去噪基础部分，重点讲解了噪声的来源以及目前用于研究去噪问题的相关数据集，对摄影中的常见去噪方法进行了介绍。

在 4.2 节传统去噪方法中，重点介绍了常见噪声模型和一些经典的空域去噪方法，空域去噪方法进行滤波去噪本质上就是一个加权平均的运算过程，滤波后图像中的每个像素点都是由原图像中多个像素点值的加权平均，不同的滤波器根本的差异就是权值不同。

在 4.3 节中对深度学习去噪的核心方法进行了介绍，包括有监督的去噪模型结构、无监督的去噪模型结构，以及不需要噪声数据集的去噪方法。

在 4.4 节中对基本的深度学习去噪模型进行了完整的实践，展示了对于高噪声摄影作品去噪结果。

图像去噪是一个研究时间非常长，比较小众但是非常底层的图像处理问题，研究人员曾提出了数十种传统的图像去噪方法，传统的方法有以下几个局限。

（1）根据噪声的不同，滤波性能各有不同，有的方法只适用于特定类型的噪声。对于非常复杂的噪声，如斑点、雨滴等，以上方法都无法胜任。

（2）这些方法都是基于图像底层特征的方法，没有考虑到高层的语义信息，因此常常将前景和背景都进行了滤波，这往往不是我们想要的。

如今基于数据驱动的深度学习模型去噪方法被广泛研究，但是目前还面临着以下挑战。

（1）如何建立更好的真实数据集。与图像分类，目标检测等任务不同的是，图像去噪任务往往无法获得真实无噪声图，而只能使用底噪声图进行替代，如何建立大规模的真实数据集是推动该任务前进的关键。

（2）如何评估去噪方法。目前以 PSNR 和 SSIM 为主的评测因子并不完全符合人的感知，需要建立更好的评估方法，这也是整个图像质量评估领域中的重点。

（3）如何对复杂的噪声进行建模。以图像去雨算法为例，雨线和雨滴都是幅度较大，对图像造成严重干扰的噪声，目前已经有若干的去雨模型，但是还无法很好地泛化到真实数据集。

参考文献

[1] PONOMARENKO N, JIN L, IEREMEIEV O, et al. Image Database TID2013: Peculiarities, Results and Perspectives[J]. Signal Processing: Image Communication, 2015, 30: 57-77.

[2] ANAYA J, BARBU A. RENOIR–A Dataset for Real Low-Light Image Noise Reduction[J]. Journal of Visual Communication and Image Representation, 2014, 51: 144-154.

[3] PLOTZ T, ROTH S. Benchmarking Denoising Algorithms with Real Photographs[C]//Proceedings of the IEEE Conference on Computer Vision and Pattern Recognition,2017: 1586-1595.

[4] ABDELHAMED A, LIN S, BROWN M S. A High-Quality Denoising Dataset for Smartphone Cameras[C]//Proceedings of the IEEE Conference on Computer Vision and Pattern Recognition,2018: 1692-1700.

[5] XU J, LI H, LIANG Z, et al. Real-world Noisy Image Denoising: A New Benchmark[C]// CVPR, 2018.

[6] LI S, ARAUJO I B, REN W, et al. Single Image Deraining: A Comprehensive Benchmark Analysis[C]//Proceedings of the IEEE Conference on Computer Vision and Pattern Recognition,2019: 3838-3847.

[7] DABOV K, FOI A, KATKOVNIK V, et al. Image restoration by sparse 3D transform-domain collaborative filtering[C]//Image Processing: Algorithms and Systems VI. International Society for Optics and Photonics, 2008, 6812: 681207.

[8] JAIN V, SEUNG S. Natural Image Denoising with Convolutional Networks[C]//International Conference on Neural Information Processing Systems,2009: 769-776.

[9] BURGER H C, SCHULER C J, HARMELING S. Image denoising: Can plain neural networks compete with BM3D[C]//2012 IEEE Conference on Computer Vision and Pattern Recognition. IEEE, 2012: 2392-2399.

[10] XIE J, XU L, CHEN E. Image denoising and inpainting with deep neural networks[C]//Advances in Neural Information Processing Systems,2012: 341-349.

[11] MAO X, SHEN C, YANG Y B. Image Restoration Using Very Deep Convolutional Encoder-Decoder Networks with Symmetric Skip Connections[C]//Advances in Neural Information Processing Systems,2016: 2802-2810.

[12] ZHANG K, ZUO W, CHEN Y, et al. Beyond a Gaussian Denoiser: Residual Learning of Deep CNN for Image Denoising[J]. IEEE Transactions on Image Processing, 2017, 26（7）: 3142-3155.

[13] GUO S, YAN Z, ZHANG K, et al. Toward Convolutional Blind Denoising of Real Photographs[C]//Proceedings of the IEEE Conference on Computer Vision and Pattern Recognition, 2019: 1712-1722.

[14] CHEN J, CHEN J, CHAO H, et al. Image Blind Denoising with Generative Adversarial Network Based Noise Modeling[C]// Proceedings of the IEEE Conference on Computer Vision and Pattern Recognition, 2018: 3155-3164.

[15] LEHTINEN J, MUNKBERG J, HASSELGREN J, et al. Noise2noise: Learning Image Restoration without Clean Data[C]//ICML, 2018.

第 5 章

图像对比度与色调增强

图像对比度增强，即增强图像中的有用信息，抑制无用信息，从而改善图像的视觉效果。图像色调增强，即改善图像的色调效果，创造色彩更加丰富和突出主题的效果。

- 图像增强基础
- 传统的对比度与色调增强方法
- 深度学习对比度与色调增强方法
- 自动对比度与色调增强实战

5.1 图像增强基础

本节介绍图像增强的基础，包括摄影中常用的图像增强操作和图像增强相关的数据集。

5.1.1 摄影中常用的图像增强操作

摄影师，尤其是专业摄影师，基本上都会对拍摄的作品进行后期的图像增强操作，包括亮度、对比度、清晰度、饱和度、色调甚至是内容的增强操作。图 5.1 所示为图像增强操作案例。

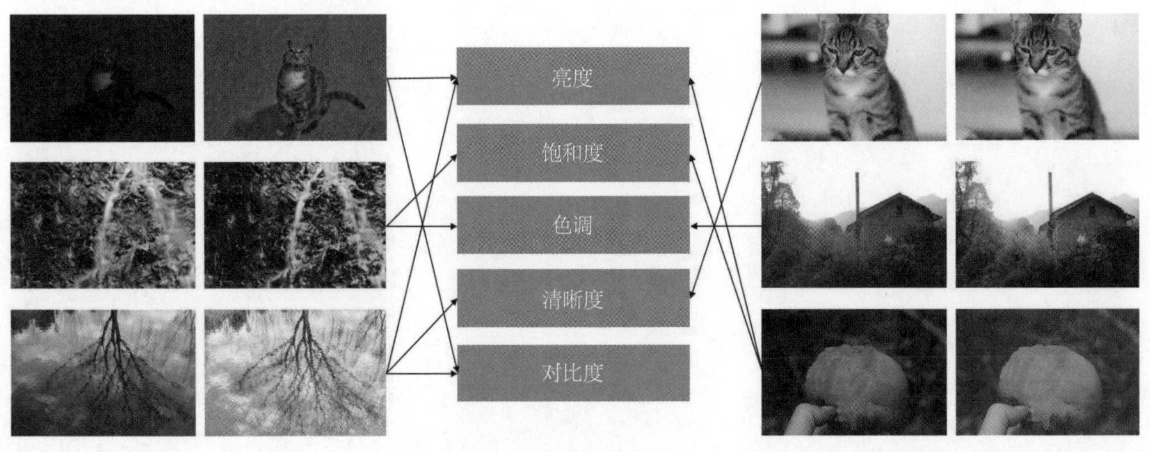

图 5.1 图像增强操作案例

图 5.1 展示了 6 组对比图，其中每组的左边是原图，右边是经过图像增强操作的图。

以上操作便是本章主要讲解的内容，它们都属于对图像全局和局部像素值的修改，通常是一个连续的非线性映射操作，总的来说可以分为两大类。

第一类是对比度增强：目的是增强图像中感兴趣的内容，抑制不感兴趣的内容，从而改善图像的视觉效果。一般由于周围环境和设备本身硬件的设置，相机拍摄的图像效果都不如人眼直接观测的效果好，尤其是在低光等背景下，相机拍摄的图像对比度往往很低。

第二类是色调增强：它往往指的是调节整个图像的色调风格，从而创作出更加突出主题的作品。

接下来具体介绍图像增强的各类操作。

1. 亮度与对比度增强

摄影是一门用光的技术，而光在大部分情况下是不可控的，暗光情况下拍摄的图像往往视觉效果很差，因此对这一类图像进行增强是非常常见的操作。图 5.2 所示为亮度与对比度增强的效果。

（a）

（b）

图 5.2 亮度与对比度增强

其中，图 5.2（a）为原图，图 5.2（b）为调整后的图。原图就是典型的暗光下拍摄的图像，它的整体亮度很低，对比度也较低，因此对其进行调整是必需的。使用 Snapseed 软件提高亮度和对比度，减弱阴影就得到了调整后的图。

图 5.3 所示为使用 Snapseed 软件进行高动态范围(High-Dynamic Range,HDR)图像增强的效果。其中，图 5.3（a）为原图，图 5.3（b）为调整后的图。

（a）

（b）

图 5.3 高动态范围图像增强

小提示

一般的显示器只能表示 8 位，即 2^8=256 种亮度，而人类的眼睛能看到 10^5 左右种亮度，对应二进制值约为 2^{16}，即 16 位。HDR 技术就是要用 8 位来模拟 16 位所能表示的信息，具有更高的对比度。

2. 清晰度增强

有时因为对焦不好或者拍摄过程中设备的抖动，拍出来的图像主体会存在模糊、边缘不够清晰等问题，常见于手持设备拍摄和快速运动目标的拍摄，此时常常需要用到锐化等能够调整清晰度的操作。图5.4所示为局部锐化的效果。

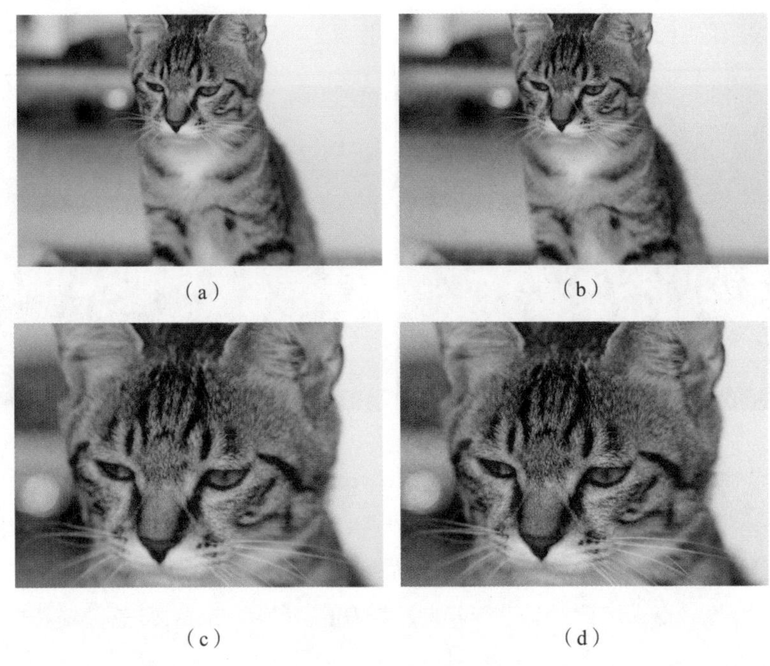

（a）（b）

（c）（d）

图5.4 局部锐化

其中，图5.4（a）和图5.4（c）为原图，图5.4（b）和图5.4（d）为调整后的图。

> 小提示
>
> 调整清晰度与对比度有时会产生类似的效果，但是前者指代主体边缘的亮度对比，反映了边缘的模糊情况；后者指代整个图像或者一个图像区域的亮度对比，反映了主体和背景的灰度分布。

3. 饱和度增强

在大部分情况下，直接拍出来的图像常因为饱和度较低给人一种过于平淡的感觉，当图像饱和度较高时，会展现更好的美学效果。图5.5所示为饱和度增强的效果。

（a）（b）

图5.5 饱和度增强

其中，图 5.5（a）为原图，图 5.5（b）为调整后的图。原图的整体亮度偏低、色调暗淡，显得不够干净，缺乏艺术感。使用 Snapseed 软件提高亮度和饱和度，经过调整后视觉效果大大增强，图像具有了非常明亮的色彩。

4. 色调增强

虽然大部分相机都有自动白平衡功能，但是有时我们需要调整白平衡来增强视觉效果，甚至实现特殊的表达效果。在 Snapseed 软件中，白平衡菜单包括两个滑动条，分别是色温和着色。色温滑动条的两端分别是蓝色和黄色，着色滑动条的两端分别是红色（暖色）和绿色（冷色）。图 5.6 和图 5.7 所示为白平衡增强色调的两个例子。

（a）　（b）

图 5.6 白平衡增强暖色

（a）　（b）

图 5.7 白平衡增强冷色

其中，图 5.6（a）和图 5.7（a）为原图，图 5.6（b）和图 5.7（b）为调整后的图。

目前有很多软件，如 Snapseed、泼辣修图等，都提供了对图像进行自动增强的功能，但是因为自动增强涉及许多操作和对图像美学的理解，目前还没有达到手动增强的水平。

5.1.2 图像增强相关的数据集

为了研究图像增强问题，需要建立相关的数据集。目前有一些相关的数据集，有的数据集包括通过在同样的场景下采用不同的参数配置拍摄的图像，适合于静态场景；有的数据集包括采用了不同的设备在同一个时间拍摄的图像，需要进行视角的匹配。本小节对其中使用较多的数据集进行介绍。

1.MIT-Adobe FiveK 数据集[1]

MIT-Adobe FiveK 数据集发布于 2011 年，包括 5000 张单反相机拍摄的 RAW 格式的图像，每一张图像都被 5 个经验丰富的摄影师使用 Adobe Lightroom 工具进行后期调整，调整内容主要针对色调。由于该数据集包括原图和 5 张后期图的成对数据，而且有同一个摄影师的多种后期调整后的图像，因此它可以被用于某一后期风格的学习。

另外，每一张图都被标注了语义信息，如室内 / 室外、白天 / 黑夜，以及人、自然、人造目标等信息，它们可以用于不同场景模型的训练。

2.DPED 数据集[2]

DPED 数据集发布于 2018 年，采用了 3 个不同的手机和一个数码相机进行拍摄并进行图像匹配和裁剪。3 个手机分别是 iPhone 3GS、BlackBerry Passport 和 Sony Xperia Z，数码相机则是 Canon EOS 70D。其中使用 iPhone 3GS 拍摄了 5727 张图，使用 Sony Xperia Z 拍摄了 4549 张图，使用 BlackBerry Passport 拍摄了 6015 张图。该数据集覆盖了白天的各种常见光照和天气情况，采集时间持续 3 周，都使用了自动拍摄模式。

由于 4 个设备同时进行图像采集，所拍摄出来的图前期不可能完全对齐，因此需要进行后处理对齐，研究者们使用了 SIFT 算法对图像进行对齐，最终成对图之间保证不超过 5 个像素的偏差。

3. 夜景曝光数据集[3]

夜景曝光数据集发布于 2018 年，使用了全画幅的 Sony Alpha 7S Ⅱ和 APS 画幅的 Fujifilm X-T2 相机在不同的曝光配置下进行采集，Sony Alpha 7S Ⅱ分辨率为 4240px × 2832px，Fujifilm X-T2 分辨率为 6000px × 4000px，最终采集完包括 5094 张成对的图像。

每一对图像对包括一张短曝光图像和一张长曝光图像，短曝光图像的曝光时间为 1/30~1/10s，对应的长曝光图像的曝光时间是短曝光图像的 100~300 倍，即 10~30s，所有的图像都是静态图。

具体采集时先采集长曝光图像，然后使用 App 远程控制采集短曝光图像，单独拍摄的长曝光图像有 424 张，剩下的是通过多张短曝光图像合成的。尽管还有一些噪声，但是长曝光图像仍然是一个非常好的基准。

另外，数据集中包括室内和室外的图像，室外图像拍摄在夜晚，光照度为 0.2lx~0.5lx；室内图像拍摄在关灯的封闭环境中，光照度通常为 0.03lx~0.3lx。

> 小提示
>
> lx 是光照度的单位，1lx 相当于 1lm/m^2，即被摄主体 1m^2 的面积上，受距离 1m、发光强度为 1cd 的光源垂直照射的光通量。

除了上述 3 个数据集，很多研究者在提出算法时都会自己采集相关的数据，后文我们在介绍相关算法的时候再进行更多的介绍。

5.2

传统的对比度与色调增强方法

本节将介绍传统的对比度和色调增强方法，包括像素灰度映射和 Retinex 理论。

5.2.1 像素灰度映射

最经典的对比度与色调增强方法为像素灰度映射，它包括线性拉伸变换、伽马变换、直方图均衡化等。

1. 线性拉伸变换

线性拉伸变换采用线性函数对图像的灰度值进行变换，如将灰度值拉伸为 0~255。通常采用的线性函数如下。

$$f(X)=255\times\frac{X-X_{\min}}{X_{\max}-X_{\min}} \qquad \text{式（5.1）}$$

其中，$X_{\min}$、$X_{\max}$ 分别是原始图像中的极小、极大灰度值。

2. 伽马变换

伽马变换（Gamma Transform）采用非线性函数（指数函数）对图像的灰度值进行变换，使输出图像灰度值与输入图像灰度值呈指数关系。输入图像和输出图像之间的关系如下。

$$s=cr^{\gamma} \qquad \text{式（5.2）}$$

伽马系数 γ 不同，变换效果不同，如图 5.8 所示。当 $\gamma<1$ 时可以实现灰度值提升。图 5.9 展示了使用不同的 γ，对原始较暗的图像进行伽马变换的结果。

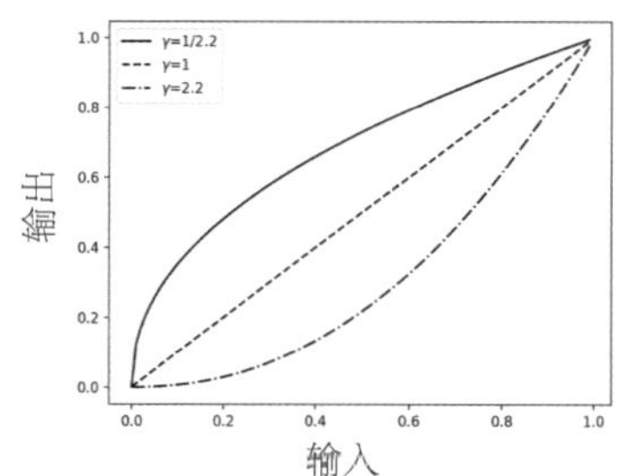

图 5.8 伽马系数不同，变换效果不同

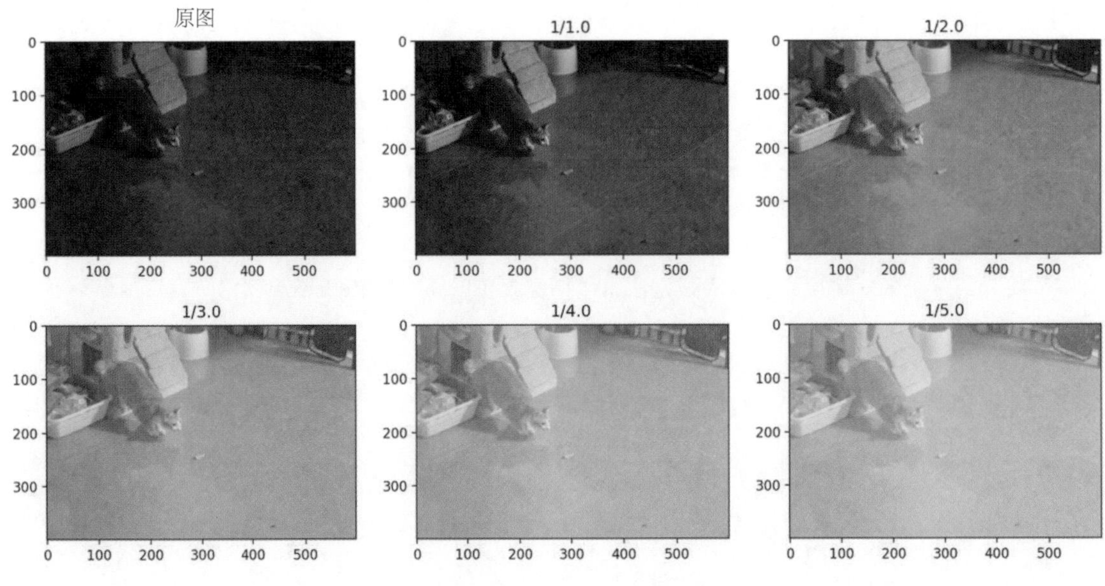

图 5.9 使用不同的 γ 的伽马变换结果

伽马变换本质上是对感兴趣的图像灰度值进行拉伸，对不感兴趣的灰度值进行压缩，从而实现图像增强的效果。

3. 直方图均衡化

直方图均衡化通常用于提高图像的全局对比度，尤其是当图像中主体和背景对比度相当接近的时候。直方图均衡化的效果就是让直方图更均衡地分布，这种方法对于背景和前景都太亮或者太暗的图像非常有用，通常是曝光过度或者曝光不足的图像。

假设 r_k 表示第 k 级灰度，n_k 表示图像中灰度级为第 k 级所对应的像素数，n 表示这张图像中的所有像素的总数。首先计算归一化后的直方图，计算公式如下。

$$p(r_k)=\frac{n_k}{n},k=0,1,\cdots,L-1 \qquad 式（5.3）$$

对于 8 位的图像，L=256，$p(r_k)$ 表示灰度级为 r_k 的像素所占的比例。一张正常曝光的自然图像，直方图应该尽可能覆盖所有灰度级甚至具有相对均匀的分布。但是在很多情况下因为曝光过度或者曝光不足，图像不具有均匀的分布。直方图均衡化正是让分布从随机分布变换为 0~1 的均匀分布，它的变换步骤如下。

（1）计算累积概率分布，$\mathrm{cdp}(r_k)$ 表示灰度级为 0~r_k 的像素的概率，可知它是单调递增的，$\mathrm{cdp}(L-1)=1$。

$$\mathrm{cdp}(r_k)=\sum_{i=0}^{L-1}p(r_k),k=0,1,\cdots,L-1 \qquad 式（5.4）$$

（2）创建一个均匀分布，将累积概率分布转换到图像的像素值范围内，变换关系如下。

$$T(r_k)=\text{round}(\text{cdp}(r_k)\times 255+0.5) \tag*{式（5.5）}$$

round 代表取整操作，因为 $\text{cdp}(r_k)\in(0,1)$，所以 $T(r_k)\in(0,255)$。

（3）反向映射，变换后新的像素灰度值 y 与原始的像素灰度值 x 的变换关系如下。

$$y=T(x) \tag*{式（5.6）}$$

可以看出，经过变换后原始的像素灰度值会被映射为 0~255，而且是一个均匀的分布。在很多时候，它可以用于提高局部的对比度而不影响整体的对比度，对于图像对比度较低时很有用。

直方图均衡化是可逆操作，如果已知均衡化函数，则可以恢复原始的直方图，并且计算量也不大。这种方法的一个缺点是它对处理的数据不加选择，它可能会提高背景噪声的对比度并且降低有用信号的对比度。比全局直方图均衡方法更好的是局部直方图均衡方法，它可以更好地增强图像的局部细节。局部方法依据选取子块的不同有不同方法，感兴趣的读者可以自行了解。

5.2.2 Retinex 理论

5.2.1 小节中介绍的方法对图像灰度分布按照经验进行增强，而 Retinex 理论 [4] 则基于模型来进行增强。

1. 什么是 Retinex 理论

“Retinex”是一个合成词，它是由 Retina（视网膜）和 Cortex（皮层）合成的。Retinex 理论也被称为颜色恒常知觉理论，Retinex 理论建立在一个理论基础上，即物体的颜色是由物体对各种波长光线的反射能力决定，而不是由反射光强度的绝对值决定的。因此不同的照明条件下物体的色彩不受光照非均匀性的影响，是恒定的。

在这个理论基础上，Retinex 理论将图像建模为光照度（Illumination 或者 Light）和反射率（Reflectance）的点乘，公式如下。

$$I(x,y)=L(x,y)\cdot R(x,y) \tag*{式（5.7）}$$

$I(x,y)$ 表示图像，$L(x,y)$ 表示光照度，$R(x,y)$ 表示反射率。式（5.7）是一个点乘操作，通常会被表示为对数操作，从而乘法被转换为加法，公式如下。

$$i(x,y)=l(x,y)+r(x,y) \tag*{式（5.8）}$$

其中 $i(x,y)=\log(I(x,y))$，$l(x,y)=\log(L(x,y))$，$r(x,y)=\log(R(x,y))$。

基于 Retinex 理论对图像进行对比度增强，其基本流程如图 5.10 所示。

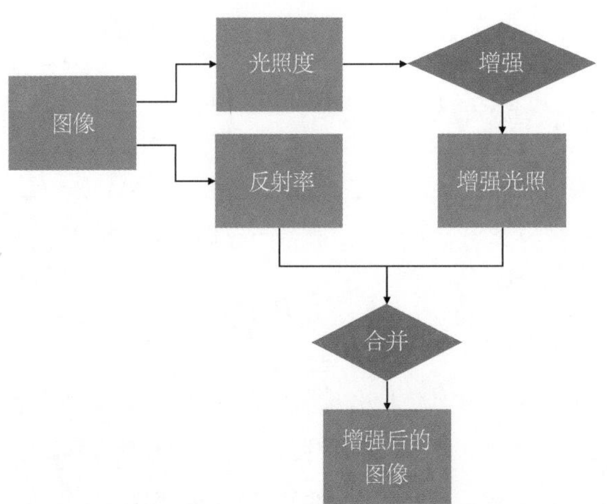

图 5.10　基于 Retinex 理论进行对比度增强的基本流程

从图 5.10 可以看出，首先要估计出反射率和光照度，它们分别对应一张反映图像颜色的彩色图像和一张反映光照度的灰度图像；然后对光照度进行增强操作得到新的光照图像，再将它与彩色图像进行合并得到增强后的图像。如果要对颜色（色调）进行增强，则分离后对彩色图像进行对应的增强操作再与光照图像合并。

2.Retinex 方法

基于 Retinex 理论进行图像增强，首先需要从图像中估计出反射率和光照度，其基本流程如图 5.11 所示。

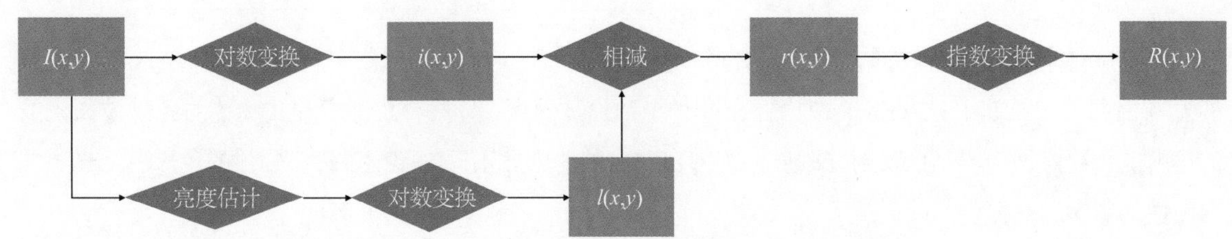

图 5.11　基于 Retinex 理论进行图像增强的基本流程

在图 5.11 中，重点在于亮度估计模块，其中基于单尺度的 Retinex 方法中亮度估计方法流程如下。

（1）将 R、G、B 这 3 个颜色空间分量分离。

（2）构建高斯函数，使用高斯函数对图像的 3 个颜色空间分量分布进行滤波，将滤波后的图像作为估计的光照分量。

（3）原始图像和光照分量进行对数变换，得到反射率，即颜色分量。

后续研究者对基本的 Retinex 方法进行了改进，有的提出了多尺度 Retinex 方法，即对一张图像在不同的尺度上进行高斯滤波，滤波结果进行平均加权；有的提出了带颜色恢复能力的多尺度 Retinex 方法，其用于改善颜色失真问题。感兴趣的读者可以深入学习，本节不再详细介绍。

5.3 深度学习对比度与色调增强方法

传统的对比度和色调增强方法比较依赖经验，导致同样的参数无法适用于不同的图像，而深度学习模型则可以从数据中进行学习，本节介绍相关核心算法。

基于深度学习模型进行图像增强的基本流程如图 5.12 所示，其中所有的增强学习操作都被包括在深度学习模型中。

图 5.12 基于深度学习模型进行图像增强的基本流程

根据模型的不同，增强方法可以分为两大类。第一类方法是直接回归每一个图像像素，此时深度学习模型是一个端到端的回归模型。第二类方法是预测图像增强的相关参数，此时深度学习模型是一个美学相关的参数学习模型。

5.3.1 基于像素回归的增强方法

本小节介绍基于像素回归的增强方法及其改进。

1. 基本图像增强操作学习 [5]

卷积神经网络模型拥有强大的表达能力，被证明可以直接学会图像里的很多全局和局部的基本图像增强操作，包括图像风格迁移、去雾、上色、增加细节等，因此我们可以按照需要学习的类型，准备相关的成对数据进行学习。

Chen Qifeng 等人使用了一个基本的场景聚合模型（Concext Aggregation Network,CAN）[5] 来验证基本图像增强操作的学习，其结构如图 5.13 所示。

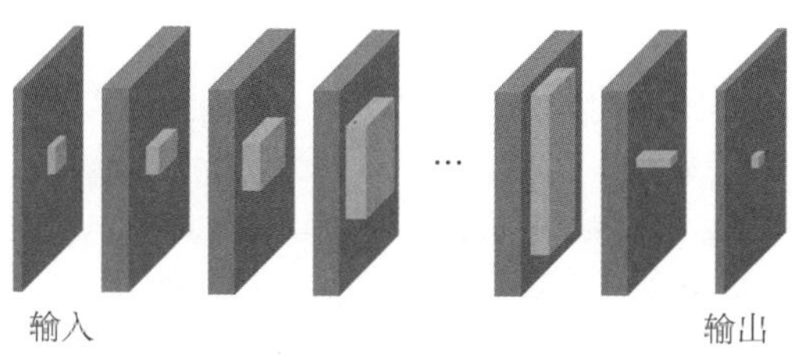

图 5.13 场景聚合模型结构

图 5.13 中的结构在每一个卷积层都不改变图像的分辨率，但是感受野逐步增加。场景聚合模型最初来自语义分割任务[6]，使用了不同大小的带孔卷积来实现同样大小的卷积核与不同大小的感受野。

研究者们实验了 10 个常用的图像增强操作。

（1）Rudin-Osher-Fatemi：一种图像复原模型。

（2）TV-L1 image restoration：一种图像复原模型。

（3）L0 smoothing：图像平滑操作。

（4）relative total variation：通过剥离细节来提取图像结构的操作。

（5）image enhancement by multiscale tone manipulation：多尺度进行图像增强的操作。

（6）multiscale detail manipulation based on local Laplacian filtering：基于拉普拉斯的图像编辑操作。

（7）photographic style transfer from a reference image：图像风格迁移操作。

（8）dark-channel dehazing：暗通道去雾操作。

（9）nonlocal dehazing：非局部去雾操作。

（10）pencil drawing：铅笔画风格化操作。

所有实验使用的训练数据集都是 MIT-Adobe FiveK，研究者们首先用各类方法的官方实现对输入图像进行操作，得到成对的训练数据，然后使用图 5.13 所示的模型进行有监督的训练。对于优化目标，研究者们比较了多种常见指标后发现均方误差表现最好。

为了提高模型对不同分辨率的适应能力，在训练的过程中，随机选择图像的分辨率为 320px~1440px，训练图像使用随机裁剪方式获得。

该场景聚合模型相对于原始的图像算子有以下优势。

（1）在 PSNR 和 DSSIM 指标上都有所提升。

（2）具有一定的速度优势，该模型可以在原始分辨率上使用，且所有的操作都具有同样大小的计算量。

（3）可以使用同一个模型同时训练 10 种操作，只需要对输入层添加 10 个通道作为条件控制，而且实验结果非常好。

研究者们也将该场景聚合模型与常用的降采样升采样网络结构 U-Net 进行了对比，发现场景聚合模型有以下优点。

（1）因为使用了带孔卷积，所以在大感受野情况下仍然拥有较小的计算量。

（2）没有使用跳层连接，因此任何时候只需要在内存中存储两层，内存消耗比较小。

2. 图像美学质量评估辅助的增强模型[7]

对比度、色调调整等图像增强操作的最终目标是为了提高目标图像的美感，因此我们可以使用美学模型来辅助完成该任务。

Google 的研究者们[7]使用 MIT-Adobe FiveK 数据集中的成对图像进行增强操作的训练，同样使用了图 5.13 所示的模型。另外，增加了一个图像美学质量评估模块，它使用了 AVA 数据集中训练出来的图像美学质量评估模型对输出图像的质量进行评估，损失目标如下。

$$l(w)=f(X_{r},\ c_w(x))+\gamma q(c_w(x)) \qquad \text{式（5.9）}$$

式（5.9）中 $f(X_r,\ c_w(x))$ 是内容损失，可以使用常见的 L1 和 L2 损失；$\gamma q(c_w(x))$ 是美学质量损失，它等于 10-NIMA（x），添加了该损失后要求输出图像有更高的美感，即更低的 10-NIMA（x）。

小提示

NIMA 是在本书第 3 章中介绍过的图像美学质量评估模型，它可以输出 0~10 的美学质量分数。

研究者们使用该方法在色调映射和图像去雾应用上做了实验，效果非常好。

3. 基于 GAN 的模型改进 [2]

GAN 在很多任务中都被证明有利于提高模型的能力，有研究者使用了 GAN 来改善图像增强模型的学习 [2]，其结构如图 5.14 所示。

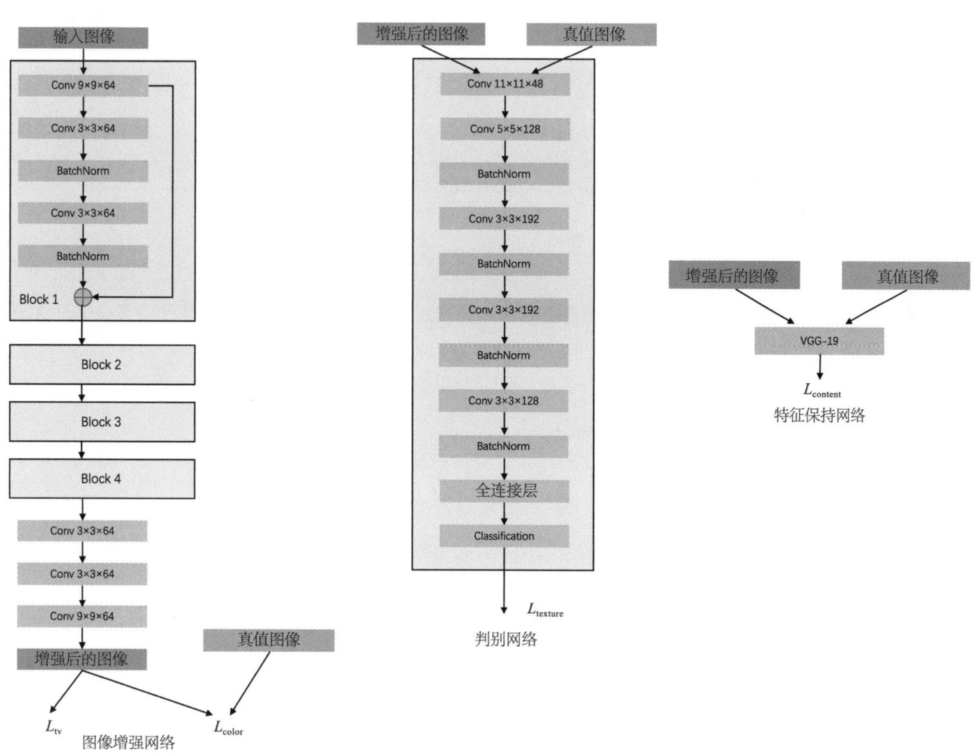

图 5.14 基于 GAN 的图像增强模型结构

图 5.14 所示的模型包括 3 个网络，一个是图像增强网络（Image Enhancement Network），一个是判别网络（Discriminator Network），一个是特征保持网络 VGG-19。训练时使用了 DPED 数据集 [2]，它包括低质量和高质量的成对图，所以图 5.14 中的输入图像和真值图像是一一对应的。

图像增强网络可以看作 GAN 的生成网络，输入为 3 通道的图像。首先经过 4 个残差块（Block 1、Block 2、Block 3、Block 4），每个残差块里面有两个卷积层。然后经过 3 个卷积层，最后一个卷积层输出 3 通道的图像，也就是增强后的图像。

该模型学习两种损失函数，颜色损失 L_{color} 和平滑损失 L_{tv}。其中 L_{color} 需要真值图像与增强后的图像一起计算，这是一个重建损失，可以使用标准的欧氏距离。L_{tv} 就是标准的平滑损失，来自图像去噪领域，它可以实现整体上对图像进行微小的平滑，有效去除椒盐噪声等。

小提示

在具体计算颜色损失时，首先对真值图像与增强后的图像都进行了高斯模糊，高斯模糊可以去掉部分边缘细节纹理，保留整体图像的对比度和颜色，使得颜色在局部比较平滑，还拥有了一定的局部平移不变性，这相比于直接使用真值图像与增强后的图像会更加有利于模型稳定地学习。

判别网络的输入由增强后的图像与真值图像一起融合生成。融合的方式有多种，研究者采用了逐个像素加权求和方式，还可以使用通道拼接等方法。判别网络有 5 个卷积层，1 个全连接层，全连接的维度是 1024，输出二维的概率向量。真值图像相当于一个条件输入，所以该判别器与 CGAN 原理相同，损失函数为交叉熵损失，它也被称为纹理损失（Textures Loss）。

小提示

在具体计算纹理损失时，将增强后的图像与真值图像都转化为了灰度图像，原因是图像的纹理信息主要与灰度空间分布有关，这降低了模型的学习难度，同时还降低了过拟合的风险。

预训练的 VGG-19 网络被用作特征保持网络，使用该网络对增强后的图像和真值图像提取高层特征，然后计算内容损失（Content Loss）$L_{content}$，内容损失计算使用标准的欧氏距离。内容损失也被称为感知损失，它背后的意义在于如果增强后的图像和真值图像非常接近，那么通过 VGG-19 网络提取的特征也应该很接近。它用于对高层语义信息进行约束，在图像超分、风格化等任务中都被广泛使用。

小提示

基于 GAN 的模型往往有一个缺陷，当源图像有噪声时，增强后的图像噪声将会被放大，在后文的实践案例中将有所体现。

前述的几种方法都使用了成对的图像，然而成对的数据获取成本非常高昂，而且图像增强操作并没有唯一的标准答案，同样的人在不同时刻处理也可能获得不同的结果。那么能不能使用非成对的图像来完成图像增强任务呢?

在图像风格化领域中有一个不使用成对数据就能完成风格互换的模型 CycleGAN，研究者使用了类似的思想对图 5.14 所示的模型进行改进[8]，使其不依赖成对的数据，基本框架如图 5.15 所示。

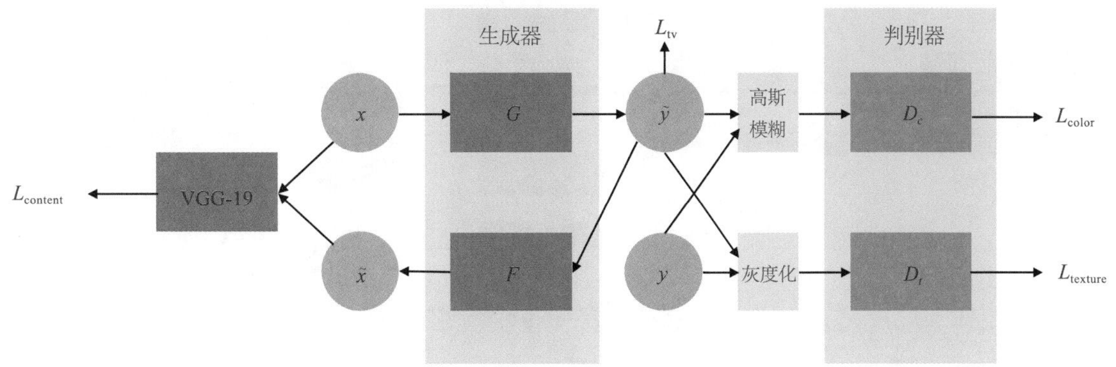

图 5.15 基于 GAN 的非成对数据图像增强模型

其中 x 为输入的低质量图像，x 通过生成器 G 之后得到提升后的图像 $\tilde{y}$，再经过一个反向生成器生成图像 $\tilde{x}$，x 与 $\tilde{x}$ 使用 VGG-19 网络计算得到感知损失 $L_{content}$。

y 是输入的高质量图像，它与 x 并不是一一对应的，将 y 和 $\tilde{y}$ 经过高斯模糊之后送入判别器 D_c 得到颜色损失 L_{color}，经过灰度化融合送入判别器 D_t 得到纹理损失 $L_{texture}$，另外 $\tilde{y}$ 本身还计算了平滑损失 L_{tv}。

损失的计算细节、生成器和判别器的网络结构细节都与图 5.14 所示的模型相同。使用非成对数据集进行训练可以大大降低对数据的依赖程度，从而能够使用更多高质量数据集训练模型，提高模型的泛化能力。

类似的方法还有 Deep Photo Enhancer[9]，主要不同之处在于生成器网络结构使用了 U−Net，该 U-Net 结构还融合了全局信息以捕捉场景、亮度、图像主题，这样的多尺度模型可以更好地利用全局和局部信息。

5.3.2　基于参数预测的增强方法

逐像素的回归模型原理简单，但是端到端的方法可解释性不强，容易过拟合，学习过程也不符合后期操作流程。一个标准的图像增强流程其实包括一系列的操作，如果能够预测出各个步骤的参数，就可以完成图像增强，其基本流程如图 5.16 所示。

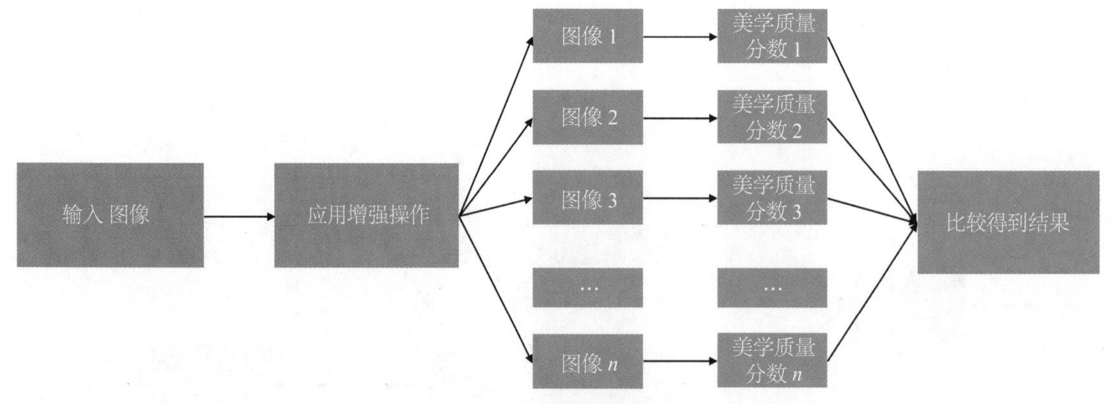

图 5.16 标准的图像增强基本流程

从图 5.16 可以看出，通过对应用不同图像增强后的图像的美学质量分数进行评估，就可以逐渐学习到其中最好的图像增强操作。

1. 预测滤波操作系数

传统图像增强方法包括许多系数，如果能够预测到对于每一张图像应该使用的参数，则可以实现自适应增强。以双边滤波为例，Google 的研究者 Michael Gharbi 等人 [10] 提出了深度双边滤波模型来学习仿射变换，其结构如图 5.17 所示。

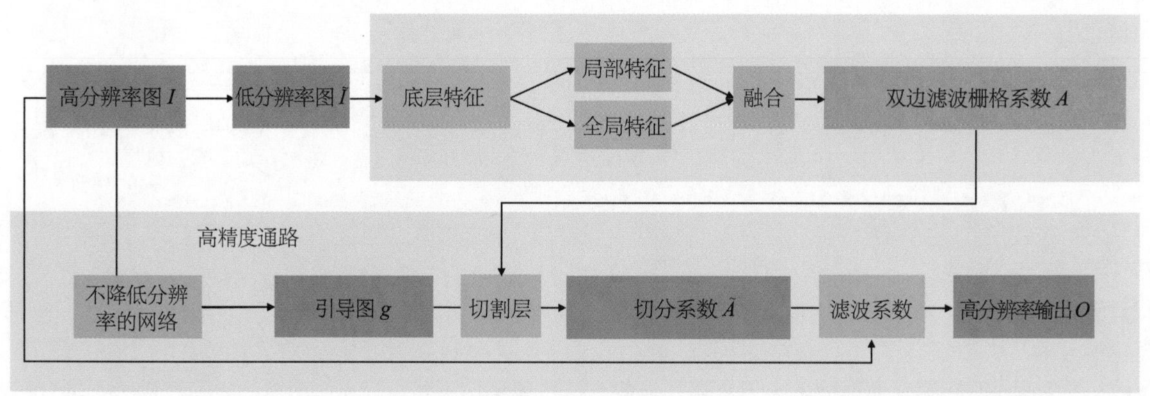

图 5.17 深度双边滤波模型结构

深度双边滤波模型的研究者们认为要完成一个图像增强任务，不仅需要局部特征，也需要全局特征，如直方图、平均亮度，甚至场景信息。当然如果只使用全局特征，一些细节的表达能力不够，如只想要提亮人脸却把其他部位也提亮了。如果不用全局特征，则可能产生出空间不连续的结果。

图 5.17 包括两个主要通路，分别是高精度通路和低精度通路。

低精度通路输入需要对高精度图像做下采样，然后使用卷积神经网络分别学习其全局特征和局部特征，之后进行融合得到双边滤波栅格系数（Dilateral Grid of Coefficient）A。在论文中低精度通路输入图像大小为 256px × 256px，输出 16 × 16 × 8 个双边滤波栅格，其中每一个双边滤波栅格包括 12 个数字，代表一个 3 × 4 的颜色仿射变换系数。

高精度通路在尽可能减少计算量的前提下，需要保留更多高频部分和边缘信息。这是一个不降低分辨率的网络（Pixel-Wise Network），用于得到引导图（Guidance Map）。

引导图 g 与双边滤波栅格系数 A 一起经过一个切割层（Slicing Layer）。这里的切割层实际上就是引入了双边网格里的切割节点，该节点在引导图的基础上，在低分辨率网格的仿射系数中执行与数据相关的查找，从而实现上采样恢复到原分辨率得到系数 $\bar{A}$。本质上该操作就是由全分辨率的引导图 g 提供位置信息，双边滤波栅格系数 A 提供插值信息，最后系数 $\bar{A}$ 作为局部仿射变换系数应用于原始图像就得到了输出图像。

深度双边滤波模型学习了输入到输出的变换过程，而不是直接学习像素到像素的输出，因此更符合人们对图像的后期操作习惯，也更不容易过拟合。并且损失的计算在图像空间中，更有利于模型学习到有效的操作。

为了降低计算量，该模型将大部分的预测在低分辨的双边网格下进行。但是损失函数最终建立在原来的分辨率上，从而实现了将低分辨下的操作用于优化原分辨下的图像，在 1080px 分辨率上仍然可以实现实时运算。

2. 预测相机参数 [11]

图像增强可以对应相机中的曝光调整、对比度调整、色调调整等操作，因此研究者们提出了使用深度学习模型直接学习这几种操作的参数幅度，其中决策流程如图 5.18 所示。

图 5.18　相机参数学习模型的决策流程

从图 5.18 可以看出，整个增强过程被分解为一系列的操作，包括曝光度、对比度、色度、伽马校正等，因此模型需要搜索一系列的操作对输入图像进行调整。每个操作过程对应于强化学习里的一个决策过程，通过对这些决策过程的结果进行惩罚就可以实现训练，其奖励回报就是美学质量分数。每一步调整的结果可以通过梯度回传给整个网络学习，从而改变每一步的调整参数。

具体学习过程包括两个策略网络（Policy Network），一个价值网络、一个判别网络。其中两个策略网络分别将图像映射成某一类操作的概率和幅度，这 4 个网络都使用了同样的结构，输入图像大小为 64px × 64px，包括 4 个卷积层和一个全连接层，如图 5.19 所示。

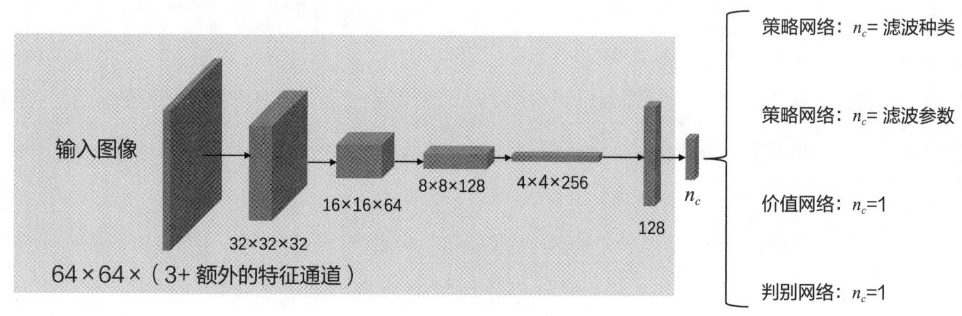

图 5.19 通用的网络结构

图 5.19 中卷积核大小为 4 × 4，步长为 2。

对于判别网络，额外添加了平均亮度、对比度、饱和度作为特征通道与输入图像拼接。

对于策略网络和价值网络，额外添加了 8 个二值操作值和 1 个状态值作为特征通道与输入图像拼接。其中 8 个二值操作值表示是否使用某一类操作，这 8 个操作分别是曝光（Exposure）调整、伽马（Gamma）变换、颜色曲线（Color Curve）变换、黑白（Black&White）变换、白平衡（White Blanace）调整、饱和度（Saturaion）调整、色调曲线（Tone Curve）变换、对比度（Contrast）调整。状态值则表示已经经历过的 steps 数量，即模型的迭代情况。

在训练过程中，会对过于使用的决策过程进行惩罚以避免陷入局部最优，如连续使用两个相同的操作（如曝光操作），而这完全可以只使用一个操作完成，遇到这种情况会增加惩罚从而鼓励连续使用不同的操作。

另外，训练中会对一部分图像只做一次操作后就进行状态比较，这样做类似于正则化，有利于避免模型震荡。

最后值得注意的是，该模型在 RAW 格式的图像上训练的效果优于在 RGB 格式的图像上训练的效果。

总的来说，该相机参数学习模型有以下 3 个优点。

（1）这是一个端到端的学习各类变换操作幅度的方法，可以处理任意大小的图像。

（2）使用了强化学习来给出每一步所做的操作，这样对图像的处理就不再是一个“黑箱”，从而方便人们对模型处理过程的理解，还可以参照模型的处理步骤和参数进行后期操作的学习。

（3）不需要成对的图像数据来指导模型的学习，因为学习的都是成熟的图像处理操作的幅度，所以基本上不会产生非自然的瑕疵。

小提示

基于参数学习的模型主要问题是计算效率太低，模型训练过程复杂。

5.4

自动对比度与色调增强实战

几乎所有的图像增强操作都需要完成对比度和色调的调整，因此本节选择使用在前文介绍过的 DPED 数据集中的使用相机和手机拍摄的图像作为训练集，训练基于 GAN 的图像增强模型。

5.4.1　项目解读

本节使用的模型是基于 GAN 的图像增强模型，模型结构如图 5.14 所示。下面我们对它的相关代码进行详细解读。

1. 数据集接口定义

数据集接口需要完成高质量图像和低质量图像的读取，定义一个 load_batch 函数如下。

```
## 数据集接口函数
def load_batch (phone, dped_dir, TRAIN_SIZE, IMAGE_SIZE) :
    ## dped_dir，使用的相机拍摄图像目录，即高质量图像目录
    ## phone，使用的手机类型，即DPED数据集中的4类手机
    train_directory_phone = dped_dir + str (phone) + '/training_data/' + str (phone) + '/'
    train_directory_dslr = dped_dir + str (phone) + '/training_data/canon/'
    ## 低质量图像数量
    NUM_TRAINING_IMAGES = len ([name for name in os.listdir (train_directory_phone)
                                if os.path.isfile (os.path.join (train_directory_phone,
name) ) ])

    if TRAIN_SIZE == -1:##载入所有图像
        TRAIN_SIZE = NUM_TRAINING_IMAGES
        TRAIN_IMAGES = np.arange (0, TRAIN_SIZE)
    else:
        TRAIN_IMAGES = np.random.choice (np.arange (0, NUM_TRAINING_IMAGES) , TRAIN_SIZE,
```

```
replace=False) ##选择TRAIN_SIZE张图像

    train_data = np.zeros ( (TRAIN_SIZE, IMAGE_SIZE) ) ##低质量图像矩阵
    train_answ = np.zeros ( (TRAIN_SIZE, IMAGE_SIZE) ) ##高质量图像矩阵

    i = 0
    for img in TRAIN_IMAGES:
        ## 选择低质量图像
        I = np.asarray (misc.imread (train_directory_phone + str (img) + '.jpg') )
        I = np.float16 (np.reshape (I, [1, IMAGE_SIZE]) ) / 255
        train_data[i, :] = I
        ## 选择高质量图像
        I = np.asarray (misc.imread (train_directory_dslr + str (img) + '.jpg') )
        I = np.float16 (np.reshape (I, [1, IMAGE_SIZE]) ) / 255
        train_answ[i, :] = I
        i += 1
    return train_data, train_answ
```

从上面代码可以看出，低质量图像和高质量图像文件名是一一对应的。

2. 判别器定义

判别器是一个简单的卷积层与全连接层结构，它的定义如下。

```
## 判别器
def adversarial (image_) :
    with tf.variable_scope ("discriminator") :
        #第1个卷积层，卷积核大小为11×11，步长为4
        conv1 = _conv_layer (image_, 48, 11, 4, batch_nn = False)
        #第2个卷积层，卷积核大小为5×5，步长为2
        conv2 = _conv_layer (conv1, 128, 5, 2)
        #第3个卷积层，卷积核大小为3×3，步长为1
        conv3 = _conv_layer (conv2, 192, 3, 1)
        #第4个卷积层，卷积核大小为3×3，步长为1
        conv4 = _conv_layer (conv3, 192, 3, 1)
        #第5个卷积层，卷积核大小为3×3，步长为2
        conv5 = _conv_layer (conv4, 128, 3, 2)
        flat_size = 128 * 7 * 7
        conv5_flat = tf.reshape (conv5, [-1, flat_size])
        ##第1个全连接层
        W_fc = tf.Variable (tf.truncated_normal ([flat_size, 1024], stddev=0.01) )
        bias_fc = tf.Variable (tf.constant (0.01, shape=[1024]) )
        fc = leaky_relu (tf.matmul (conv5_flat, W_fc) + bias_fc)
        ##第2个全连接层
        W_out = tf.Variable (tf.truncated_normal ([1024, 2], stddev=0.01) )
        bias_out = tf.Variable (tf.constant (0.01, shape=[2]) )
        adv_out = tf.nn.softmax (tf.matmul (fc, W_out) + bias_out)
    return adv_out
```

从上面代码可以看出，总共包括 5 个卷积层、2 个全连接层，卷积部分的总步长为 16，最后的特征图大小为 7px × 7px。

其中卷积层和相关的初始化函数、归一化函数以及激活函数的定义如下。

```
## 卷积层
def _conv_layer (net, num_filters, filter_size, strides, batch_nn=True) :
    weights_init = _conv_init_vars (net, num_filters, filter_size)
    strides_shape = [1, strides, strides, 1]
    bias = tf.Variable (tf.constant (0.01, shape=[num_filters]) )
    net = tf.nn.conv2d (net, weights_init, strides_shape, padding='SAME') + bias
    net = leaky_relu (net)
    if batch_nn: ##是否使用_instance_norm层
        net = _instance_norm (net)
    return net

## 卷积层初始化函数
def _conv_init_vars (net, out_channels, filter_size, transpose=False) :
    _, rows, cols, in_channels = [i.value for i in net.get_shape () ]
    if not transpose: ##输入/输出通道的顺序控制
        weights_shape = [filter_size, filter_size, in_channels, out_channels]
    else:
        weights_shape = [filter_size, filter_size, out_channels, in_channels]
    weights_init = tf.Variable (tf.truncated_normal (weights_shape, stddev=0.01, seed=1) ,
dtype=tf.float32)
    return weights_init

##归一化函数
def _instance_norm (net) :
    batch, rows, cols, channels = [i.value for i in net.get_shape () ]
    var_shape = [channels] ##通道数
    ## 计算每一个通道的均值和方差
    mu, sigma_sq = tf.nn.moments (net, [1,2], keep_dims=True)
    shift = tf.Variable (tf.zeros (var_shape) ) ##偏移量
    scale = tf.Variable (tf.ones (var_shape) ) ##缩放因子
    epsilon = 1e-3
    normalized = (net-mu) / (sigma_sq + epsilon) ** (.5)
    return scale * normalized + shift

## 激活函数
def leaky_relu (x, alpha = 0.2) :
    return tf.maximum (alpha * x, x)
```

3. 生成器定义

生成器是一个 ResNet 模型，包括 4 个残差模块，完整定义如下。

```
def resnet (input_image) :
    with tf.variable_scope ("generator") :
        # 第1个卷积层，卷积核大小为9×9
```

```
    W1 = weight_variable ([9, 9, 3, 64], name=" W1") ; b1 = bias_variable ([64], name="b1") ;
    c1 = tf.nn.relu (conv2d (input_image, W1) + b1)
    # 第1个残差模块，卷积核大小为3×3，归一化函数为_instance_norm
    W2 = weight_variable ([3, 3, 64, 64], name="W2") ; b2 = bias_variable ([64], name="b2") ;
    c2 = tf.nn.relu (_instance_norm (conv2d (c1, W2) + b2) )
    W3 = weight_variable ([3, 3, 64, 64], name="W3") ; b3 = bias_variable ([64], name="b3") ;
    c3 = tf.nn.relu (_instance_norm (conv2d (c2, W3) + b3) ) + c1
    # 第2个残差模块，卷积核大小为3×3，归一化函数为_instance_norm
    W4 = weight_variable ([3, 3, 64, 64], name="W4") ; b4 = bias_variable ([64], name="b4") ;
    c4 = tf.nn.relu (_instance_norm (conv2d (c3, W4) + b4) )
    W5 = weight_variable ([3, 3, 64, 64], name="W5") ; b5 = bias_variable ([64], name="b5") ;
    c5 = tf.nn.relu (_instance_norm (conv2d (c4, W5) + b5) ) + c3
    # 第3个残差模块，卷积核大小为3×3，归一化函数为_instance_norm
    W6 = weight_variable ([3, 3, 64, 64], name="W6") ; b6 = bias_variable ([64], name="b6") ;
    c6 = tf.nn.relu (_instance_norm (conv2d (c5, W6) + b6) )
    W7 = weight_variable ([3, 3, 64, 64], name="W7") ; b7 = bias_variable ([64], name="b7") ;
    c7 = tf.nn.relu (_instance_norm (conv2d (c6, W7) + b7) ) + c5
    # 第4个残差模块，卷积核大小为3×3，归一化函数为_instance_norm
    W8 = weight_variable ([3, 3, 64, 64], name="W8") ; b8 = bias_variable ([64], name="b8") ;
    c8 = tf.nn.relu (_instance_norm (conv2d (c7, W8) + b8) )
    W9 = weight_variable ([3, 3, 64, 64], name="W9") ; b9 = bias_variable ([64], name="b9") ;
    c9 = tf.nn.relu (_instance_norm (conv2d (c8, W9) + b9) ) + c7
    # 卷积层
    W10 = weight_variable ([3, 3, 64, 64], name="W10") ; b10 = bias_variable ([64], name="b10") ;
    c10 = tf.nn.relu (conv2d (c9, W10) + b10)
    W11 = weight_variable ([3, 3, 64, 64], name="W11") ; b11 = bias_variable ([64], name="b11") ;
    c11 = tf.nn.relu (conv2d (c10, W11) + b11)
    # 最后一个卷积层
    W12 = weight_variable ([9, 9, 64, 3], name="W12") ; b12 = bias_variable ([3], name="b12") ;
    enhanced = tf.nn.tanh (conv2d (c11, W12) + b12) * 0.58 + 0.5
return enhanced
```

从上面代码可以看出，整个生成器结构共包括 12 个卷积层，其中第 1 个卷积层和最后 1 个卷积层的卷积核尺寸为 9，其余卷积层的卷积核尺寸为 3。4 个残差模块共包括 8 个卷积层，每一个模块包括两个卷积层，输入 / 输出通道数都是 64，使用 instance normalization 归一化方法。

其中权重和偏置初始化函数、卷积函数的定义如下。

```
## 权重初始化函数
def weight_variable (shape, name) :
   initial = tf.truncated_normal (shape, stddev=0.01)
   return tf.Variable (initial, name=name)

## 偏置初始化函数
def bias_variable (shape, name) :
   initial = tf.constant (0.01, shape=shape)
   return tf.Variable (initial, name=name)

## 卷积函数
```

```
def conv2d (x, W) :
    return tf.nn.conv2d (x, W, strides=[1, 1, 1, 1], padding='SAME')
```

4. 损失函数与评估指标定义

定义好判别器和生成器后我们获取它们的输出，然后定义损失函数，核心代码如下。

```
with tf.Graph () .as_default () , tf.Session () as sess:
    ## 创建训练数据placeholder
    phone_ = tf.placeholder (tf.float32, [None, PATCH_SIZE])
    phone_image = tf.reshape (phone_, [-1, PATCH_HEIGHT, PATCH_WIDTH, 3])
    dslr_ = tf.placeholder (tf.float32, [None, PATCH_SIZE])
    dslr_image = tf.reshape (dslr_, [-1, PATCH_HEIGHT, PATCH_WIDTH, 3])
    adv_ = tf.placeholder (tf.float32, [None, 1])
    ## 使用生成器获得增强后的图像
    enhanced = models.resnet (phone_image)
    ## 生成器生成的图像和高质量图像都转换为灰度图像
    enhanced_gray = tf.reshape (tf.image.rgb_to_grayscale (enhanced) , [-1, PATCH_WIDTH *
PATCH_HEIGHT])
    dslr_gray = tf.reshape (tf.image.rgb_to_grayscale (dslr_image) ,[-1, PATCH_WIDTH *
PATCH_HEIGHT])
    ## 使用判别器进行预测
    adversarial_ = tf.multiply (enhanced_gray, 1 - adv_) + tf.multiply (dslr_gray, adv_)
    adversarial_image = tf.reshape (adversarial_, [-1, PATCH_HEIGHT, PATCH_WIDTH, 1])
    discrim_predictions = models.adversarial (adversarial_image)

    ## 损失函数
    ## 判别器纹理损失
    discrim_target = tf.concat ([adv_, 1 - adv_], 1)
    loss_discrim = -tf.reduce_sum (discrim_target * tf.log (tf.clip_by_value (discrim_
predictions, 1e-10, 1.0) ) )
    loss_texture = -loss_discrim
    ## 正确预测的结果
    correct_predictions = tf.equal (tf.argmax (discrim_predictions, 1) , tf.argmax
(discrim_target, 1) )
    ## 判别器精度
    discim_accuracy = tf.reduce_mean (tf.cast (correct_predictions, tf.float32) )

    ## 内容损失
    CONTENT_LAYER = 'relu5_4'
    enhanced_vgg = vgg.net (vgg_dir, vgg.preprocess (enhanced * 255) )
    dslr_vgg = vgg.net (vgg_dir, vgg.preprocess (dslr_image * 255) )
    content_size = utils._tensor_size (dslr_vgg[CONTENT_LAYER]) * batch_size
    loss_content = 2 * tf.nn.l2_loss (enhanced_vgg[CONTENT_LAYER] - dslr_vgg[CONTENT_
LAYER]) / content_size

    ## 颜色损失
    enhanced_blur = utils.blur (enhanced)
    dslr_blur = utils.blur (dslr_image)
    loss_color = tf.reduce_sum (tf.pow (dslr_blur - enhanced_blur, 2) ) / (2 * batch_size)
```

```
## 平滑损失
batch_shape = (batch_size, PATCH_WIDTH, PATCH_HEIGHT, 3)
tv_y_size = utils._tensor_size (enhanced[:,1:,:,:])
tv_x_size = utils._tensor_size (enhanced[:,:,1:,:])
y_tv = tf.nn.l2_loss (enhanced[:,1:,:,:] - enhanced[:,:batch_shape[1]-1,:,:])
x_tv = tf.nn.l2_loss (enhanced[:,:,1:,:] - enhanced[:,:,:batch_shape[2]-1,:])
loss_tv = 2 * (x_tv/tv_x_size + y_tv/tv_y_size) / batch_size

## 生成器的完整损失，为内容损失、颜色损失、纹理损失、平滑损失的加权
loss_generator = w_content * loss_content + w_texture * loss_texture + w_color * loss_
color + w_tv * loss_tv

## PSNR 指标计算
enhanced_flat = tf.reshape (enhanced, [-1, PATCH_SIZE])
loss_mse = tf.reduce_sum (tf.pow (dslr_ - enhanced_flat, 2) ) / (PATCH_SIZE * batch_size)
loss_psnr = 20 * utils.log10 (1.0 / tf.sqrt (loss_mse) )
```

另外，我们还会计算多尺度的 SSIM 指标来评估模型的好坏，它的定义如下。

```
## 高斯核函数计算
def _FSpecialGauss (size, sigma) :
    radius = size // 2
    offset = 0.0
    start, stop = -radius, radius + 1
    if size % 2 == 0:
      offset = 0.5
      stop -= 1

    x, y = np.mgrid[offset + start:stop, offset + start:stop]
    g = np.exp (- ( (x**2 + y**2) / (2.0 * sigma**2) ) )
    return g / g.sum ()

## SSIM指标计算
def _SSIMForMultiScale (img1, img2, max_val=255, filter_size=11, filter_sigma=1.5, k1=0.01,
k2=0.03) :

    img1 = img1.astype (np.float64)
    img2 = img2.astype (np.float64)
    _, height, width, _ = img1.shape
    size = min (filter_size, height, width)
    sigma = size * filter_sigma / filter_size if filter_size else 0

    ## 根据SSIM的公式进行计算，详细公式可以参考本书第4章的内容
    if filter_size:
      window = np.reshape (_FSpecialGauss (size, sigma) , (1, size, size, 1) )
      mu1 = signal.fftconvolve (img1, window, mode='valid')
      mu2 = signal.fftconvolve (img2, window, mode='valid')
      sigma11 = signal.fftconvolve (img1 * img1, window, mode='valid')
```

```
        sigma22 = signal.fftconvolve (img2 * img2, window, mode='valid')
        sigma12 = signal.fftconvolve (img1 * img2, window, mode='valid')
    else:
        mu1, mu2 = img1, img2
        sigma11 = img1 * img1
        sigma22 = img2 * img2
        sigma12 = img1 * img2

    mu11 = mu1 * mu1
    mu22 = mu2 * mu2
    mu12 = mu1 * mu2
    sigma11 -= mu11
    sigma22 -= mu22
    sigma12 -= mu12
    c1 = (k1 * max_val) ** 2
    c2 = (k2 * max_val) ** 2
    v1 = 2.0 * sigma12 + c2
    v2 = sigma11 + sigma22 + c2

    ssim = np.mean ((((2.0 * mu12 + c1) * v1) / ((mu11 + mu22 + c1) * v2)))
    cs = np.mean (v1 / v2)

    return ssim, cs

## 多尺度的SSIM指标计算
def MultiScaleSSIM (img1, img2, max_val=255, filter_size=11, filter_sigma=1.5, k1=0.01,
k2=0.03, weights=None) :
    ## 各个尺度的权重
    weights = np.array (weights if weights else [0.0448, 0.2856, 0.3001, 0.2363, 0.1333])
    levels = weights.size

    downsample_filter = np.ones ((1, 2, 2, 1)) / 4.0
    im1, im2 = [x.astype (np.float64) for x in [img1, img2]]

    mssim = np.array ([])
    mcs = np.array ([])

    ## 计算各个尺度的SSIM指标
    for _ in range (levels) :
        ssim, cs = _SSIMForMultiScale (im1, im2, max_val=max_val, filter_size=filter_size,
filter_sigma=filter_sigma, k1=k1, k2=k2)
        mssim = np.append (mssim, ssim)
        mcs = np.append (mcs, cs)
        filtered = [convolve (im, downsample_filter, mode='reflect') for im in [im1, im2]]
        im1, im2 = [x[:, ::2, ::2, :] for x in filtered]

    return np.prod (mcs[0:levels-1] ** weights[0:levels-1]) * (mssim[levels-1] **
weights[levels-1])
```

5.4.2 模型训练

下面我们来完成模型的训练、可视化以及结果评估。

1. 训练代码

训练使用的图像大小为 100px × 100px，优化方法为 Adam，学习率为 0.0005，batch_size 为 50，内容损失函数权重 w_content 为 10，颜色损失函数权重 w_color 为 0.5，纹理损失函数权重 w_texture 为 1，平滑损失函数权重 w_tv 为 2000。

由于损失函数等部分已经定义过，下面我们只展示其中核心的训练迭代过程，代码如下。

```
## 训练迭代过程
for i in range (num_train_iters) :
    # 训练生成器
    idx_train = np.random.randint (0, train_size, batch_size) ##随机生成idx_train
    phone_images = train_data[idx_train] ##低质量图像
    dslr_images = train_answ[idx_train] ##高质量图像

    [loss_temp, temp] = sess.run ([loss_generator, train_step_gen],
                    feed_dict={phone_: phone_images, dslr_: dslr_images, adv_: all_zeros})
    train_loss_gen += loss_temp / eval_step

    # 训练判别器
    idx_train = np.random.randint (0, train_size, batch_size)
    # generate image swaps (dslr or enhanced) for discriminator
    swaps = np.reshape (np.random.randint (0, 2, batch_size) , [batch_size, 1])
    phone_images = train_data[idx_train]
    dslr_images = train_answ[idx_train]

    [accuracy_temp, temp] = sess.run ([discim_accuracy, train_step_disc],
                    feed_dict={phone_: phone_images, dslr_: dslr_images, adv_: swaps})
    train_acc_discrim += accuracy_temp / eval_step

    if i % eval_step == 0:
        ## 测试生成器和判别器
        test_losses_gen = np.zeros ( (1, 6) )
        test_accuracy_disc = 0.0
        loss_ssim = 0.0

        for j in range (num_test_batches) :
            be = j * batch_size
            en = (j+1) * batch_size
            swaps = np.reshape (np.random.randint (0, 2, batch_size) , [batch_size, 1])
            phone_images = test_data[be:en]
            dslr_images = test_answ[be:en]
            [enhanced_crops, accuracy_disc, losses] = sess.run ([enhanced, discim_accuracy, \
```

```
                            [loss_generator, loss_content, loss_color, loss_texture, loss_
                            tv, loss_psnr]], \
                            feed_dict={phone_: phone_images, dslr_: dslr_images, adv_: swaps})

            test_losses_gen += np.asarray (losses) / num_test_batches
            test_accuracy_disc += accuracy_disc / num_test_batches
            loss_ssim += MultiScaleSSIM (np.reshape (dslr_images * 255, [batch_size, PATCH_
HEIGHT, PATCH_WIDTH, 3]) , enhanced_crops * 255) / num_test_batches

        logs_disc = "step %d, %s | discriminator accuracy | train: %.4g, test: %.4g" % \ (i,
phone, train_acc_discrim, test_accuracy_disc)
        logs_gen = "generator losses | train: %.4g, test: %.4g | content: %.4g, color: %.4g,
texture: %.4g, tv: %.4g | psnr: %.4g, ssim: %.4g\n" % \
                (train_loss_gen, test_losses_gen[0][0], test_losses_gen[0][1], test_
losses_gen[0][2],
                test_losses_gen[0][3], test_losses_gen[0][4], test_losses_gen[0][5],
loss_ssim)
        ## 存储日志文件
        logs = open ('models/' + phone + '.txt', "a")
        logs.write (logs_disc)
        logs.write ('\n')
        logs.write (logs_gen)
        logs.write ('\n')
        logs.close ()

        ## 存储可视化结果
        enhanced_crops = sess.run (enhanced, feed_dict={phone_: test_crops, dslr_: dslr_
images, adv_: all_zeros})
        idx = 0
        for crop in enhanced_crops:
            before_after = np.hstack ( (np.reshape (test_crops[idx], [PATCH_HEIGHT, PATCH_
WIDTH, 3]) , crop) )
            misc.imsave ('results/' + str (phone) + "_" + str (idx) + '_iteration_' + str
(i) + '.jpg', before_after)
            idx += 1

        train_loss_gen = 0.0
        train_acc_discrim = 0.0

        ## 存储模型
        saver.save (sess, 'models/' + str (phone) + '_iteration_' + str (i) + '.ckpt',
write_meta_graph=False)

        ## 重新载入下一个batch的数据
        del train_data
        del train_answ
        train_data, train_answ = load_batch (phone, dped_dir, train_size, PATCH_SIZE)
```

2. 训练结果

图 5.20 展示了迭代 20000 次之后的 PSNR 和 SSIM 曲线。

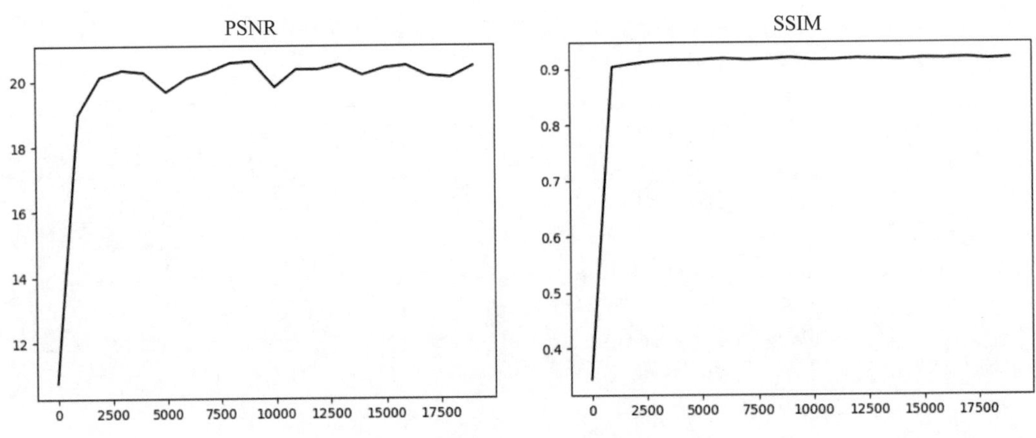

图 5.20 PSNR 和 SSIM 曲线

从图 5.20 可以看出，模型已经收敛，SSIM 收敛到 0.91 左右，PSNR 收敛到 20 左右。

5.4.3 模型测试

下面我们使用真实拍摄的图像来测试该模型的结果。

1. 测试代码

完整的测试代码如下。

```
from scipy import misc
import numpy as np
import tensorflow as tf
from models import resnet
import utils
import os
import sys

IMAGE_HEIGHT = 1536 ##测试图像高度
IMAGE_WIDTH = 2048 ##测试图像宽度
IMAGE_SIZE = 1536*2048*3 ##测试图像像素数

## 创建输入占位符
x_ = tf.placeholder (tf.float32, [None, IMAGE_SIZE])
x_image = tf.reshape (x_, [-1, IMAGE_HEIGHT, IMAGE_WIDTH, 3])
enhanced = resnet (x_image)
use_gpu = True
```

```
config = tf.ConfigProto (device_count={'GPU': 0}) if use_gpu == False else None #配置变量

## 测试主代码
with tf.Session (config=config) as sess:
   test_dir = sys.argv[1] ##测试文件夹目录
   ## 遍历目录
   test_photos = [f for f in os.listdir (test_dir) if os.path.isfile (test_dir + f) ]
   ## 载入模型
   saver = tf.train.Saver ()
   saver.restore (sess, "models/iphone ")
   for photo in test_photos:
   ##读取图像
      image = np.float16 (misc.imresize (misc.imread (test_dir + photo) , [IMAGE_
HEIGHT,IMAGE_WIDTH]) ) / 255
      image_crop_2d = np.reshape (image, [1, IMAGE_SIZE])
      enhanced_2d = sess.run (enhanced, feed_dict={x_: image_crop_2d})
      enhanced_image = np.reshape (enhanced_2d, [IMAGE_HEIGHT, IMAGE_WIDTH, 3])
      photo_name = photo.rsplit (".", 1) [0]
      misc.imsave (sys.argv[2] + photo_name + "_enhanced.png", enhanced_image)
```

2. 低亮度与对比度图像测试结果

接下来看一些低亮度与对比度图像测试结果，如图 5.21 所示。

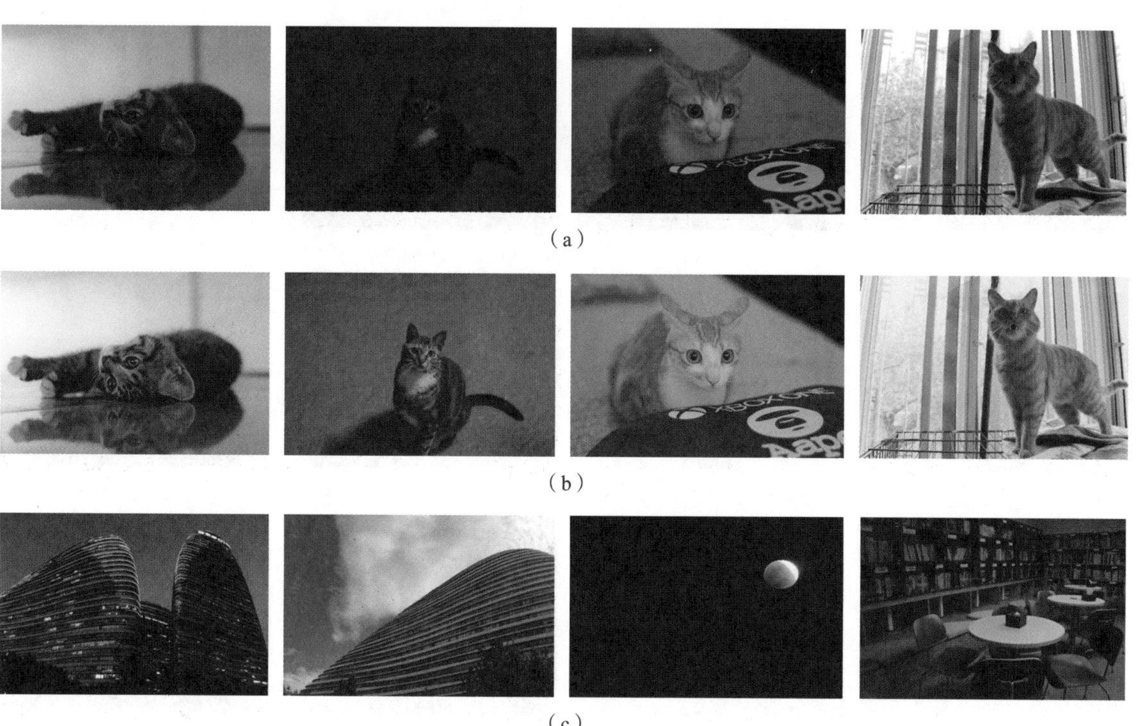

(a)

(b)

(c)

图 5.21　低亮度与对比度图像测试结果

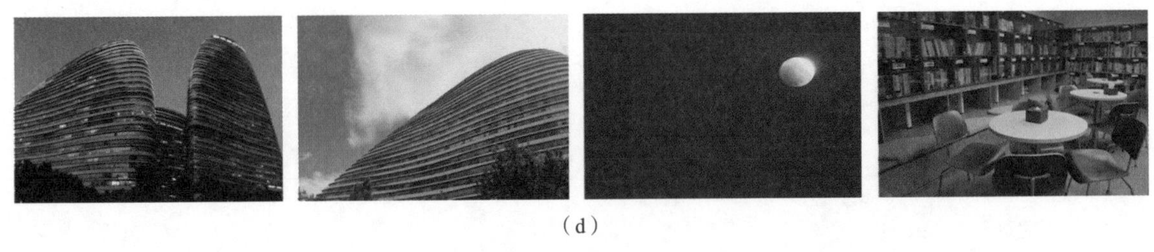

（d）

图 5.21 低亮度与对比度图像测试结果（续）

其中，图 5.21（a）和图 5.21（c）是原图，图 5.21（b）和图 5.21（d）是增强后的图。可以看出，该模型能够很好地增强图像的画质，不过也为夜景图带来了较多噪声。

3. 高质量图像测试结果

一个好的图像增强方法，不仅要能够对低质量图像进行增强，对于高质量图像也不应该过度改变。下面我们再查看一些本身质量很高或者经过了笔者后期调整的图像的增强效果，如图 5.22 所示。

（a）

（b）

（c）

（d）

图 5.22 高质量图像测试结果

其中，图 5.22（a）和图 5.22（c）是原图，图 5.22（b）和图 5.22（d）是增强后的图。可以看出，该模型仍然会对原图进行亮度和对比度的调整，尤其是对于图 5.22（c）中最后一张图，模型无法理解原图的美学价值，经过增强后会得到比较差的效果。总的来说，该模型会存在过度增强的危险。

5.5 小结

本章介绍了图像增强基础、传统的图像对比度与色调增强方法以及深度学习对比度与色调增强方法，然后在 5.4 节中进行了实践。

在 5.1 节图像增强基础部分，重点讲解了图像增强中的亮度与对比度增强、清晰度增强、饱和度增强，展示了它对提升摄影作品美学价值的重要性。介绍了图像增强相关的数据集，包括了人工后期调整的数据集和不同曝光参数对比的数据集。

在 5.2 节传统图像对比度增强和色调方法部分，介绍了像素灰度映射中的伽马变换、直方图均衡化等操作，以及经典的 Retinex 理论。

在 5.3 节中对深度学习对比度与色调增强方法部分，介绍了基于像素回归和参数预测的两大类方法，对比了各自的特点。

在 5.4 节中训练了基于 GAN 的深度学习对比度和色调增强模型，对高质量图和低质量图都进行了实验验证。

目前自动的图像对比度和色调增强已经取得了一定进展，但是还有一些重要问题也值得关注，包括训练数据的获取，模型输入格式。

1. 训练数据获取

与美学评估问题相似，图像增强是一个非常主观的问题，没有一对一的标准答案，甚至因为人的审美而产生非常大的差异。当前的数据集多半将单反相机拍摄的图作为高质量图，手机等设备拍摄的图作为低质量图，但这其实并不是完全合理的。以 Abode FiveK 为代表的数据集则提供了大量不同专家的修图结果，可以用于对某一个专家或者某一类修图风格的学习，这是一个针对人群审美差异的解决方案。

2. 模型输入格式

在大部分图像处理任务中，我们使用的是经过压缩后的 JPG 图像，而在摄影类的图像处理中，常常会使用无损的格式输入，比如相机的原生格式 CR2、TIFF 等。上述我们介绍的模型中多使用 RGB 图像作为训练图，也有一些研究者使用了原始图片 RAW 格式作为训练输入 [12]，因为它比 8 位的 RGB 图像要包括更丰富的信息，能取得更好的结果。

参考文献

[1] BYCHKOVSKY V, PARIS S, CHAN E, et al. Learning Photographic Global Tonal Adjustment with a Database of Input/Output Image Pairs[C]//CVPR 2011. IEEE, 2011: 97-104.

[2] IGNATOV A, KOBYSHEV N, TIMOFTE R, et al. DSLR-Quality Photos on Mobile Devices with Deep Convolutional Networks[C]//Proceedings of the IEEE International Conference on DSLR-quality photos on mobile Computer Vision, 2017: 3277-3285.

[3] CHEN C, CHEN Q, XU J, et al. Learning to See in the Dark[C]//Proceedings of the IEEE Conference on Computer Vision and Pattern Recognition, 2018: 3291-3300.

[4] LAND E H. The Retinex Theory of Color Vision[J]. Scientific American, 1977, 237（6）: 108-129.

[5] CHEN Q, XU J, KOLTUN V. Fast Image Processing with Fully-Convolutional Networks[C]//Proceedings of the IEEE International Conference on Computer Vision, 2017: 2497-2506.

[6] YU F, KOLTUN V. Multi-Scale Context Aggregation by Dilated Convolutions[C]//International Conference on Learning Representations(ICLR),2016.

[7] TALEBI H, MILANFAR P. Learned Perceptual Image Enhancement[C]//2018 IEEE International Conference on Computational Photography（ICCP）. IEEE, 2018: 1-13.

[8] IGNATOV A, KOBYSHEV N, TIMOFTE R, et al. WESPE: Weakly Supervised Photo Enhancer for Digital Cameras[C]//Proceedings of the IEEE Conference on Computer Vision and Pattern Recognition Workshops, 2018: 691-700.

[9] CHEN Y S, WANG Y C, KAO M H, et al. Deep Photo Enhancer: Unpaired Learning for Image Enhancement from Photographs with Gans[C]//Proceedings of the IEEE Conference on Computer Vision and Pattern Recognition, 2018: 6306-6314.

[10] GHARBI M, CHEN J, BARRON J T, et al. Deep Bilateral Learning for Real-Time Image Enhancement[J]. ACM Transactions on Graphics（TOG）, 2017, 36（4）: 118.

[11] HU Y, HE H, XU C, et al. Exposure: A White-Box Photo Post-Processing Framework[J]. ACM Transactions on Graphics（TOG）, 2018, 37（2）: 26.

[12] CHEN C, CHEN Q, XU J, et al. Learning to See in the Dark[C]//Proceedings of the IEEE Conference on Computer Vision and Pattern Recognition, 2018: 3291-3300.

第 6 章

人脸美颜与美妆

美颜与美妆是摄影后期常见的技术，尤其是美颜，这是人像摄影后期经常要使用的。本章介绍图像美颜与美妆中常用的技术和深度学习在图像美颜与美妆中的应用。

- 美颜与美妆技术的种类和应用场景
- 基于滤波和变形的传统美颜算法
- 妆造迁移算法
- 妆造迁移算法实战

6.1

美颜与美妆技术的种类和应用场景

美颜技术主要用于提升人脸的漂亮程度，包括使面部形状更加精致、皮肤更加光滑白皙、色泽更加饱满亮丽等。美妆技术多指给人脸做后期的妆容造型（简称妆造），如唇彩、眼影等相关的调整。本节主要介绍美颜与美妆技术的种类和应用场景。

> 小提示
>
> 目前在 PC 端常用的工具有 Photoshop 和一系列相关的美颜插件，在移动端常用的工具有美图秀秀、天天 P 图，以及陌陌等直播平台中的在线美颜技术等。

1. 五官重塑

五官重塑是对人脸及其各个子区域的形状调整，包括脸部、眼睛、鼻子、嘴巴、眉毛等部位。

脸部的调整包括整体的轮廓、下巴以及额头局部形状和大小等。

眼睛的调整包括整体的大小和位置、眼高(上、下眼睑的距离)、眼距(左、右眼的距离)、眼睛的角度以及眼袋等。

鼻子的调整包括整体的大小和位置、鼻翼、鼻尖、鼻梁等。

嘴巴的调整包括整体的大小和位置、嘴宽、嘴唇的厚度以及表情等，如果露出牙齿还可以对牙齿进行美白等处理。

眉毛的调整包括位置、眉距、形状和倾斜度等。

以 Photoshop 中的液化工具为例，它包括以上大部分调整工具，同时还可以对镜头畸变产生的人脸影响进行调整，具体工具菜单如图 6.1 所示。

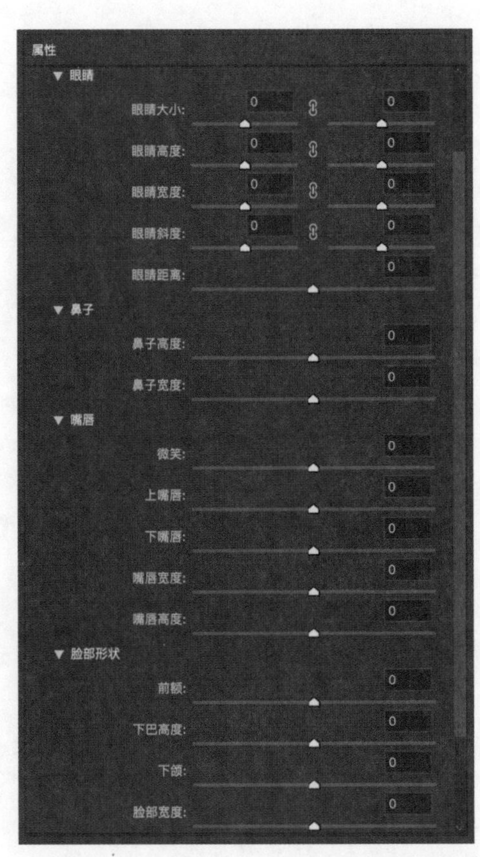

图 6.1 Photoshop 液化工具菜单

2. 磨皮与美白、肤色调整

所谓“磨皮”，是指使皮肤变得更加光滑。磨皮一般使用图像处理技术中的一些滤波算法，包括高斯滤波、双边滤波等。

在图像处理领域，8 位宽的图像使用红色、绿色、蓝色三原色来保存颜色信息，3 个值的灰度取值范围是 0~255。数值越靠近 0，图像就越黑，等于 0 时即纯黑色；数值越靠近 255，图像就越白，等于 255 时即纯白色。美白技术是通过灰度值调整人脸的亮度，更亮的图像会显得人脸更加干净，它通常和磨皮技术一起使用。

还可以基于不同的肤色模型，调整肤色以获得白皙或红润等效果。

3. 美妆

美妆就是给图像中的人脸化妆，包括眼睛、嘴唇、头发等区域，用于模拟真实的人脸化妆操作。通常来说，我们会首先定位到人脸的各个区域，然后分别应用对应的美妆算法。

还可以基于数据驱动来进行妆造迁移，即将某一个人脸的妆容迁移到另一个人脸上。

6.2 基于滤波和变形的传统美颜算法

在深度学习技术流行之前，人脸美颜算法就发展了许多年，其中以滤波和变形算法为主，它们可以被应用于五官重塑、磨皮、美白。本节介绍美颜的核心技术。

6.2.1 五官重塑算法

脸形对“颜值”的影响较大，眼睛与鼻子的大小和形状也影响颜值，因此基于面部变形的五官重塑算法是很重要的美颜技术，它的基本流程如图 6.2 所示。

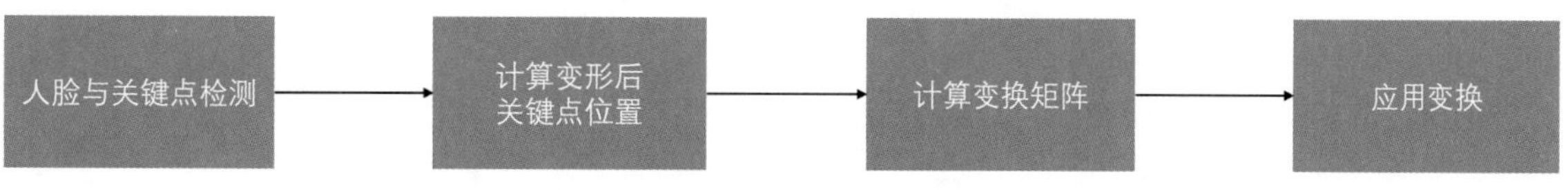

图 6.2 五官重塑算法基本流程

首先需要检测出人脸和需要进行变换的区域的关键点，然后通过参数调整获得预期的关键点位置，进行变换矩阵的计算，最后使用插值算法应用变换。

1. 变换矩阵计算

五官重塑主要包括对目标区域进行放大、缩小以及形变等操作，需要估计出变形映射关系后，从变形前的坐标得到变形后的坐标。不同的变形（即仿射变换）操作，将得到不同的变形效果，包括平移、缩放、旋转等。常见的仿射变换如图 6.3 所示。

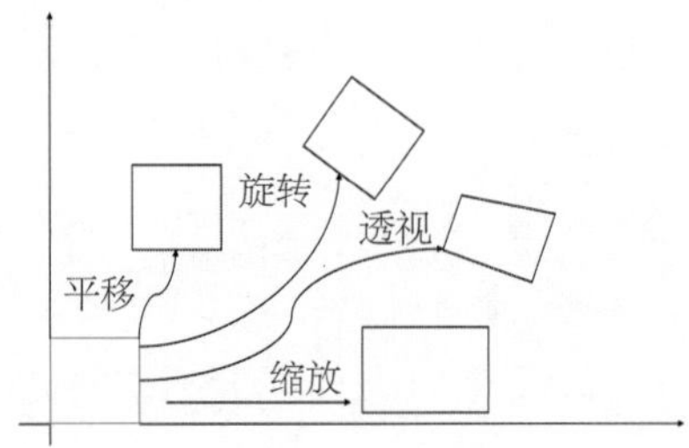

图 6.3 常见的仿射变换

基本的仿射变换操作只需要一个 2 × 3 的变换矩阵即可完成，如下。

$$\begin{pmatrix} \theta_{11} \, \theta_{12} \, \theta_{13} \\ \theta_{21} \, \theta_{22} \, \theta_{23} \end{pmatrix} \quad \text{式（6.1）}$$

仿射变换操作计算如下。

$$\begin{pmatrix} \theta_{11} \, \theta_{12} \, \theta_{13} \\ \theta_{21} \, \theta_{22} \, \theta_{23} \end{pmatrix} \times \begin{pmatrix} x \\ y \\ 1 \end{pmatrix} = \begin{pmatrix} \theta_{11} x + \theta_{12} y + \theta_{13} \\ \theta_{21} x + \theta_{22} y + \theta_{23} \end{pmatrix} \quad \text{式（6.2）}$$

作为一种二维坐标到二维坐标之间的线性变换，仿射变换作用在同一个平面，作用前后二维图形之间的相对位置关系保持不变，平移、缩放、旋转都是仿射变换中的特例。

那么如何对变换矩阵进行计算呢？

以 OpenCV 中的 getAffineTransform 函数为例，它计算的就是 2 × 3 的仿射变换矩阵，最少通过 3 组点对就可以完成计算，使用的方法以最小二乘法 [1] 为代表。

假设 p 为原图像中点的位置，q 为变形后点的位置，那么需要最小化下面的公式。

$$\sum_i w_i \, |L_v(p_i) - q_i|^2 \quad \text{式（6.3）}$$

其中 w_i 是各个点的权重。式（6.3）可以改写为如下形式。

$$\sum_i \hat{w}_i \, |p_i M - \hat{q}_i|^2 \quad \text{式（6.4）}$$

其中 $\hat{p}_i$ 和 $\hat{q}_i$ 分别是 p_i 和 q_i 减去它们各用 w_i 加权计算后的平均值。式 (6.4) 有经典的解析解，如下。

$$M=(\sum_i \hat{p}_i^{\mathrm{T}} w_i \hat{p}_i)^{-1}(\sum_j w_j \hat{p}_j^{\mathrm{T}} \hat{q}_j) \quad 式(6.5)$$

得到了矩阵之后就可以应用变换，可以调用 OpenCV 中的 warpAffine 函数，它输入原始图像和变换矩阵 M，就能得到变换结果，解决了像素的密集映射问题。

2. 插值算法

如果直接由仿射变换矩阵对输入求解得到输出坐标点，则该方法是前向映射方法。设 x_i^s、y_i^s 为原始图像空间，x_i^t、y_i^t 为目标图像空间。

它扫描输入图像的像素，并在每一个位置 (x_i^s,y_i^s) 直接计算输出图像中像素的空间位置 (x_i^t,y_i^t)。前向映射的一个问题是输入图像的多个像素会映射到输出图像的同一个位置，而某些输出位置则可能完全没有像素，造成了像素重叠和空洞问题，所以逆向映射比前向映射更加常用。

> 小提示
>
> 所谓逆向仿射变换，就是首先根据仿射变换生成输出坐标点，然后到输入图像中采样。它扫描输出图像的位置，并在每一个位置处使用 $(x_i^s,y_i^s)=\mathrm{T}^{-1}(x_i^t,y_i^t)$ 反向计算输入图像相应的位置，然后进行插值，一般使用最邻近、双线性、双三次内插等方法。

6.2.2　基于滤波的磨皮算法

“磨皮”使皮肤变得更加光滑，它一般使用图像处理技术中的一些滤波算法，本书第 4 章中介绍了许多滤波算法，因此这里就不再做过多的介绍。

磨皮算法的主要挑战有两个。一个是如何平衡磨皮的幅度，如果滤波程度过深，则会出现很不自然的效果，因此需要进行比较精细的调参。另一个就是如何自适应地分区美颜，面部的不同区域所需要的磨皮程度不同，对于大部分的面部皮肤，可以进行较高程度的滤波磨皮；而对于眼睛等部位，则必须很好地保持明显的边缘以免模糊五官。

> 小提示
>
> 自动美颜算法常常使用关键点定位、图像分割等算法定位到相关区域，然后应用相关的美颜算法。

6.2.3 基于肤色模型的美白与肤色算法

美白算法用于改变皮肤的亮度与颜色，可以改变整体的亮度值，也可以在诸如白皙和红润之间进行调整。去油光算法背后主要是各类肤色模型。

1. 肤色检测

肤色检测算法可分两大类，一类是基于颜色空间统计模型的算法，另一类是基于机器学习的算法。

基于颜色空间统计模型的算法需要首先定义一个肤色模型，这通常是在某一个颜色空间内，基于先验知识将处在一定范围内的像素分类为肤色区域，常采用基于 YCrCb 颜色空间的肤色高斯模型，如图 6.4 所示。

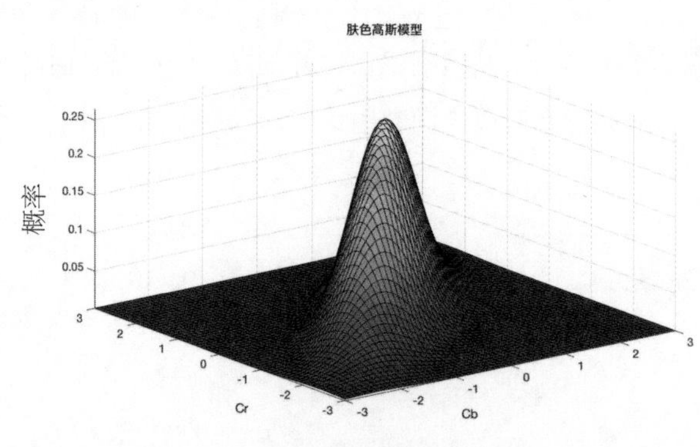

图 6.4 肤色高斯模型

研究人员通过统计发现正常黄种人的 Cr 分量大约为 133~173，Cb 分量大约为 77~127，因此我们可以根据这两个颜色通道来对肤色区域进行分割，获取对应的掩膜，再做一些简单的后处理。

基于肤色模型的肤色检测算法局限比较大，它非常容易受到光照的干扰，针对不同的肤色需要不同的模型，因此现在主流的算法是使用机器学习的算法分割出肤色区域，如今它可以获得非常高的精度。

2. 肤色调整

获得了肤色区域后，接下来就是应用肤色算法，常见的包括调整皮肤亮度的美白算法、调整皮肤颜色的肤质算法。

美白算法中最常见的就是 Gamma 变换等对比度调整算法，该算法可以通过控制 Gamma 值获得不同的灰度映射，将低灰度的图像映射到更高的灰度。处理的时候可以将图像转换到 HSV 或者 CIELab 颜色空间中，对相应的亮度通道应用对比度调整算法。

肤质算法常常需要在白皙和红润之间取得平衡，它同样可以将图像转换到 HSV 或者 CIELab 颜色空间中，然后调整对应的颜色通道，如红色通道就可以控制不同的肤质。

此外，针对眼睛的提亮算法略有差异，因为眼睛的亮度不只是体现在绝对值，也体现在眼珠和周围区域的对比度，因此还必须考虑与周围像素的灰度差异。

6.3 妆造迁移算法

妆造迁移算法指的是将一张人像中的妆造迁移到任意一张人像中，这是美颜算法中比较新也比较复杂的技术。下面我们分别介绍传统妆造迁移算法和深度学习妆造迁移算法。

6.3.1 传统妆造迁移算法

首先我们给大家介绍传统妆造迁移算法，根据对数据集要求的不同算法可以分为两类，第一类需要成对的妆造前后的图，第二类只需要妆造前的图。

1. 基于梯度约束和成对图的算法

基于成对图的算法，需要同一张人脸图像妆造前后的对比图，对数据集的要求很高，以 *Example-Based Cosmetic Transfer*[2] 中的算法为例。

假如 a 和 a^* 是成对的无妆造和有妆造的图，b 是需要进行妆造迁移的图，b^* 是最终的效果，该方法通常包括 3 个步骤。

第 1 步是面部区域定位和对齐。首先需要完成人脸的检测，眉毛和睫毛、嘴唇等需要妆造迁移的区域的检测，对妆造迁移算法会产生干扰的固有皮肤特征，如雀斑、痣或瑕疵的去除。然后需要对面部几何形状进行变形，获得标准的正脸，从而使得所有的操作可以在正脸上进行。

第 2 步是妆容映射（Cosmetic Map）。相应算法将人脸图像分解为颜色和光照两部分的乘积，通过计算妆造前后的光照密度对比图 c_p 来完成迁移，计算方法如下。

$$c_p = a^*_p / a_p \qquad 式（6.6）$$

得到 c_p 后使用一个加权操作将该对比图应用到图 b 中，如下。

$$b^*_p = b_p(\gamma(c_p - 1) + 1) \qquad 式（6.7）$$

γ 是一个加权系数，越大则迁移效果越明显。

第 3 步是外观修正。式（6.7）只有当样例图和目标图有完全相同的几何结构和光照，并且精确对齐时才能成立，而这基本上是不可能的，因此还需要对它进行局部几何变换修正，即将样例图的二阶拉普拉斯信息映射到目标图中，其估计方法如下。

$$\Delta b_p^*=\Delta(\beta b_p+(1-\beta)a_p^*)$$ 式（6.8）

由于式（6.8）等号右边是确定的值，β 是权重参数，因此我们只需要修改 b_p^* 使其满足式（6.8），这通过 iterative Gauss-Seidel solver 算法来实现。

对于眼睛和睫毛部分，可以使用更加复杂的变换，睫毛和眉毛的浓妆效果需要更精细的处理，包括毛发的长度、颜色和密度。

该算法有以下几点局限性。

（1）要求肤色相近，背景单一，这限制了应用场景。

（2）无法适应比较大的几何变换。

（3）需要成对的妆造对比图进行训练，获取这样的数据需要很高的成本。

2. 基于物理模型和非成对图的算法

成对的妆造对比图获取代价高昂，*Digital Face Makeup by Example*[3] 中的算法提出了人脸分层模型，不需要成对的样本图，只需要输入两张图像，一张是目标图像 I，另一张是参考的样例妆造图像 ε，R 是结果图，其流程如图 6.5 所示。

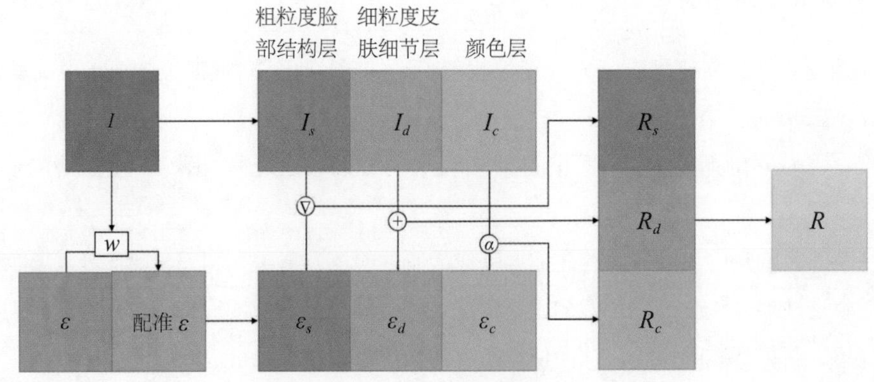

图 6.5 人脸分层模型的流程

该算法主要分为 4 步。

第 1 步：将 I 和 ε 进行人脸对齐。因为我们是在像素点级别进行迁移的，所以人脸的对齐是很有必要的。人脸对齐采用了薄板样条函数（Thin Plate Spline，TPS），这是一种在图像配准中很常见的插值算法。同时使用了 ASM 算法来定位关键点，为了提高准确度还进行了人工调整，并增加了 10 个额头控制点，最终得到了 83 个关键点。

第 2 步：对 I 和 ε 分别进行分解。该算法将图像转换到 CIELAB 颜色空间，然后对图像进行了分层建模。L 层被认为是光照层（Lightness Layer），可以被分解为粗粒度脸部结构层（Face Structure Layer）和细粒度皮肤细节层（Skin Detail Layer）。具体的实现就是将光照层执行一个边缘保持的滤波（Edge-Preserving Smoothing）操作得到 Large-scale Layer，然后将光照层减去 Large-scale Layer 得到皮肤细节层。剩下的两个通道 a^* 和 b^* 则被认为是颜色层（Color Layer）。

第 3 步：将分解后的图像进行不同的处理，两个皮肤细节层直接相加，颜色层使用一个 Alpha Blending（透明度融合）进行融合，对人脸结构中的高光和阴影部分则使用梯度进行迁移。

第 4 步：将得到的 3 部分组合在一起。

注意到嘴唇化妆和脸部是很不一样的。在物理化妆中，嘴唇上的化妆品（如口红）通常会保留或突出嘴唇的质感，而不是像在面部皮肤上那样隐藏，处理方法是对目标图 I 中的每一个像素，从妆造图中搜索匹配的像素进行替换，此时会同时用到 L 层的像素值和空间位置信息。

该算法原理清晰，不需要使用成对的数据，且不需要进行训练，但是需要输入图和妆造图进行精确的对齐，这减弱了该类算法的实用性。

6.3.2 深度学习妆造迁移算法

深度学习妆造迁移算法利用深度学习技术来自动完成妆造迁移，主要包括基于匹配的妆造迁移算法和基于 GAN 妆造迁移的算法等。

1. 基于匹配的妆造迁移算法

基于匹配的妆造迁移算法[4]的主要思路是对人像进行五官分析，获取肤色、眉毛颜色、唇色等信息后，进行不同妆容的最佳匹配推荐，最后上妆，其完整流程如图 6.6 所示。

图 6.6 基于匹配的妆造迁移算法的完整流程

首先是风格推荐，主要从已上妆人脸数据集中挑选与当前素颜人脸最相近的图像。具体方法是使用人脸识别网络，选取该网络输出的人脸特征的欧氏距离最小者作为推荐结果。

然后是人脸分割，主要进行五官提取，采用全卷积图像分割网络完成。对于已上妆数据集中的眼影部分妆造，素颜图像没有对应的原则，则根据眉眼特征点定位给出眼影区域。由于妆容分割的前景部分相对于背景更重要，网络对这两部分的损失进行了加权。

最后是妆造迁移，妆造包括粉底（对应面部）、唇彩（对应双唇）、眼影（对应双眼）。

粉底迁移和唇彩迁移的原理类似，需要考虑颜色和纹理，该算法利用了风格化网络来实现，使用参考图和目标图的格拉姆矩阵（Gram Matrix）作为损失函数，风格化网络直接参考 Gaty 等人提出的模型。

而眼影迁移略有不同，因为它不是直接改变双眼像素，而是要给眼睛部位添加眼影，必须同时考虑眼睛的形状和颜色。考虑到参考图的眼睛掩膜和目标图的眼睛掩膜，两者具有不同的大小和形状，但是经过变形到目标图中后，两者具有相同的大小和形状。眼影迁移就是要将参考图掩膜处的眼影特征迁移到目标图中，因此不在原图中实现，而是在特征空间中进行约束，这里使用了 conv1_1 的特征。

$$A^{*}=\underset{A\in R^{H\times W\times C}}{\arg\min}R_l(A)=\underset{A\in R^{H\times W\times C}}{\arg\min}\|P(\Omega^{l}(A(s'_b)))-P(\Omega^{l}(R(s'_r)))\|_2^2 \quad \text{式（6.9）}$$

优化目标如式（6.9），其中 A 是结果图，R 是参考图，s_r 是参考图的掩膜，s_b 是经过仿射变换后的待上妆图的掩膜，它们的尺度大小相等。s'_b 和 s'_r 是 s_b 和 s_r 的卷积结果图，因为卷积降低了维度，所以通常来说就是一个比例缩放。因此上面的 $A(s'_b)$ 代表的是结果图掩膜部分，$R(s'_r)$ 代表的是参考图掩膜部分，P 表示人脸分割网络模型，提取出特征后最小化两者之间的 L2 损失。

为了让结果更好，还添加了全微分 (Total Variance) 损失和全图的结构损失，通过更改其中的权重变量，可以控制妆造的程度，如让眼影变得更深。

2. 基于 GAN 的妆造迁移算法

GAN 如今在很多计算机视觉领域中都有广泛的应用，本书中的第 4 章、第 5 章等也介绍了众多的内容，接下来我们介绍它在妆造迁移中的应用。

以 BeautyGAN[5] 为代表，它输入两张人脸图像，一张无妆造图，一张有妆造图，模型输出换妆之后的结果，即一张上妆图和一张卸妆图。

BeautyGAN 采用了经典的图像翻译结构，生成器 G 包括两个输入，分别是无妆造图 I_{src}、有妆造图 I_{ref}，通过编码器、若干个残差模块、解码器组成的生成器 G 得到两个输出，分别是上妆图 I^{B}_{src}、卸妆图 I^{A}_{ref}，结构示意图如图 6.7 所示。

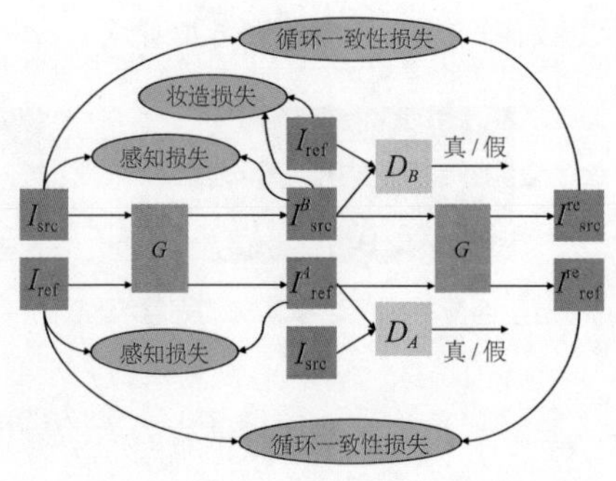

图 6.7 BeautyGAN 算法

BeautyGAN 使用了两个判别器 D_A 和 D_B，其中 D_A 用于区分真 / 假无妆造图，D_B 用于区分真 / 假有妆造图。

除了基本的 GAN 损失之外，BeautyGAN 包含 3 个重要的损失，分别是循环一致性损失（Cycle Consistency Loss）、感知损失（Perceptual Loss）、妆造损失（Makeup Loss），前两个是全局损失，最后一个是局部损失。

为了消除迁移细节的瑕疵，将上妆图 I^{B}_{src} 和卸妆图 I^{A}_{ref} 再次输入 G，重新执行一次卸妆和上妆，得到两张重建图 I^{re}_{src} 和卸妆图 I^{re}_{ref}，此时通过循环一致性损失约束一张图经过两次 G 变换后与对应的原始图相同。因为生成器的输入包含一对图，所以与 CycleGAN 的不同之处在于这里使用了同一个生成器 G，该损失用于维持图像的背景信息，具体的损失定义与 CycleGAN 相同，这里不赘述。

上妆和卸妆不能改变原始的人物身份信息，这可以通过基于 VGG 模型的感知损失进行约束，定义如下。

$$L_{per}=\frac{1}{C_l\times H_l\times W_l}\ \Sigma_{ijk} E_l$$ 式（6.10）

其中 C_l、H_l、W_l 分别是网络第 l 层的通道数、特征图高度和特征图宽度。E_l 是特征的欧氏距离，包含两部分，如下。

$$E_l=[F_l(I_{src})-F_l(I^B_{src})]^2_{ijk}+[F_l(I_{ref})-F_l(I^A_{ref})]^2_{ijk}$$ 式（6.11）

为了更加精确地控制局部区域的妆造效果，BeautyGAN 训练了一个语义分割网络提取人脸不同区域的掩膜，使得无妆造图和有妆造图在脸部、眼部、嘴部 3 个区域需满足妆造损失。妆造损失通过直方图匹配实现，其中一个区域的损失定义如下。

$$L_{item}=\|I^B{}_{src}-HM(I^B_{src}\circ M^1{}_{item},I_{ref}\circ M^2{}_{item})\|^2_2$$ 式（6.12）

其中，$M^1{}_{item}$、$M^2{}_{item}$ 分别表示两个 $I^B{}_{src}$ 和 I_{ref} 对应的区域掩膜，∘ 表示逐像素的相乘，item 可以分别表示脸部、眼部、嘴部 3 个区域，HM 是一个直方图匹配操作。

整个妆造损失定义如下。

$$L_{makeup}=\lambda_l L_{lips}+\lambda_s L_{shadow}+\lambda_f L_{face}$$ 式（6.13）

其中 L_{lips}、L_{shadow}、L_{face} 分别表示嘴唇、眼睛以及脸部，λ_l、λ_s、λ_f 是对应的权重。

完整的 BeautyGAN 损失定义如下。

$$L=\alpha L_{adv}+\beta L_{cyc}+\gamma L_{per}+L_{makeup}$$ 式（6.14）

3. 妆造迁移算法的难点

针对大姿态和大表情的妆造迁移问题，后续的研究者们提出了姿态稳健的改进算法 [6]，该算法包括 3 个模块，即 Makeup Distillation Network (MDNet)、Attentive Makeup Morphing (AMM) Module 以及 De-makeup Re-makeup Network (DRNet)。

Makeup Distillation Network 是一个编码器模块，它从参考的妆造图 y 中提取特征 V_y，然后使用 1×1 卷积变换为两个矩阵 γ 和 β，它们都是大小为 $1\times H\times W$ 的特征图，它编码了从内在的面部特征，如面部形状、眼睛大小，到与化妆相关的特征，如唇彩、眼影之间的关系。

原图同样会经过 Makeup Distillation Network 得到特征 V_x，但是因为原图和妆造图有很大的表情和姿态差异，所以 γ 和 β 不能直接应用于 V_x 得到最终妆造结果。Attentive Makeup Morphing Module 在原图和参考图的逐像素差异的约束下计算出变形矩阵 A，它的大小是 $HW\times HW$，这两个矩阵用于将 γ 和 β 进行变形得到 γ' 和 β'，使其可以用于原图。

变形矩阵 A 的计算考虑了两方面的信息，第一个是 Makeup Distillation Network 提取的特征 V，大小是 $C \times H \times W$；第二个是几何信息 p。这是为了保证 x 和 y 的妆造像素位置的对应，它的每一个特征图的元素计算了与 68 个人脸关键点的位置差，因此大小是 $136 \times H \times W$。p 的计算如下，其中 $f(\cdot)$，$g(\cdot)$ 分别表示取 x 和 y 坐标，l_i 即第 i 个人脸关键点。

$$p_i=[f(x_i)-f(l_1),\cdots,f(x_i)-f(l_{68}),g(x_i)-g(l_1),\cdots,g(x_i)-g(l_{68})] \quad \text{式（6.15）}$$

A 的计算如下。

$$A_{i,J}=\frac{\exp([v_i p_i]^{\mathrm{T}}[v_j p_j])I(m_x^i== m_y^j)}{\Sigma_j \exp([v_i p_i]^{\mathrm{T}}[v_j p_j])I(m_x^i== m_y^j)} \quad \text{式（6.16）}$$

其中 m_x^i 表示原图 x 的第 i 个像素的人脸分割掩膜结果，m_y^j 表示妆造图 y 的第 j 个像素的人脸分割掩膜结果，当两者同属于某一个语义区域（如嘴唇）时，I（$m_x^i==m_y^j$）等于 1，否则等于 0。

得到 A 之后，就可以对 γ 和 β 进行变换，计算方法如下。

$$\gamma'_i=\Sigma_j A_{i,j}\gamma_i \quad \text{式（6.17）}$$

$$\beta'_i=\Sigma_j A_{i,j}\beta_i \quad \text{式（6.18）}$$

之后将 γ'_i 和 β'_i 沿着通道维度扩充后得到 Γ' 和 B'，它们的大小都是 $C \times H \times W$。De-makeup Re-makeup Network 是一个编解码结构，编码器部分与 Makeup Distillation Network 是相同的结构，不过不共享参数。提取出来的特征与矩阵 Γ' 和 B' 进行仿射变换得到 V'_x，计算方法如下。

$$V'_x=\Gamma' V_x+B' \quad \text{式（6.19）}$$

V'_x 作为 De-makeup & Re-makeup network 的解码器部分的输入，完成妆造迁移。

6.4 妆造迁移算法实战

本节基于深度学习的妆造迁移算法进行实战项目演练，训练模型为 BeautyGAN，其中将完成数据的准备、模型的训练与测试等任务。

在 6.3 节中已经给大家介绍了 BeautyGAN 模型的基本结构和算法原理，这里就不再做更多介绍，数据集也使用 BeautyGAN 模型开源的数据集，下面依据实战项目来做更加详细的介绍。

6.4.1 项目解读

首先对整个项目做详细的解读，包括数据准备、数据集接口定义、模型定义、损失函数定义等。

1. 数据准备

首先将数据集的文件夹组织为如下的目录结构。

```
├── images
    ├── makeup
    └── non-makeup
├── segs
    ├── makeup
    └── non-makeup
```

根目录下包括两个文件夹 images 和 segs，分别是 RGB 图像文件夹和对应的分割掩膜文件夹，各自包括一个没有妆容的数据集 non-makeup，一个有妆容的数据集 makeup。

makeup 中的有效图像共 2719 张，non-makeup 中的有效图像共 1115 张，我们将其按照图像和分割掩膜一一对应的形式生成对应的 .txt 文件 makeup.txt 和 non-makeup.txt，其中每一行的文件存储格式如下。

```
images/non-makeup/xfsy_0327.png segs/non-makeup/xfsy_0327.png
images/non-makeup/vSYYZ572.png segs/non-makeup/vSYYZ572.png
images/non-makeup/vSYYZ214.png segs/non-makeup/vSYYZ214.png
images/non-makeup/vSYYZ200.png segs/non-makeup/vSYYZ200.png
```

每一行第一张是 RGB 图像，第二张是对应的分割掩膜，随后我们将其按照 9:1 的比例随机分割。makeup.txt 被分割成 train_makeup.txt 和 test_ makeup.txt，各自有 2448 行和 271 行。Non-makeup.txt 被分割成 train_nonmakeup.txt 和 test_nonmakeup.txt，各自有 1004 行和 111 行。

2. 数据接口定义

准备好数据之后我们需要完成数据的读取和预处理，我们定义好数据集类 MAKEUP，实现 __init__ 函数、preprocess 函数、__getitem__ 函数，定义如下。

```
class MAKEUP(Dataset):
    def __init__(self, image_p ath, transform, mode, transform_mask, cls_list):
        self.image_path = image_path ##图像目录
        self.transform = transform ##图像预处理接口
        self.mode = mode ##模式，为训练或者测试
        self.transform_mask = transform_mask ##掩膜预处理接口

        self.cls_list = cls_list ##分类类别，为妆造类和非妆造类
        self.cls_A = cls_list[0] ##第一类：妆造类
        self.cls_B = cls_list[1] ##第二类：非妆造类

        ##设置训练相关的属性变量，包括.txt文件路径、每一行的内容以及行数
        for cls in self.cls_list:
```

```
        setattr(self, "train_" + cls + "_list_path", os.path.join(self.image_path,
"train_" + cls + ".txt"))
        setattr(self, "train_" + cls + "_lines", open(getattr(self, "train_" + cls + "_
list_path"), 'r').readlines())
        setattr(self, "num_of_train_" + cls + "_data", len(getattr(self, "train_" + cls +
"_lines")))
      ##设置测试相关的属性变量，包括.txt文件路径、每一行的内容以及行数
      for cls in self.cls_list:
        setattr(self, "test_" + cls + "_list_path", os.path.join(self.image_path, "test_"
+ cls + ".txt"))
        setattr(self, "test_" + cls + "_lines", open(getattr(self, "test_" + cls + "_list_
path"), 'r').readlines())
        setattr(self, "num_of_test_" + cls + "_data", len(getattr(self, "test_" + cls + "_lines")))

      self.preprocess() ##对数据文件进行预处理

  def preprocess(self):
      ## 对妆造类和非妆造类的训练.txt文件进行随机打乱操作，取得RGB和MASK文件路径
      for cls in self.cls_list:
        setattr(self, "train_" + cls + "_filenames", []) ##设置RGB文件路径变量
        setattr(self, "train_" + cls + "_mask_filenames", []) ##设置MASK文件路径变量

        lines = getattr(self, "train_" + cls + "_lines")
        random.shuffle(lines) ##对.txt文件进行shuffle

        for i, line in enumerate(lines):
          splits = line.split()
          getattr(self, "train_" + cls + "_filenames").append(splits[0]) ##获得RGB文件路径
          getattr(self, "train_" + cls + "_mask_filenames").append(splits[1]) ##获得MASK文件路径
      ## 取得妆造类和非妆造类的测试.txt文件中的RGB和MASK文件路径
      for cls in self.cls_list:
        setattr(self, "test_" + cls + "_filenames", [])
        setattr(self, "test_" + cls + "_mask_filenames", [])
        lines = getattr(self, "test_" + cls + "_lines")
        for i, line in enumerate(lines):
          splits = line.split()
          getattr(self, "test_" + cls + "_filenames").append(splits[0])
          getattr(self, "test_" + cls + "_mask_filenames").append(splits[1])

  ## 从文件路径中获取RGB图像文件和MASK掩膜文件
  def __getitem__(self, index):
##训练模式，随机设置A类(妆造类)和B类(非妆造类)的indexA和indexB，需要读入RGB图像和对应的掩膜图像
      if self.mode == 'train':
        index_A = random.randint(0, getattr(self, "num_of_train_" + self.cls_A + "_data") - 1)
        index_B = random.randint(0, getattr(self, "num_of_train_" + self.cls_B + "_data") - 1)
        image_A = Image.open(os.path.join(self.image_path, getattr(self, "train_" +
self.cls_A + "_filenames")[index_A])).convert( "RGB" ) ##读取RGB
        image_B = Image.open(os.path.join(self.image_path, getattr(self, "train_" +
```

```
self.cls_B + "_filenames")[index_B])).convert("RGB") ##读取RGB
        mask_A = Image.open(os.path.join(self.image_path, getattr(self, "train_" + self.
cls_A + "_mask_filenames")[index_A])) ##读取MASK
        mask_B = Image.open(os.path.join(self.image_path, getattr(self, "train_" + self.
cls_B + "_mask_filenames")[index_B])) ##读取MASK
        randoffsetx = np.random.randint(self.imagesize - self.cropsize)
        randoffsety = np.random.randint(self.imagesize - self.cropsize)
        box = (randoffsetx,randoffsety,randoffsetx+self.cropsize,randoffsety+self.cropsize)
        image_A=image_A.crop(box)
        mask_A=mask_A.crop(box)
        randoffsetx = np.random.randint(self.imagesize - self.cropsize)
        randoffsety = np.random.randint(self.imagesize - self.cropsize)
        box = (randoffsetx,randoffsety,randoffsetx+self.cropsize,randoffsety+self.cropsize)
        image_B=image_B.crop(box)
        mask_B=mask_B.crop(box)
        ## 调用transform和transform_mask处理RGB图像和MASK图像
        return self.transform(image_A), self.transform(image_B), self.transform_
mask(mask_A), self.transform_mask(mask_B)

##测试模式，使用输入的indexA和indexB变量从A类和B类中各自取出一张图做测试，不需要读入掩膜
    if self.mode in ['test', 'test_all']:
        image_A = Image.open(os.path.join(self.image_path, getattr(self, "test_" + self.
cls_A + "_filenames")[index // getattr(self, 'num_of_test_' + self.cls_list[1] +
'_data')])).convert("RGB")
        image_B = Image.open(os.path.join(self.image_path, getattr(self, "test_" +
self.cls_B + "_filenames")[index % getattr(self, 'num_of_test_' + self.cls_list[1] + '_
data')])).convert("RGB")
        ## 调用transform和transform_mask处理RGB图像和MASK图像
        return self.transform(image_A), self.transform(image_B)
```

从上面代码可以看出，_init_ 函数完成了路径相关的属性变量的设置，preprocess 函数完成了训练和测试需要的文件路径变量的设置，_getitem_ 函数实现了图像数据的读取和预处理。

在 _getitem_ 函数中我们实现了随机裁剪数据增强操作，因为掩膜需要与图像的裁剪使用同样的参数，这不适合使用 transforms 中的随机裁剪接口函数。在这里使用 np.random.randint 生成裁剪偏移量，并且图像 A 和图像 B 采用不同的偏移量，从而可以进一步增强模型的泛化能力。

另外，transform 和 transform_mask 的定义如下。

```
transform = transforms.Compose([
transforms.Resize(config.img_size),transforms.ToTensor(),transforms.Normalize
([0.5,0.5,0.5],[0.5,0.5,0.5])])
transform_mask = transforms.Compose([transforms.Resize(config.img_size,
interpolation=PIL.Image.NEAREST),ToTensor])
```

从上面代码可以看出，transform 实现了使用均值和方差的归一化操作，transform_mask 重载了 ToTensor 函数，定义如下。

```
def ToTensor(pic):
    if pic.mode == 'I': ##32位int类型
        img = torch.from_numpy(np.array(pic, np.int32, copy=False))
    elif pic.mode == 'I;16': ##16位int类型
        img = torch.from_numpy(np.array(pic, np.int16, copy=False))
    else: ##8位uint类型
        img = torch.ByteTensor(torch.ByteStorage.from_buffer(pic.tobytes()))

    # PIL的图像类型: 1, L, P, I, F, RGB, YCbCr, RGBA, CMYK
    if pic.mode == 'YCbCr':
        nchannel = 3
    elif pic.mode == 'I;16':
        nchannel = 1
    else:
        nchannel = len(pic.mode)
    img = img.view(pic.size[1], pic.size[0], nchannel)

    # 从图像的HWC顺序转换为CHW顺序
    img = img.transpose(0,1).transpose(0,2).contiguous()
    if isinstance(img, torch.ByteTensor):
        return img.float()
    else:
        return img
```

重载的 ToTensor 支持输入的掩膜为 32 位 int 类型、16 位 int 类型以及 8 位 unit 类型多种类型。至此就完成了数据接口的定义。

3. 模型定义

下面讲解模型的定义，根据对两个输入是否使用两个完全独立的分支，模型可以包括 Generator_makeup 和 Generator_branch。Generator_makeup 的定义如下。

```
class Generator_makeup(nn.Module):
    # 生成器是一个编解码结构，输入两张图，输出两张图
    def __init__(self, conv_dim=64, repeat_num=6, input_nc=6):
        super(Generator_makeup, self).__init__()
        layers = []
        ## 第一个卷积层，输入维度为6，它是无妆造图和有妆造图通过通道拼接的，卷积核大小kernel_size为7，
步长stride为1，填充边界像素宽padding为3
        layers.append(nn.Conv2d(input_nc, conv_dim, kernel_size=7, stride=1, padding=3,
bias=False))
        layers.append(nn.InstanceNorm2d(conv_dim, affine=True)) ##InstanceNorm层
        layers.append(nn.ReLU(inplace=True)) ##ReLU层

        # 两层下采样编码器模块，每一层输出通道数是输入通道数的2倍
        curr_dim = conv_dim
        for i in range(2):
            layers.append(nn.Conv2d(curr_dim, curr_dim*2, kernel_size=4, stride=2,
padding=1, bias=False))
```

```
            layers.append(nn.InstanceNorm2d(curr_dim*2, affine=True))
            layers.append(nn.ReLU(inplace=True))
            curr_dim = curr_dim * 2

        # 瓶颈模块，共重复repeat_num次
        for i in range(repeat_num):
            layers.append(ResidualBlock(dim_in=curr_dim, dim_out=curr_dim))

        # 两层上采样解码器模块，每一层输出通道数是输入通道数的0.5倍
        for i in range(2):
            layers.append(nn.ConvTranspose2d(curr_dim, curr_dim//2, kernel_size=4, 
stride=2, padding=1, bias=False))
            layers.append(nn.InstanceNorm2d(curr_dim//2, affine=True))
            layers.append(nn.ReLU(inplace=True))
            curr_dim = curr_dim // 2

        self.main = nn.Sequential(*layers) ##主干通道输出

        ##两个分支的定义，当输入为原图和妆造图时，分支1输出原图的妆造图，分支2输出妆造图的卸妆图；当输
入为妆造图和卸妆图时，分支1输出卸妆图，分支2输出妆造图
        ##分支1定义，包含一个7×7的卷积层和一个Tanh激活函数层
        layers_1 = []
        layers_1.append(nn.Conv2d(curr_dim, 3, kernel_size=7, stride=1, padding=3, bias=False))
        layers_1.append(nn.Tanh())
        self.branch_1 = nn.Sequential(*layers_1)

        ##分支2定义，包含一个7×7的卷积层和一个Tanh激活函数层
        layers_2 = []
        layers_2.append(nn.Conv2d(curr_dim, 3, kernel_size=7, stride=1, padding=3, bias=False))
        layers_2.append(nn.Tanh())
        self.branch_2 = nn.Sequential(*layers_2)

    def forward(self, x, y):
        input_x = torch.cat((x, y), dim=1) ##图像和标签按照维度1，即通道进行拼接
        out = self.main(input_x) ##主干通道输出
        out_A = self.branch_1(out) ##分支1通道输出
        out_B = self.branch_2(out) ##分支2通道输出
        return out_A, out_B
```

瓶颈模块的定义如下。

```
class ResidualBlock(nn.Module):
    """Residual Block."""
    def __init__(self, dim_in, dim_out):
        super(ResidualBlock, self).__init__()
        self.main = nn.Sequential(
            nn.Conv2d(dim_in, dim_out, kernel_size=3, stride=1, padding=1, bias=False),
            nn.InstanceNorm2d(dim_out, affine=True),
            nn.ReLU(inplace=True),
```

```
            nn.Conv2d(dim_out, dim_out, kernel_size=3, stride=1, padding=1, bias=False),
            nn.InstanceNorm2d(dim_out, affine=True))
```

从上面代码可以看出，生成器输入两张分别有妆造和无妆造的图，输出两张对应的上妆和卸妆的图。两个输出公用了一个编解码模块，然后在它的输出基础上使用了两个不同分支，分支都包含一个 7×7 的卷积层和一个 Tanh 激活函数层。

Generator_branch 使用了两个完全不同的分支，定义如下。

```
class Generator_branch(nn.Module):
    """Generator. Encoder-Decoder Architecture."""
    # input 2 images and output 2 images as well  编解码结构，输入两张图，输出两张图
    def __init__(self, conv_dim=64, repeat_num=6, input_nc=3):
        super(Generator_branch, self).__init__()

        ## 第一个输入分支，输入维度为3，卷积核大小kernel_size为7，步长stride为1，填充边界像素宽padding为3
        layers_branch = []
        layers_branch.append(nn.Conv2d(input_nc, conv_dim, kernel_size=7, stride=1,
padding=3, bias=False))
        layers_branch.append(nn.InstanceNorm2d(conv_dim, affine=True))
        layers_branch.append(nn.ReLU(inplace=True))
        layers_branch.append(nn.Conv2d(conv_dim, conv_dim*2, kernel_size=4, stride=2,
padding=1, bias=False))
        layers_branch.append(nn.InstanceNorm2d(conv_dim*2, affine=True))
        layers_branch.append(nn.ReLU(inplace=True))
        self.Branch_0 = nn.Sequential(*layers_branch)

        ## 第二个输入分支，输入维度为3，卷积核大小kernel_size为7，步长stride为1，填充边界像素宽padding为3
        layers_branch = []
        layers_branch.append(nn.Conv2d(input_nc, conv_dim, kernel_size=7, stride=1,
padding=3, bias=False))
        layers_branch.append(nn.InstanceNorm2d(conv_dim, affine=True))
        layers_branch.append(nn.ReLU(inplace=True))
        layers_branch.append(nn.Conv2d(conv_dim, conv_dim*2, kernel_size=4, stride=2,
padding=1, bias=False))
        layers_branch.append(nn.InstanceNorm2d(conv_dim*2, affine=True))
        layers_branch.append(nn.ReLU(inplace=True))
        self.Branch_1 = nn.Sequential(*layers_branch)

        # 下采样模块
        layers = []
        curr_dim = conv_dim*2
        layers.append(nn.Conv2d(curr_dim*2, curr_dim*2, kernel_size=4, stride=2,
padding=1, bias=False))
        layers.append(nn.InstanceNorm2d(curr_dim*2, affine=True))
        layers.append(nn.ReLU(inplace=True))
        curr_dim = curr_dim * 2

        # 瓶颈模块，共重复repeat_num次
```

```
        for i in range(repeat_num):
            layers.append(ResidualBlock(dim_in=curr_dim, dim_out=curr_dim))

        # 两层上采样解码器模块，每一层输出通道数是输入通道数的0.5倍
        for i in range(2):
            layers.append(nn.ConvTranspose2d(curr_dim, curr_dim//2, kernel_size=4,
stride=2, padding=1, bias=False))
            layers.append(nn.InstanceNorm2d(curr_dim//2, affine=True))
            layers.append(nn.ReLU(inplace=True))
            curr_dim = curr_dim // 2
        self.main = nn.Sequential(*layers)

        ## 第一个输出分支，包含3个卷积层，不改变输入、输出图的大小
        layers_1 = []
        layers_1.append(nn.Conv2d(curr_dim, curr_dim, kernel_size=3, stride=1, padding=1,
bias=False))
        layers_1.append(nn.InstanceNorm2d(curr_dim, affine=True))
        layers_1.append(nn.ReLU(inplace=True))
        layers_1.append(nn.Conv2d(curr_dim, curr_dim, kernel_size=3, stride=1, padding=1,
bias=False))
        layers_1.append(nn.InstanceNorm2d(curr_dim, affine=True))
        layers_1.append(nn.ReLU(inplace=True))
        layers_1.append(nn.Conv2d(curr_dim, 3, kernel_size=7, stride=1, padding=3, bias=False))
        layers_1.append(nn.Tanh())
        self.branch_1 = nn.Sequential(*layers_1)

        ## 第二个输出分支，包含3个卷积层，不改变输入、输出图的大小
        layers_2 = []
        layers_2.append(nn.Conv2d(curr_dim, curr_dim, kernel_size=3, stride=1, padding=1,
bias=False))
        layers_2.append(nn.InstanceNorm2d(curr_dim, affine=True))
        layers_2.append(nn.ReLU(inplace=True))
        layers_2.append(nn.Conv2d(curr_dim, curr_dim, kernel_size=3, stride=1, padding=1,
bias=False))
        layers_2.append(nn.InstanceNorm2d(curr_dim, affine=True))
        layers_2.append(nn.ReLU(inplace=True))
        layers_2.append(nn.Conv2d(curr_dim, 3, kernel_size=7, stride=1, padding=3, bias=False))
        layers_2.append(nn.Tanh())
        self.branch_2 = nn.Sequential(*layers_2)

    def forward(self, x, y):
        input_x = self.Branch_0(x) ##输入分支1
        input_y = self.Branch_1(y) ##输入分支2
        input_fuse = torch.cat((input_x, input_y), dim=1) ##分支合并
        out = self.main(input_fuse) ##输入主干模型
        out_A = self.branch_1(out) ##输出分支1
        out_B = self.branch_2(out) ##输出分支1
        return out_A, out_B
```

从上面的 Generator_makeup 和 Generator_branch 定义可以看出，两者的主要不同在于在网络的下采样层特征提取时是否共享权重，Generator_makeup 的结构更加轻量级，训练起来会更加容易。

判别器模型 Discriminator 的定义如下。

```
class Discriminator(nn.Module):
    ## Discriminator使用了PatchGAN，来自pix2pix模型
    def __init__(self, image_size=128, conv_dim=64, repeat_num=3):
        super(Discriminator, self).__init__()
        layers = []

        ## 第一个卷积层定义，输入为3通道图像，卷积核大小为4×4，步长为2
        layers.append(nn.Conv2d(3, conv_dim, kernel_size=4, stride=2, padding=1))
        layers.append(nn.LeakyReLU(0.01, inplace=True))

        ## 重复repeat_num个卷积层定义，每一个卷积核大小为4×4，步长为2，输出通道数为输入通道数的2倍
        curr_dim = conv_dim
        for i in range(1, repeat_num):
            layers.append(nn.Conv2d(curr_dim, curr_dim*2, kernel_size=4, stride=2, padding=1))
            layers.append(nn.LeakyReLU(0.01, inplace=True))
            curr_dim = curr_dim * 2

        # 主干模型最后一个卷积层定义，卷积核大小为4×4，步长为1
        layers.append(nn.Conv2d(curr_dim, curr_dim*2, kernel_size=4, stride=1, padding=1))
        layers.append(nn.LeakyReLU(0.01, inplace=True))
        curr_dim = curr_dim *2

        self.main = nn.Sequential(*layers)

        # 输出卷积层定义，卷积核大小为4×4，步长为1
        self.conv1 = nn.Conv2d(curr_dim, 1, kernel_size=4, stride=1, padding=1, bias=False)

    def forward(self, x):
        h = self.main(x)
        out_makeup = self.conv1(h) ##输出特征图
        return out_makeup.squeeze()
```

从上述模型可以看出，判别器使用了 pix2pix 模型中的 PatchGAN，与一般分类模型不同之处在于，它输入一张图，输出也是一张图，最后的概率取输出图所有元素的平均值。

由于要保持人脸的身份信息，BeautyGAN 中从 VGG 模型的 relu4_1 层获得特征并添加了 Perceptual 损失，定义如下。

```
class VGG(nn.Module):
    def __init__(self, pool='max'):
        super(VGG, self).__init__()
        # vgg modules
        self.conv1_1 = nn.Conv2d(3, 64, kernel_size=3, padding=1)
        self.conv1_2 = nn.Conv2d(64, 64, kernel_size=3, padding=1)
```

```
        self.conv2_1 = nn.Conv2d(64, 128, kernel_size=3, padding=1)
        self.conv2_2 = nn.Conv2d(128, 128, kernel_size=3, padding=1)
        self.conv3_1 = nn.Conv2d(128, 256, kernel_size=3, padding=1)
        self.conv3_2 = nn.Conv2d(256, 256, kernel_size=3, padding=1)
        self.conv3_3 = nn.Conv2d(256, 256, kernel_size=3, padding=1)
        self.conv3_4 = nn.Conv2d(256, 256, kernel_size=3, padding=1)
        self.conv4_1 = nn.Conv2d(256, 512, kernel_size=3, padding=1)
        self.conv4_2 = nn.Conv2d(512, 512, kernel_size=3, padding=1)
        self.conv4_3 = nn.Conv2d(512, 512, kernel_size=3, padding=1)
        self.conv4_4 = nn.Conv2d(512, 512, kernel_size=3, padding=1)
        self.conv5_1 = nn.Conv2d(512, 512, kernel_size=3, padding=1)
        self.conv5_2 = nn.Conv2d(512, 512, kernel_size=3, padding=1)
        self.conv5_3 = nn.Conv2d(512, 512, kernel_size=3, padding=1)
        self.conv5_4 = nn.Conv2d(512, 512, kernel_size=3, padding=1)
        if pool == 'max':
            self.pool1 = nn.MaxPool2d(kernel_size=2, stride=2)
            self.pool2 = nn.MaxPool2d(kernel_size=2, stride=2)
            self.pool3 = nn.MaxPool2d(kernel_size=2, stride=2)
            self.pool4 = nn.MaxPool2d(kernel_size=2, stride=2)
            self.pool5 = nn.MaxPool2d(kernel_size=2, stride=2)
        elif pool == 'avg':
            self.pool1 = nn.AvgPool2d(kernel_size=2, stride=2)
            self.pool2 = nn.AvgPool2d(kernel_size=2, stride=2)
            self.pool3 = nn.AvgPool2d(kernel_size=2, stride=2)
            self.pool4 = nn.AvgPool2d(kernel_size=2, stride=2)
            self.pool5 = nn.AvgPool2d(kernel_size=2, stride=2)

    def forward(self, x, out_keys):
        out = {}
        out['r11'] = F.relu(self.conv1_1(x))
        out['r12'] = F.relu(self.conv1_2(out['r11']))
        out['p1'] = self.pool1(out[ ‘r12’ ])
        out['r21'] = F.relu(self.conv2_1(out['p1']))
        out['r22'] = F.relu(self.conv2_2(out['r21']))
        out['p2'] = self.pool2(out['r22'])
        out['r31'] = F.relu(self.conv3_1(out['p2']))
        out['r32'] = F.relu(self.conv3_2(out['r31']))
        out['r33'] = F.relu(self.conv3_3(out['r32']))
        out['r34'] = F.relu(self.conv3_4(out['r33']))
        out['p3'] = self.pool3(out['r34'])
        out['r41'] = F.relu(self.conv4_1(out['p3']))

        out['r42'] = F.relu(self.conv4_2(out['r41']))
        out['r43'] = F.relu(self.conv4_3(out['r42']))
        out['r44'] = F.relu(self.conv4_4(out['r43']))
        out['p4'] = self.pool4(out['r44'])
        out['r51'] = F.relu(self.conv5_1(out['p4']))
        out['r52'] = F.relu(self.conv5_2(out['r51']))
```

```
        out['r53'] = F.relu(self.conv5_3(out['r52']))
        out['r54'] = F.relu(self.conv5_4(out['r53']))
        out['p5'] = self.pool5(out['r54'])

        return [out[key] for key in out_keys]
```

VGG 是一个广为人知的图像分类模型，具体的细节本节不赘述。上述 VGG 的 forward 函数中保存了各级特征并输出到 out 变量中，方便对各个层级的特征进行对比实验。

4. 损失函数定义

接下来看损失函数的定义，首先看 GAN 的基本损失。

```
class GANLoss(nn.Module):
    def __init__(self, use_lsgan=True, target_real_label=1.0, target_fake_label=0.0,
                 tensor=torch.FloatTensor):
        super(GANLoss, self).__init__()
        self.real_label = target_real_label ##真实图标签
        self.fake_label = target_fake_label ##生成图标签

        self.real_label_var = None
        self.fake_label_var = None
        self.Tensor = tensor

        if use_lsgan:
            self.loss = nn.MSELoss() ##MSE损失
        else:
            self.loss = nn.BCELoss() ##BCE损失

    ## 根据输入input，输出与之大小相等的标签，如果为真实图，则填充real_label，否则填充fake_label
    def get_target_tensor(self, input, target_is_real):
        target_tensor = None
        if target_is_real:
            create_label = ((self.real_label_var is None) or
                            (self.real_label_var.numel() != input.numel()))
            if create_label:
                real_tensor = self.Tensor(input.size()).fill_(self.real_label)
                self.real_label_var = Variable(real_tensor, requires_grad=False)
            target_tensor = self.real_label_var
        else:
            create_label = ((self.fake_label_var is None) or
                            (self.fake_label_var.numel() != input.numel()))
            if create_label:
                fake_tensor = self.Tensor(input.size()).fill_(self.fake_label)
                self.fake_label_var = Variable(fake_tensor, requires_grad=False)
            target_tensor = self.fake_label_var
        return target_tensor
```

```
    def __call__(self, input, target_is_real):
        target_tensor = self.get_target_tensor(input, target_is_real)
        return self.loss(input, target_tensor)
```

从上面 GAN 的基本损失定义可以看出，可以选择使用 LSGAN 的 MSE 损失或者分类任务常用的 BCE 损失。

然后看直方图损失的定义，直方图和直方图匹配转换的计算如下。

```
def cal_hist(image):
    ##累积概率直方图的计算
    hists = []
    for i in range(0, 3):
        channel = image[i]
        channel = torch.from_numpy(channel)
        hist = torch.histc(channel, bins=256, min=0, max=256) ##统计各个bins的像素数
        hist = hist.numpy()
        sum = hist.sum()
        pdf = [v / sum for v in hist] ##计算概率pdf
        for i in range(1, 256):
            pdf[i] = pdf[i - 1] + pdf[i] ##计算累积概率
        hists.append(pdf) ##得到直方图
    return hists

def cal_trans(ref, adj):
    ##直方图匹配转换函数的计算
    table = list(range(0, 256))
    for i in list(range(1, 256)):
        for j in list(range(1, 256)):
            if ref[i] >= adj[j - 1] and ref[i] <= adj[j]:
                table[i] = j
                break
    table[255] = 255
    return table

def histogram_matching(dstImg, refImg, index):
    ##直方图匹配操作，使得输入图refImg与输出图dstImg拥有一样的直方图分布
    ##index[0]、index[1]：输出图dstImg的x、y坐标
    ##index[2]、index[3]：输入图refImg的x、y坐标
    index = [x.cpu().numpy() for x in index]
    dstImg = dstImg.detach().cpu().numpy()
    refImg = refImg.detach().cpu().numpy()
    dst_align = [dstImg[i, index[0], index[1]] for i in range(0, 3)] #取出需要直方图匹配的坐标
    ref_align = [refImg[i, index[2], index[3]] for i in range(0, 3)] #取出需要直方图匹配的坐标
    hist_ref = cal_hist(ref_align) ##计算输入图直方图
    hist_dst = cal_hist(dst_align) ##计算输出图直方图
    tables = [cal_trans(hist_dst[i], hist_ref[i]) for i in range(0, 3)] #计算转换函数

    mid = copy.deepcopy(dst_align)
```

```
    for i in range(0, 3):
        for k in range(0, len(index[0])):
            dst_align[i][k] = tables[i][int(mid[i][k])] ##完成直方图匹配转换

    for i in range(0, 3):
        dstImg[i, index[0], index[1]] = dst_align[i] #将转换后的像素赋值回原图

    dstImg = torch.FloatTensor(dstImg).cuda()
    return dstImg
```

得到了直方图匹配的结果图后，直接对掩膜所在的像素使用 L1 损失，调用 torch.nn.L1Loss 即可，具体实现的时候，需要区分眼睛、嘴唇、皮肤等区域。

感知损失是从 VGG 的中间特征层取得特征向量后，直接调用欧氏距离接口 torch.nn.MSELoss() 进行计算得到的。

6.4.2 模型训练

在熟悉了模型的数据接口、模型定义和损失函数定义之后，接下来我们对模型进行训练。首先介绍重要训练参数的定义，包括模型结构参数、优化方法和损失函数参数。

1. 模型结构参数

首先是判别器和生成器的第一个卷积层通道数和其中重复模块的数量，配置如下。

```
config.g_conv_dim = 64 ##生成器第一个卷积层通道数
config.d_conv_dim = 64 ##判别器第一个卷积层通道数
config.g_repeat_num = 6 ##生成器重复的瓶颈模块数量
config.d_repeat_num = 3 ##判别器重复的模块数量
```

对于生成器来说，其中重复的瓶颈模块数量不改变输入特征图大小和通道数，它增加了模型的深度，起到了提升模型表达能力的作用。

对于判别器来说，其重复模块为普通的卷积层，每一个卷积核大小为 4×4，步长为 2，输出通道数为输入通道数的两倍，输出分辨率降低为输入分辨率的 1/2。

2. 优化方法和损失函数参数

本项目使用了 Adam 优化方法，所以需要配置学习率、动量项等相关参数，如下。

```
config.G_LR = 2e-5 ##生成器学习率
config.D_LR = 2e-5 ##判别器学习率
config.beta1 = 0.5 ##一阶动量项
config.beta2 = 0.999 ##二阶动量项
```

最后看各项损失函数的权重配置，除了上述的感知损失、循环一致性损失、妆造损失之外，还添加了一个身份不变性损失，即当生成器的两个输入相同时，输出的结果应该不变，实现时使用了输入、输出的 L1 距离。各项损失函数的权重配置如下。

```
config.lambda_A = 10.0 ##类别A的循环一致性损失权重
config.lambda_B =10.0 ##类别B的循环一致性损失权重
config.lambda_idt = 0.5 ##身份不变性损失权重
config.lambda_vgg = 5e-3 ##感知损失权重
config.lambda_his_lip = 1 ##嘴唇直方图权重
config.lambda_his_eye = 1 ##眼睛直方图权重
config.lambda_his_skin = 0.1##皮肤直方图权重
```

还有一些训练参数，包括输入图像缩放大小 config.img_size 为 272px × 272px，裁剪大小 config.crop_size 为 256px × 256px，batchsize 大小为 1，计算感知损失的 VGG 特征层为 relu4_1。

完整的参数介绍和代码细节请大家参考工程文件和前文的代码讲解。

3. 训练结果

图 6.8 和图 6.9 所示是训练了 120 个 epoch 后若干损失曲线。

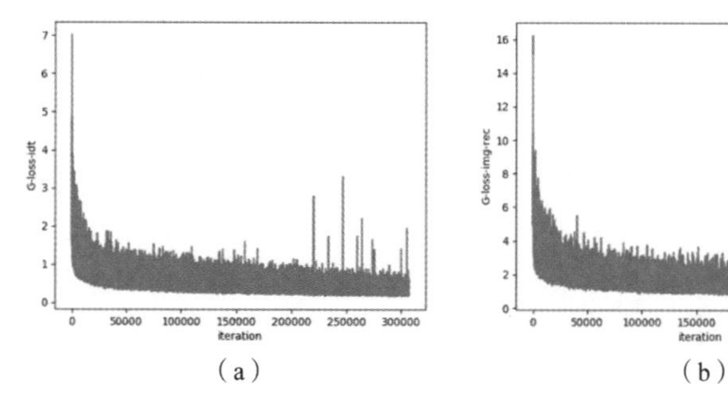

（a）

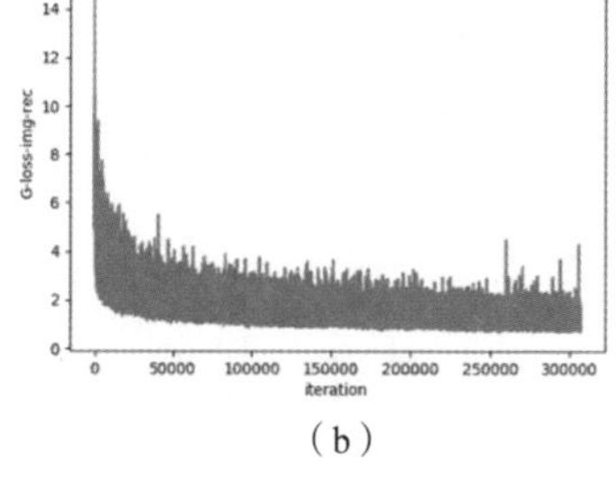

（b）

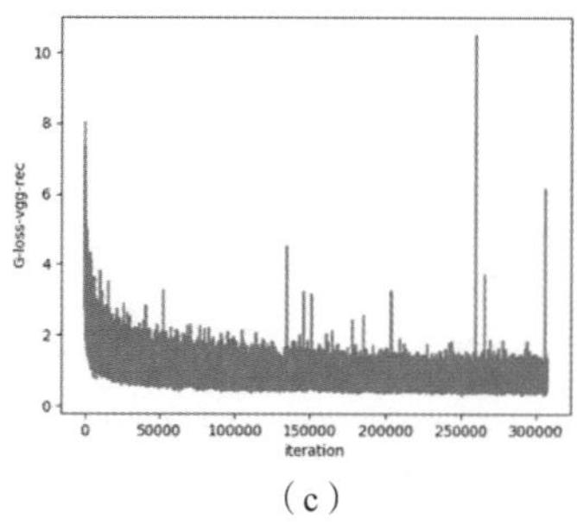

（c）

图 6.8 损失曲线

其中，图 6.8（a）为身份不变性损失曲线，图 6.8（b）为循环一致性损失曲线，图 6.8（c）为感知损失曲线。

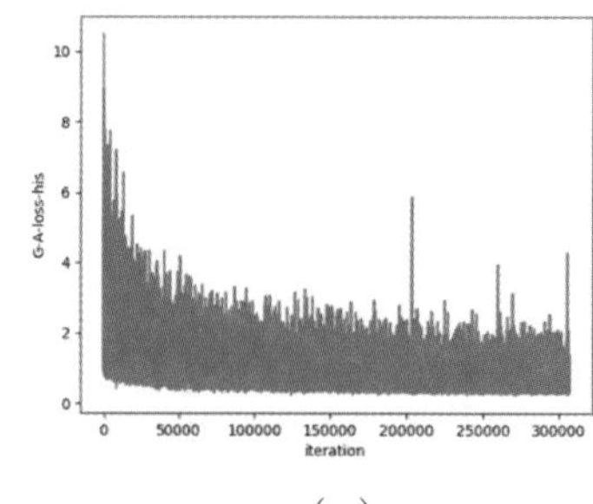

（a）

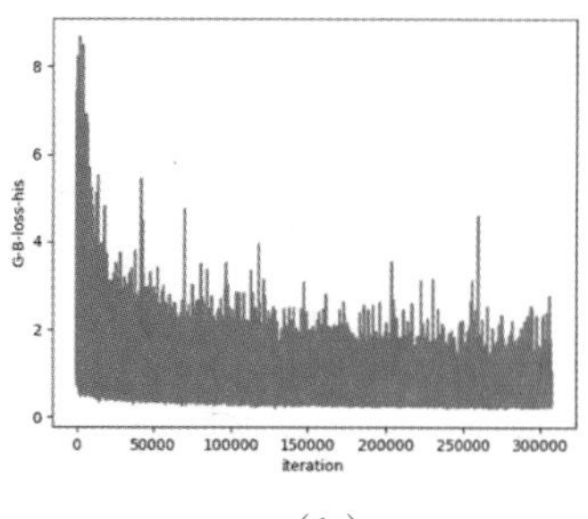

（b）

图 6.9 损失曲线

其中，图 6.9（a）为 A 类的直方图损失曲线，图 6.9（b）为 B 类的直方图匹配损失曲线。

从图 6.8 和图 6.9 可以看出，模型收敛正常，其损失曲线已经趋于稳定。

6.4.3 模型测试

训练完模型后，我们对模型进行测试。

1. 测试代码

测试代码要完成模型的载入、数据的预处理、结果后处理等操作，核心代码如下。

```
## 后处理函数，将网络的输出结果恢复为图像，与预处理函数transform对应
def de_norm(x):
    out = (x + 1) / 2
    return out.clamp(0, 1)

## cpu和gpu变量切换函数
def to_var(x, requires_grad=True):
    if torch.cuda.is_available():
        x = x.cuda()
    if not requires_grad:
        return Variable(x, requires_grad=requires_grad)
    else:
        return Variable(x)

if __name__ == '__main__':
    G = net.Generator_branch(64,6) ##定义生成器
    snapshot_path = '80_G.pth' ##训练好的模型权重
    G.load_state_dict(torch.load(os.path.join(snapshot_path),map_location='cpu')) ##载入
模型
    G.eval() ##设置为推理模式
    results_dir = 'results'
    if not os.path.isdir(results_dir):
        os.makedirs(results_dest)

    imagedir = 'images' ##要上妆的内容图
    styledir = 'styles' ##妆造风格图
    resultdir = 'results' ##结果

    transform = transforms.Compose([
    transforms.Resize(256),transforms.ToTensor(),transforms.Normalize
([0.5,0.5,0.5],[0.5,0.5,0.5])]) ##预处理函数
    with torch.no_grad():
        imagepaths = os.listdir(imagedir) ##遍历内容图
        stylepaths = os.listdir(styledir) ##遍历风格图
        for imagepath in imagepaths:
            for stylepath in stylepaths:
                image = Image.open(os.path.join(imagedir,imagepath)) ##读取内容图
                style = Image.open(os.path.join(styledir,stylepath)) ##读取风格图
                image = transform(image) ##内容图预处理
                image.requires_grad = False ##内容图不需要求梯度
                image = image.unsqueeze(0) ##内容图维度扩充
```

```
        style = transform(style) ##风格图预处理
        style.requires_grad = False ##风格图不需要求梯度
        style = style.unsqueeze(0) ##风格图维度扩充
        fake_makeup, fake_nomakeup = G(to_var(image, requires_grad=False), to_
var(style, requires_grad=False)) ##网络前向传播
        image_list = [] ##结果存储变量
        image_list.append(image)
        image_list.append(style)
        image_list.append(fake_makeup)
        image_list.append(fake_nomakeup)
        image_list.append(rec_makeup)
        image_list.append(rec_nomakeup)

        image_list = torch.cat(image_list, dim=3)

        save_path = os.path.join('results', imagepath.split('.')[0]+stylepath.
split('.')[0]+'fake.png')
        save_image(de_norm(image_list.data), save_path, nrow=1, padding=0,
normalize=True)
```

2. 测试结果

图 6.10 所示为美妆的测试结果。其中，每排图第一张为原图，其他图为不同美妆结果。

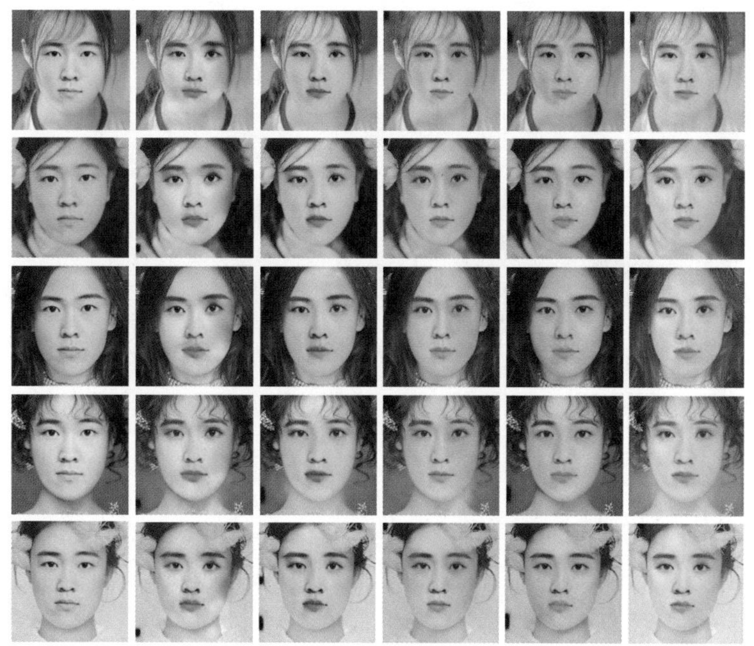

图 6.10　美妆结果

由于人脸肖像权问题，我们没有给出参考的妆造风格图。另外，由于训练的数据集为女性图，因此我们使用了天天 P 图软件将笔者的图像转换成了女性风格的输入图，读者可以自己尝试更多的效果。

从图 6.10 可看出，虽然眼睛部位有一定的瑕疵，但是眼睛、嘴唇以及皮肤的美妆效果都非常明显，这证明了 BeautyGAN 确实是一个成功的妆造迁移算法，后续可以通过做更多的数据增强、更多的参数调试等实验来获取更好的结果。

6.5 小结

本章介绍了美颜基础、滤波与变形类的美颜方法以及妆造迁移算法，然后在 6.4 节中进行了实践。

在 6.1 节美颜基础部分，介绍了五官重塑、磨皮与美白、肤色调整、美妆等常见的美颜应用。

在 6.2 节滤波与变形类的美颜方法部分，介绍了基于滤波和变形的传统美颜算法、基于滤波的磨皮算法，基于肤色模型的美白与肤色调整算法。

在 6.3 节美颜基础部分，介绍了当下较新的妆造迁移算法，包括传统的方法和最新的深度学习模型。

在 6.4 节训练了基于 GAN 的深度学习妆造迁移模型，在不需要成对数据集的情况下获得了非常好的妆造迁移效果。

爱美是人的天性，美颜技术的使用不仅使人们可以更自信地在社交平台传播自己的照片，也在各直播平台中有着广泛的应用，甚至很多手机都以美颜技术为其核心的技术和卖点。

总的来说，传统的图像处理算法已经可以很好地处理人脸磨皮、美白与肤色调整、脸形以及各人脸区域的变形，这也是当前相关应用的核心算法，但是它们也有两个比较大的局限性。

（1）参数众多。传统图像处理算法都涉及到非常多的参数，需要手动调整，无法对任何图像进行自适应，因此泛化能力受限，偶尔出现非常不自然的美颜效果。

（2）无法完成复杂的美颜操作。传统图像处理算法基于固定的模型，没有从数据中进行学习，因此无法完成复杂的美颜操作。

经历了传统的美白变形等算法后，美颜算法也变得越来越智能，以妆造迁移为代表的试妆算法，给美颜带来新的突破和应用，感兴趣的读者可以多关注相关技术。

参考文献

[1] SCHAEFER S, MCPHAIL T, WARREN J. Image Deformation Using Moving Least Squares[C]//ACM transactions on graphics (TOG). ACM, 2006, 25(3): 533-540.

[2] TONG W S, TANG C K, BROWN M S, et al. Example-Based Cosmetic Transfer[C]//15th Pacific Conference on Computer Graphics and Applications (PG’07). IEEE, 2007: 211-218.

[3] GUO D, SIM T. Digital Face Makeup by Example[C]//2009 IEEE Conference on Computer Vision and Pattern Recognition. IEEE, 2009: 73-79.

[4] LIU S, OU X, QIAN R, et al. Makeup Like a Superstar: Deep Localized Makeup Transfer Network[C]//Proceeding of the Twenty-fifth International Joint Conference on Artificial Intelligence,2016:2568-2575.

[5] LI T, QIAN R, DONG C, et al. BeautyGAN: Instance-level Facial Makeup Transfer with Deep Generative Adversarial Network[C]//2018 ACM Multimedia Conference on Multimedia Conference. ACM, 2018: 645-653.

[6] JIANG W, LIU S, GAO C, et al. PSGAN: Pose-Robust Spatial-Aware GAN for Customizable Makeup Transfer[C]//IEEE/CVF Conference on Computer Vision and Pattern Recognition(CVPR).IEEE,2020.

第 7 章 图像去模糊与超分

图像去模糊，主要指的是去除图像中模糊的主体，使其更加清晰。图像超分，指的是提升图像的分辨率，往往需要同时完成去模糊和去噪声效果。

- 图像去模糊与超分基础
- 图像去模糊算法
- 图像超分算法
- 基于 SRGAN 的人脸图像超分重建实战

7.1 图像去模糊与超分基础

本节我们介绍常见的模糊类型、超分的应用场景，以及去模糊和超分数据集。

7.1.1 常见的模糊类型

由于设备在拍摄过程中的晃动、对焦不准或者目标的移动速度过快，有时候我们拍摄出来的图像有明显的模糊。图 7.1、图 7.2 所示为一些非常典型的模糊图像样本。

1. 失焦模糊

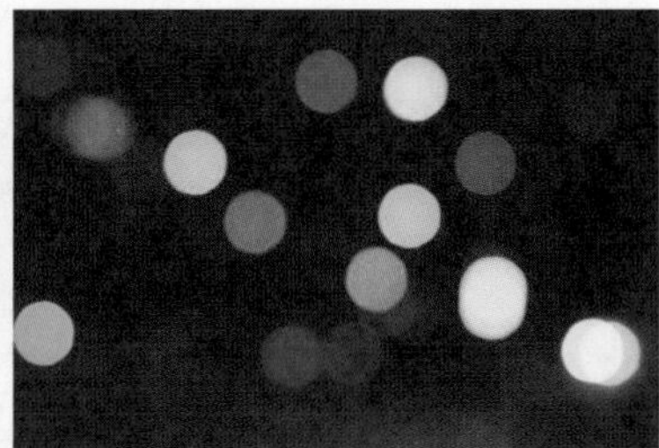

图 7.1 失焦造成的模糊

图 7.1 展示了若干定焦镜头拍摄的失焦造成的模糊图像。前两张图像模糊是由于相机离目标距离太近导致动物眼睛失焦。通常我们拍摄人物和动物时很少使其眼睛失焦，因为眼睛是其最重要的部位之一，也被我们称为“心灵的窗户”，眼睛失焦会使得主体失去部分神采。

第三张图像模糊是由于故意让镜头失焦，制造光晕效果。

2. 运动模糊

图 7.2 主体运动造成的模糊

图 7.2 所示为若干主体运动造成的模糊，如逗猫棒、移动的猫。另外，相机的晃动也会造成类似的运动模糊，这在没有三脚架等固定装置的条件下拍摄长曝光图像中时经常发生。

小提示

运动模糊在摄影图像中非常常见，快速运动的人、动物、车辆等很难捕捉，常常会使用追焦等拍摄技术。

除此之外，还有一些物理特性相关的模糊类型，但它们不是本书关注的重点，因此不做介绍。

7.1.2　超分的应用场景

我们常说的图像分辨率指的是图像长边像素数与图像短边像素数的乘积，如 Canon EOS M3 最大分辨率为 6000px × 4000px，一行有 6000 像素，整个图像为 2400 万像素；而 iPhoneX 拍摄的图像分辨率为 4032px × 3024px，为 1200 万像素。

显然，越高的分辨率能获得更清晰的成像，对于风光类图像来说非常重要。与之同时，分辨率越高也意味着更大的存储空间，对于空间非常有限的移动设备来说，需要考虑分辨率与存储空间的平衡。

图像超分，就是要将低分辨率的图像恢复为高分辨率的图像，它在日常的图像和视频存储与浏览中都有广泛的应用。

1. 图像超分

10 年前，手机中 320px × 240px 分辨率的图像是主流，其视觉美感相对如今随处可见的 4K 分辨率来说是无法比拟的。我们可以使用超分技术来恢复当年拍摄的低分辨率图像。图 7.3 所示是一个典型案例。其中，图 7.3（a）为原图，图 7.3（b）为调整后的图。手机图像浏览也使用了超分算法，即同一张图像在不同手机上的显示效果不一样，这是因为分辨率越高的手机可以更清晰地展示图像。

（a）

（b）

图 7.3　旧照片超分

小提示

如今图像超分技术用于许多珍贵的历史照片和视频的修复，这具有很大的人文价值和深刻的纪念意义。

2. 视频超分

人们在观看视频时总会倾向于分辨率更高的配置，以腾讯视频为例，它包含多种分辨率配置，标清为 270P，高清为 480P，超清为 720P，蓝光为 1080P。其中 1080P 的分辨率为 1920px × 1080px，相比于常见摄影图像的分辨率仍有不小的差距。但是受到网络带宽的影响，往往具有蓝光分辨率的视频都不是所有人能够流畅播放的，而超分技术可以实现在网络传输时使用低分辨率，在播放端进行实时分辨率提升，即实现视频超分。这在网络直播、视频播放与下载应用中非常有价值。

3. 与其他任务结合

除了作为一个单独的任务，图像超分还可以作为其他工作的预处理或者其中一个独立的小模块，在提高目标检测任务中小目标的分辨率、改善医学图像中的模糊目标辨识度等很多应用中都有实际意义。

7.1.3 去模糊和超分数据集

图像去模糊和超分都属于较为底层的问题，对训练数据集中图像的质量有较高的要求，真实的有模糊和无模糊数据集、低分辨率和高分辨率数据集难以采集，所以目前用于研究的数据集主要从真实的高质量图像中进行采样。

1. 去模糊数据集

早期，研究者直接从任意图像中使用不同类型的模糊核来生成图像，由于与真实图像模糊差异较大，训练出来的模型泛化能力不好。在去模糊应用中，很常见的模糊类型是运动模糊，因此研究者常常采用 GoPro 运动相机来采集高速运动的目标，从而构建去模糊数据集。

GoPro 数据集 [1] 是当前广泛使用的去模糊数据集，研究者使用了 GoPro Hero4 Black 相机进行数据采集。采集使用的帧频为 240f/s，图像大小为 1280px × 720px，然后使用连续的 7~15 幅图像进行平均，依次获得不同模糊程度的图像和清晰图像。

以取 15 幅图像来进行平均为例，每一张平均后的图像的等价曝光时间就是 1/16s，取中间 (即第 8 帧) 图像作为清晰图像，平均后的图像作为模糊图像，就可以获得训练图像对。数据集最终包含 3214 个模糊和清晰的图像对，其中 2103 对作为训练集，剩下的作为测试集。

小提示

相对于从不同种类的模糊核来构建数据集，GoPro 数据集的采集方案能够构建更加真实的数据集，在有监督的去模糊算法中被广泛采用。

2. 超分数据集

超分数据集的仿真相对于去模糊来说更加简单，研究者往往通过对高分辨率图像进行下采样来制造相关数据集。

因为对于图像的类型没有严格要求，较小的数据集（如 BSD68、BSD100）、较大的数据集（如 ImageNet），以及特定领域的数据集（如人脸属性数据集 CelebA）等都被研究者采用。

> 小提示
>
> **真实的图像退化过程除了分辨率降低还伴随着各类噪声，因此我们在训练时可以应用相关操作来进一步模拟图像退化，提高超分模型的泛化能力。**

7.2 图像去模糊算法

本节我们简单介绍传统的基于优化的去模糊算法的核心思想，以及基于深度学习模型的去模糊算法的基本流程和核心技术。

7.2.1　基于优化的去模糊算法

传统的去模糊算法非常多，根据是否有先验模型，可以分为盲去卷积算法和非盲去卷积算法两种，后者假设模糊核函数是已知的，前者假设模糊核函数是未知的。由于模糊核函数往往未知，大多数时间要求解的问题是盲去卷积问题。非盲去卷积算法以 Richardson-Lucy 算法和 Wiener Filter 滤波为代表，感兴趣的读者可以自行学习，后文内容都是指代盲去卷积过程。

1. 去模糊模型

最常见的去模糊模型是线性模型，表达式如下。

$$y=x*k+n \tag{7.1}$$

x 是真实的无模糊图像，它无法直接获得；k 是一个核函数；$*$ 是一个卷积操作；n 是高斯噪声，y 是获得的观测图像。

线性模型是一个非常理想的情况，只适用于高斯加性噪声。如果噪声是泊松噪声、脉冲噪声等，式（7.1）就会略有差异，读者可以阅读相关资料[2]。

2. 模糊核函数类型

不同的模糊类型有不同的核函数 k，下面我们介绍其中最常见的运动模糊和对焦模糊。

所谓运动模糊，即由于对象在某一个方向的快速运动或者相机的抖动导致的主体拍摄后模糊，它是场景主体与相机相对运动的结果，这通常可以被描述为一个线性模糊算子，核函数如下。

$$k(i,j:L,\theta)=\begin{cases}\frac{1}{L}, & \sqrt{i^2+j^2}<\frac{L}{2} \text{ 且 } \frac{i}{j}=\tan\theta \\ 0, & \text{其他}\end{cases}$$ 式（7.2）

其中 i、j 是图像二维坐标，L 是运动距离，θ 是运动方向。

当然真实情况可能比式（7.2）更加复杂，如只有主体部分模糊而背景没有模糊。

对焦模糊是另一种常见的模糊类型，它的核函数可以描述如下。

$$k(i,j)=\begin{cases}\frac{1}{\pi R^2}, & \sqrt{i^2+j^2}<R \\ 0, & \text{其他}\end{cases}$$ 式（7.3）

其中 R 就是对焦区域的半径，区域外的图像会被模糊。

3. 求解方法

从式 (7.1) 可以看出，盲去卷积问题需要同时恢复 x 和 k，这是一个病态问题。常见的求解方法包括变分方法 (Variational Method)、稀疏表达方法 (Sparse Representation-Based Method) 等，读者可以阅读文献[2]了解更多。

这两类方法的核心思想都可以写为如下形式。

$$\hat{x}=\arg\min_{x}\|y-x*k\|_2^2+r(x)$$ 式（7.4）

其中，等号右侧第一项用于约束 y 和 x 的相似性；第二项是一个和图像分布有关的正则项，我们常用它来约束生成一张“好图”。“好”可以根据不同的应用需求进行调整，如较少的噪声、较高的锐化度。

变分方法和稀疏表达方法的求解都是经典问题，读者可以参考相关书籍了解详细求解过程。

7.2.2 基于深度学习模型的去模糊算法

传统的去模糊算法由于是求解非常病态的问题，在模糊类型未知、模糊程度较深的情况下无法取得令人满意的效果。深度学习模型在很多计算机视觉领域中都取得了突破性进展，由于可以从数据中学习任意复杂度的函数变换，可以直接绕过模糊核函数的估计过程，因此它被研究者成功用于去模糊领域。

1. 编解码结构

去模糊问题需要输入模糊图像和分辨率相等的清晰图像，因此可以使用与图像分割等任务相同的卷积－反卷积模型，即编解码结构，来进行端到端的学习。

Michal Hradis 等人[3]使用 CNN 模型对仿真的运动模糊和失焦文本图像进行了去模糊，取得了非常不错的去模糊效果，有助于提高后续的 OCR 模型的识别能力。同时，为了让模型对真实的图像也能取得好的效果，研究者在制作数据集时还添加了颜色平衡、对比度变换、JPEG 压缩等技术。

编解码结构在本书的第 3 章、第 4 章、第 5 章等章节中都有相关介绍。对于去模糊问题，多尺度[1, 4]被证明是非常关键的提高模型表达能力的技术，因为去除大的运动模糊区域往往需要较大的感受野。

2. 基于 GAN 的算法

基于图像翻译的算法在很多领域中能取得非常好的效果，而 DeblurGAN[5]模型正将去模糊问题当作一个图像翻译问题，它的基本流程如图 7.4 所示。

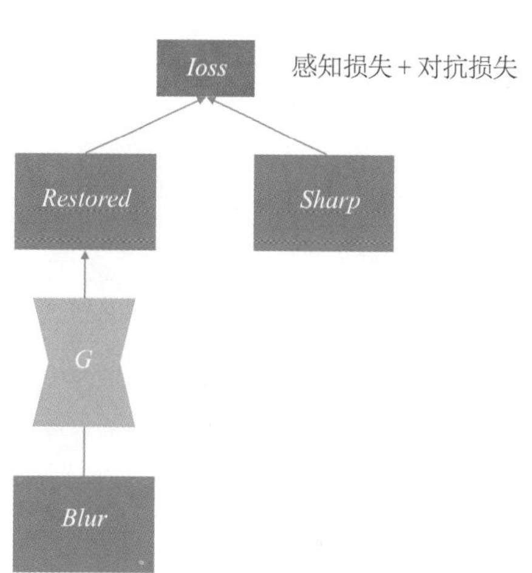

图 7.4 DeblurGAN 模型的基本流程

图 7.4 中，*Blur* 就是模糊的输入图，它经过生成器 *G* 生成去模糊的结果图 *Restored*，再与真实的清晰图 *Sharp* 比较计算损失 *Ioss*。损失包括两部分，分别是感知损失和对抗损失。

后来研究者们对 DeblurGAN 模型进行了改进，提出 DeblurGANv2[6] 模型。

DeblurGANv2 模型将 FPN 作为生成器的核心模块，提升了生成模型的性能。判别器使用了最小二乘损失，从全局与局部两个尺度进行度量。研究者们认为对于高度非均匀的模糊图像，在包含复杂目标运动时，全局尺度有助于判别器集成全图的上下文信息，使得相比于 DeblurGAN 能处理更大、更复杂的真实模糊图像。

> 小提示
>
> 当前的大部分去模糊模型对于真实图像还无法取得比较理想的效果，无法实用，需要更进一步的研究。

7.3 图像超分算法

本节将介绍传统的超分算法和基于深度学习的超分算法。由于基于多张图的超分算法计算复杂度较大，而且对输入图的要求过高，因此本节只介绍基于单张图的超分算法。

7.3.1 传统的超分算法

传统的超分算法主要包括基于预测的算法、基于边缘的算法、基于图像块的算法等，本小节主要给大家简单介绍基于预测的算法和稀疏编码算法的求解思路。

1. 基于预测的算法

基于预测的算法是最早期用于解决超分的算法，它使用滤波操作来进行插值，常见的插值算法包括最近邻插值、双线性插值等。

基于预测的算法是基于特定规则的采样算法，缺点是简化了图像超分问题，使结果过于平滑，它常常被作为预处理步骤。

2. 稀疏编码算法

稀疏编码的思想被广泛用于图像去噪、去模糊、超分等领域，它是一种基于图像块的算法，是传统的超分算法里最好的超分算法。

稀疏编码算法需要学习一个映射函数，它包括以下几个步骤。

（1）从输入的低分辨率图像中密集地进行采样，得到大量有重叠的图像子块，然后进行减均值、标准化等预处理操作。

（2）使用一个低分辨率的字典对图像块进行编码。

（3）使用一个高分辨率的字典对低分辨率编码的输出进行编码，用于构建高分辨率的图像块。

（4）将重叠的高分辨率图像块进行聚合（如取平均操作），得到最终的输出。

稀疏编码算法的核心在于如何构建字典，其中最经典的算法就是直接将字典表示为低分辨率－高分辨率的图像对。

小提示

稀疏编码算法的主要问题在于计算量庞大，需要复杂的字典。

7.3.2　基于深度学习的超分算法

近年来 CNN 等深度学习模型在图像超分任务中取得了非常大的进展，使得超分算法得以真正在产品中落地。下面我们基于深度学习模型中的上采样位置、模型结构特点来进行总结。

1. 不同的采样结构

根据上采样在网络结构中的位置和使用方式不同，可以把超分模型网络结构分为 3 大类。

（1）前上采样（Pre-Upsampling），即在网络的起始完成上采样过程。

Chao Dong 等人提出的 SRCNN 模型 [7] 是最早的尝试，其流程如图 7.5 所示。

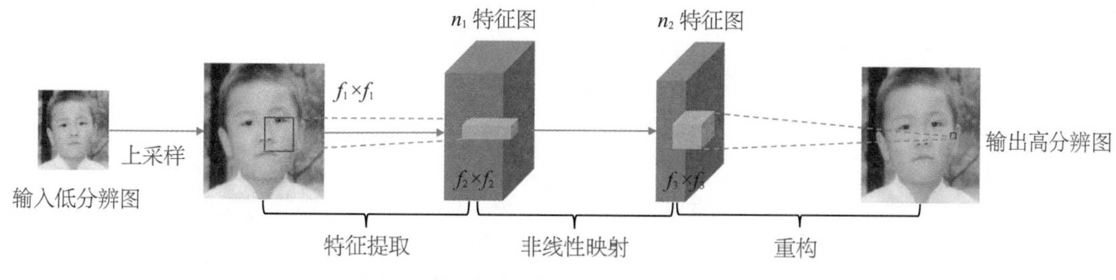

图 7.5　基于前上采样的 SRCNN 模型的流程

SRCNN 模型首先使用双线性插值等上采样方法进行初始化，得到想要恢复的分辨率，这一步也可以使用反卷积来完成。

然后，使用卷积层对输入的局部图像块进行特征提取，得到一系列特征图，这相当于完成了稀疏编码中重叠的图像块的构建。这一步骤可以表达如下。

$$F_1(Y)=\max(W_1*Y+B_1) \quad \text{式（7.5）}$$

其中 W_1 和 B_1 分别表示卷积核和偏置，* 表示卷积操作，Y 表示输入图。W_1 的尺寸为 $c\times n_1\times f_1\times f_1$, 其中 c 是输入图的通道数，n_1 是输出特征通道数，$f_1\times f_1$ 是卷积核大小。

> 小提示
>
> 早期的超分算法常常只对亮度通道进行超分，对颜色通道进行双线性上采样。SRCNN 模型同时对 RGB 通道进行了学习，因为这 3 个通道之间存在较强的灰度耦合性。

接着，使用 1×1 卷积进行维度变换，即将 n_1 个特征通道转换为 n_2 个特征通道，这相当于稀疏编码中低分辨率字典到高分辨率字典的映射。这一步骤可以表达如下。

$$F_2(Y)=\max(W_2*F_1(Y)+B_2) \quad \text{式（7.6）}$$

W_2 的尺寸为 $n_1\times n_2\times f_1\times f_2$, 其中 n_1 是输入特征通道数，n_2 是输出特征通道数，$f_2\times f_2$ 是卷积核大小，实际上 f_2=1。

最后，将高分辨率的图像块重新拼接成完整的图像。这一步骤可以表达如下。

$$F_3(Y)=\max(W_3*F_2(Y)+B_3) \quad \text{式(7.7)}$$

W_3 的尺寸为 $n_2\times c\times f_3\times f_3$, 其中 n_2 是输入特征通道数，c 是输出特征通道数，它等于输入图的通道数，$f_3\times f_3$ 是卷积核大小。

当 $f_2=1$ 时，对于输出图中的每一个像素，它在输入图中的感受野大小为 $(f_3+f_1-1)^2$。一个典型的设定是 $f_1=9$、$f_3=5$，此时输出像素与输出的 $13^2=169$ 个像素有关，相比于传统算法具有较大的感受野，因此 SRCNN 模型具有较大的优势。

SRCNN 模型可以适用于任意分辨率的提升，因为在输入网络之前，上采样过程已经对输出分辨率做了初始化，所以 CNN 模型要学习的是由粗到精的改进，学习过程比较简单。不过由于整个网络在高分辨率空间进行计算，因此计算量大，而且噪声容易被放大。

小提示

SRCNN 模型的整个流程与稀疏编码算法相同，因此它也被看作使用 CNN 实现稀疏编码算法的方案。

（2）后上采样（Post-Upsampling），即在网络的最后才进行上采样。

在前上采样模型中使用反卷积来完成上采样是一种很自然的操作，但是它计算复杂度较大，因此 SRCNN 模型的研究者后来将该上采样过程放置在网络最后，通过一个反卷积来学习该上采样过程，并将该模型命名为 FSRCNN 模型 [8]。

而 Twitter 图片与视频压缩研究组采用了与反卷积完全不同的上采样思路，提出了 ESPCN 模型 [9]，其中核心思想是亚像素卷积 (Sub-pixel Convolution)，完整流程如图 7.6 所示。

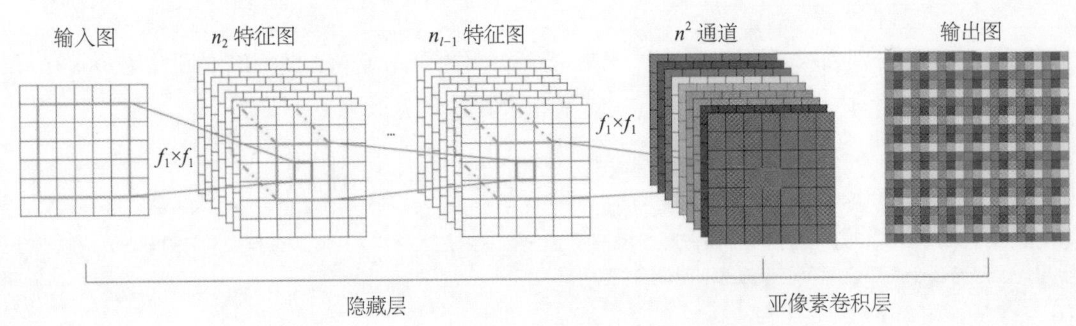

图 7.6 基于亚像素卷积的 ESPCN 模型的完整流程

对于维度为 $H\times W\times C$ 的图像，标准反卷积操作输出的特征图维度为 $rH\times rW\times C$，其中 r 就是需要放大的倍数。而从图 7.6 可以看出，亚像素卷积层的输出特征图维度为 $H\times W\times C\times r^2$，即特征图与输入图的尺寸保持一致，但是通道数被扩充为原来的 r^2 倍，然后进行重新排列以得到高分辨率的结果。

整个流程因为使用了更小的图像输入，从而可以使用更小的卷积核获取较大的感受野，这既使得输入图中邻域像素点的信息得到有效利用，又避免了计算复杂度的增加。ESPCN 模型采用了一种将空间上采样问题转换为通道上采样问题的思路。

小提示

相比于前上采样中在开始就进行单一的一次上采样，后上采样策略能更好地利用模型的表达能力，学习更加复杂的低分辨率到高分辨率的转换，因此 ESPCN 模型被验证为更加有效的模型，后续的超分模型基本沿用了该思路。

（3）逐步式上采样（Progressive Upsampling），即逐渐进行上采样。

为了解决后采样模型无法对高倍率因子进行很好的超分的问题，LapSRN（Laplacian Pyramid Super-Resolution Network）[10] 等逐步式上采样模型被提出，其结构如图 7.7 所示。

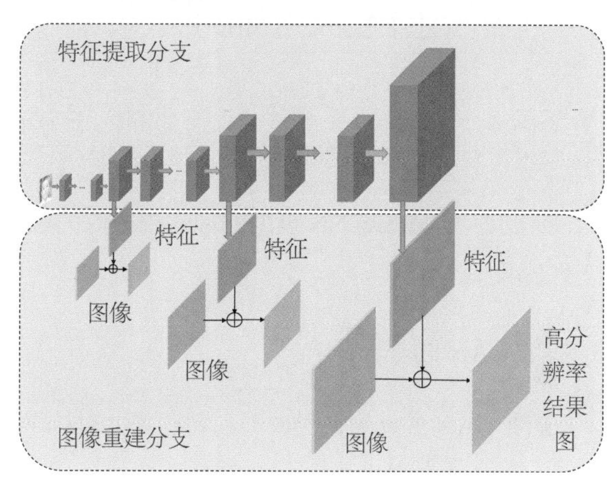

图 7.7 逐步式上采样的 LapSRN 模型结构

在图 7.7 中包含两个分支。一个是特征提取分支 (Feature Extraction Branch)，它包括多个不同分辨率层级，每一个层级利用多个卷积层获取非线性特征映射，最后加上反卷积层来提升图像的分辨率以得到特征。

另一个是图像重建分支 (Image Reconstruction Branch)，它将输入图进行上采样后与相同分辨率大小的特征提取分支相加得到下一级分辨率的输出图，直到得到最终的高分辨率结果图。

LapSRN 模型中由于各个分辨率层级的结构相似，因此其中的部分网络层会进行参数共享，这让每一个学习过程更加简单。而且逐步式上采样的方法利用了在很多计算机视觉任务中都使用的跳层连接多尺度技术，通过学习残差简化了学习过程。有的研究者使用了类似 LapSRN 模型的渐进式模型 [11]，实现了对人脸图像进行 8 倍上采样。

除了以上 3 种常见的模型，还有一种模型为升降采样迭代式（Iterative Up-and-Downsampling）[12] 模型，它使上采样和下采样过程交替进行。这一类模型试图通过上采样图像到下采样图像的反馈来更好地捕捉它们之间的关系，其结构非常复杂，训练难度较高。

2. 优化目标

早期的基于 CNN 模型的超分模型（如 SRCNN、ESPCN）都使用图像像素空间的欧氏距离 (即 L2 损失或者 MSE 损失) 作为优化目标，结果能取得较高的 PSNR 和 SSIM 指标，但是存在结果过于平滑的问题。

人眼对重建结果质量的感知并不完全与这些指标相符，如 MSE 指标较小并不能保证局部细节的清晰；而较大的 MSE 指标也并不等价于较差的结果，如原图偏移一个像素后与原图差异的 MSE 值可能较大，但是视觉感知效果很接近。

CNN 模型的高层特征空间相比于原始的像素空间，具有较高的抽象层级，它使得原始图像的特征与目标图像的特征差异可以反映在语义级别，这非常符合人眼的主观评估感受，研究者基于此提出了感知损失。

基于特征空间计算的欧氏距离被称为感知损失。令 φ 来表示网络，j 表示网络的第 j 层，$C_jH_jW_j$ 表示第 j 层的特征图的大小，感知损失的定义如下。

$$\text{loss} = \frac{1}{C_j H_j W_j} \|\varphi_j(y)-\varphi_j(\hat{y})\|_2^2 \qquad \text{式（7.8）}$$

研究者[13]将 SRCNN 模型的像素损失改为感知损失后，显著增强了视觉效果，这也被后续的很多模型采用。

3. 基于 GAN 的模型

随着 GAN 的发展，生成器和判别器的对抗学习机制在图像生成任务中展现出很强大的学习能力。Twitter 的研究者们将 ResNet 作为生成器结构，将 VGG 作为判别器结构，提出了 SRGAN[14] 模型。

生成器结构包含若干个不改变特征分辨率的残差模块和多个基于亚像素卷积的后上采样模块。

判别器结构包含若干个通道数不断增加的卷积层，特征通道数每增加一倍，特征分辨率降低为原来的一半。

SRGAN 模型基于 VGG 网络特征构建内容损失函数，代替了之前的 MSE 损失函数，通过生成器和判别器的对抗学习取得了视觉感知更好的重建结果。

基于 GAN 的模型虽然可以取得好的超分结果，但是它往往会放大噪声。

小提示

在 SRGAN 的基础上，有研究者通过优化生成器的结构、GAN 的损失函数、感知损失计算特征的选择提出了增强版的 SRGAN，即 ESRGAN[15]，它相比 SRGAN 取得了更好的超分结果。

4. 无监督模型[16]

由于大部分模型都基于成对的低分辨率和高分辨率图进行训练，研究者常通过固定的图像处理算法对高分辨率图进行采样以获得低分辨率图，这与真实的图像退化过程并不一致，真实的图像退化往往包括各类模糊和噪声、缺陷等。

因此有研究者提出了让 GAN 首先学习下采样，再使用获得的成对数据集进行训练，这是一个无监督的学习过程。

整个流程包括一个 High-to-Low GAN 模型和一个 Low-to-High GAN 模型，如图 7.8 所示。其中，Z 是噪声向量，C 表示输入拼接。

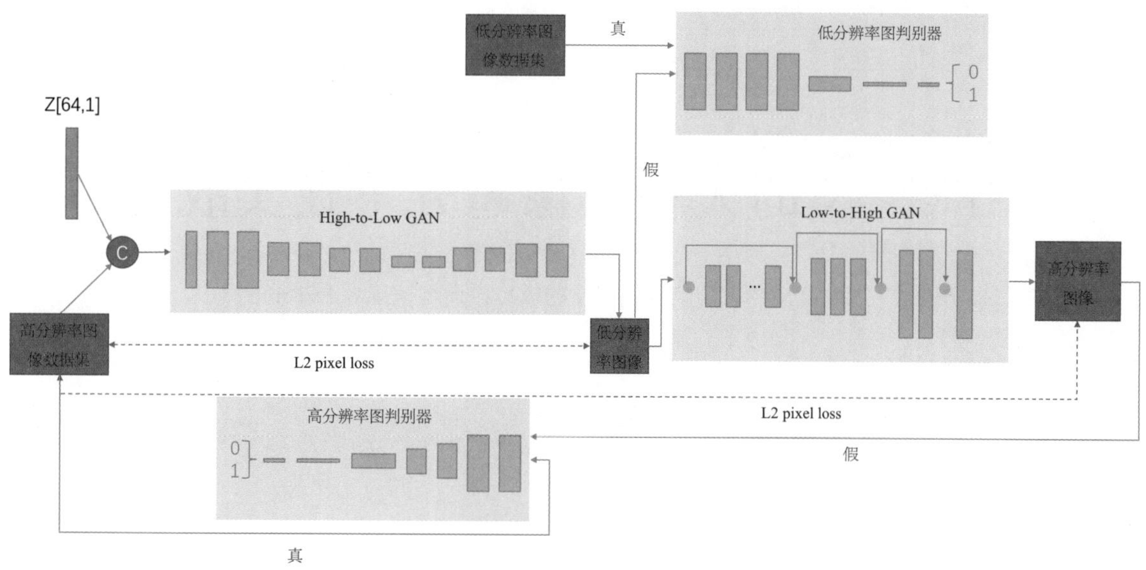

图 7.8 整个流程

下面我们详细介绍两个模型。

High-to-low GAN 模型。该模型的作用是从高分辨率图像数据集中生成低分辨率图。高分辨率图像数据集可以是人脸图像质量较高的 CelebA、AFLW、LS3D-W 和 VGGFace2 等，低分辨率图像数据集可以是人脸图像质量较低的 Wider Face 等，它们构成了未配对的高分辨率 - 低分辨率图像数据集。High-to-low GAN 中的下采样网络是一个编解码结构，它的输入由随机噪声 Z 和高分辨率图拼接而成，生成低分辨率图。

Low-to-High GAN 模型。从 High-to-low GAN 模型的输出结果可以得到成对的低分辨率和高分辨率训练数据，因此可以训练一个正常的超分网络，即 Low-to-High GAN 模型，它是一个基于跳层连接的结构。

除了以上的无监督模型方案，还有两个常见的思路供读者进行延伸学习。

第一个是将高分辨率图像和低分辨率图像看作两个域，然后使用 CycleGAN 的循环结构来解决该问题，代表性模型是 CinCGAN[17]。

第二个是 Zero-Shot Super-Resolution (ZSSR)[18]，它只使用图像本身的信息，对每一张图都训练一个 CNN 模型用于恢复分辨率，不过其计算量也较大。

小提示

目前研究者整理了多个基于深度学习的超分模型综述 [19]，从事该领域工作的读者可以详细阅读。

7.4 基于 SRGAN 的人脸图像超分重建实战

本节我们来实现基于 SRGAN 的人脸图像超分重建项目，训练框架为 PyTorch。

7.4.1 项目解读

首先我们来介绍使用的数据集和基准模型，解读整个项目的代码，包括数据集接口、生成器、判别器和生成器损失的定义。

1. 数据集和基准模型

大多数超分重建任务的数据集都是通过从高分辨率图像进行采样获得的，本节也采用这样的方案。数据集既可以选择 ImageNet 这样包含上百万张图像的大型数据集，也可以选择模式足够丰富的小数据集，经过权衡之后我们选择了一个高清的人脸数据集，即 CelebA-HQ[20]。CelebA-HQ 数据集发布于 2019 年，包含 30000 张不同属性的高清人脸图，其中图像大小均为 1024px × 1024px。

由于 GAN 在很多计算机视觉项目中都展现出了强大的建模能力，超分重建本身是一个从低分辨率到高分辨率的采样，GAN 的生成能力可以得到很大程度的发挥，因此我们选择将 GAN 用于超分重建任务的模型 SRGAN 作为基准模型。

2. 数据集接口

首先我们来看数据处理相关类和函数的定义。

```
## 基于上采样因子对裁剪尺寸进行调整，使其为upscale_factor的整数倍
def calculate_valid_crop_size(crop_size, upscale_factor):
    return crop_size - (crop_size % upscale_factor)

## 训练集高分辨率图预处理函数
def train_hr_transform(crop_size):
    return Compose([
        RandomCrop(crop_size),
        ToTensor(),
    ])

## 训练集低分辨率图预处理函数
def train_lr_transform(crop_size, upscale_factor):
    return Compose([
```

```
        ToPILImage(),
        Resize(crop_size // upscale_factor, interpolation=Image.BICUBIC),
        ToTensor()
    ])
## 训练数据集类
class TrainDatasetFromFolder(Dataset):
    def __init__(self, dataset_dir, crop_size, upscale_factor):
        super(TrainDatasetFromFolder, self).__init__()
        self.image_filenames = [join(dataset_dir, x) for x in listdir(dataset_dir) if is_
image_file(x)] ##获得所有图像
        crop_size = calculate_valid_crop_size(crop_size, upscale_factor)##获得裁剪尺寸
        self.hr_transform = train_hr_transform(crop_size) ##高分辨率图预处理函数
        self.lr_transform = train_lr_transform(crop_size, upscale_factor) ##低分辨率图预处理
函数
    ##数据集迭代指针
    def __getitem__(self, index):
        hr_image = self.hr_transform(Image.open(self.image_filenames[index])) ##随机裁剪以获
得高分辨率图
        lr_image = self.lr_transform(hr_image) ##获得低分辨率图
        return lr_image, hr_image

    def __len__(self):
        return len(self.image_filenames)

## 验证数据集类
class ValDatasetFromFolder(Dataset):
    def __init__(self, dataset_dir, upscale_factor):
        super(ValDatasetFromFolder, self).__init__()
        self.upscale_factor = upscale_factor
        self.image_filenames = [join(dataset_dir, x) for x in listdir(dataset_dir) if is_
image_file(x)]

    def __getitem__(self, index):
        hr_image = Image.open(self.image_filenames[index])

        ##获得图像窄边并将其作为裁剪尺寸
        w, h = hr_image.size
        crop_size = calculate_valid_crop_size(min(w, h), self.upscale_factor)
        lr_scale = Resize(crop_size // self.upscale_factor, interpolation=Image.BICUBIC)
        hr_scale = Resize(crop_size, interpolation=Image.BICUBIC)
        hr_image = CenterCrop(crop_size)(hr_image) ##中心裁剪以获得高分辨率图
        lr_image = lr_scale(hr_image) ##获得低分辨率图
        return ToTensor()(lr_image), ToTensor()(hr_image)

    def __len__(self):
        return len(self.image_filenames)
```

从上述代码可以看出，训练集和验证集的差异在于，训练集从原图像中随机裁剪大小为裁剪尺寸的正方形图像，而验证集则根据图像窄边裁剪正方形图像。

3. 生成器定义

生成器是一个基于残差模块的上采样模型，它的定义包括残差模块、上采样模块以及生成模型，如下。

```
## 残差模块
class ResidualBlock(nn.Module):
    def __init__(self, channels):
        super(ResidualBlock, self).__init__()
        ## 两个卷积层，卷积核大小为3×3，通道数不变
        self.conv1 = nn.Conv2d(channels, channels, kernel_size=3, padding=1)
        self.bn1 = nn.BatchNorm2d(channels)
        self.prelu = nn.PReLU()
        self.conv2 = nn.Conv2d(channels, channels, kernel_size=3, padding=1)
        self.bn2 = nn.BatchNorm2d(channels)

    def forward(self, x):
        residual = self.conv1(x)
        residual = self.bn1(residual)
        residual = self.prelu(residual)
        residual = self.conv2(residual)
        residual = self.bn2(residual)
        return x + residual

## 上采样模块，每一个模块的分辨率为2
class UpsampleBLock(nn.Module):
    def __init__(self, in_channels, up_scale):
        super(UpsampleBLock, self).__init__()
        ## 卷积层，输入通道数为in_channels，输出通道数为in_channels * up_scale ** 2
        self.conv = nn.Conv2d(in_channels, in_channels * up_scale ** 2, kernel_size=3,
padding=1)
        ## PixelShuffle上采样层，来自后上采样结构
        self.pixel_shuffle = nn.PixelShuffle(up_scale)
        self.prelu = nn.PReLU()

    def forward(self, x):
        x = self.conv(x)
        x = self.pixel_shuffle(x)
        x = self.prelu(x)
        return x

## 生成模型
class Generator(nn.Module):
    def __init__(self, scale_factor):
        upsample_block_num = int(math.log(scale_factor, 2))

        super(Generator, self).__init__()
        ## 第一个卷积层，卷积核大小为9×9，输入通道数为3，输出通道数为64
        self.block1 = nn.Sequential(
            nn.Conv2d(3, 64, kernel_size=9, padding=4),
            nn.PReLU()
```

```
        )
        ## 6个残差模块
        self.block2 = ResidualBlock(64)
        self.block3 = ResidualBlock(64)
        self.block4 = ResidualBlock(64)
        self.block5 = ResidualBlock(64)
        self.block6 = ResidualBlock(64)
        self.block7 = nn.Sequential(
            nn.Conv2d(64, 64, kernel_size=3, padding=1),
            nn.BatchNorm2d(64)
        )
        ## upsample_block_num个上采样模块，每一个上采样模块的上采样倍率为2
        block8 = [UpsampleBLock(64, 2) for _ in range(upsample_block_num)]
        ## 最后一个卷积层，卷积核大小为9×9，输入通道数为64，输出通道数为3
        block8.append(nn.Conv2d(64, 3, kernel_size=9, padding=4))
        self.block8 = nn.Sequential(*block8)

    def forward(self, x):
        block1 = self.block1(x)
        block2 = self.block2(block1)
        block3 = self.block3(block2)
        block4 = self.block4(block3)
        block5 = self.block5(block4)
        block6 = self.block6(block5)
        block7 = self.block7(block6)
        block8 = self.block8(block1 + block7)
        return (torch.tanh(block8) + 1) / 2
```

在上述的生成器定义中，调用了 nn.PixelShuffle 模块来实现上采样模块，它的具体原理在 7.3 节基于亚像素卷积的后上采样 ESPCN 模型中有详细介绍。

4. 判别器定义

判别器是一个普通的类似于 VGG 的 CNN 模型，完整定义如下。

```
## 残差模块
class Discriminator(nn.Module):
    def __init__(self):
        super(Discriminator, self).__init__()
        self.net = nn.Sequential(
            ## 第1个卷积层，卷积核大小为3×3，输入通道数为3，输出通道数为64
            nn.Conv2d(3, 64, kernel_size=3, padding=1),
            nn.LeakyReLU(0.2),
            ## 第2个卷积层，卷积核大小为3×3，输入通道数为64，输出通道数为64
            nn.Conv2d(64, 64, kernel_size=3, stride=2, padding=1),
            nn.BatchNorm2d(64),
            nn.LeakyReLU(0.2),
            ## 第3个卷积层，卷积核大小为3×3，输入通道数为64，输出通道数为128
            nn.Conv2d(64, 128, kernel_size=3, padding=1),
```

```
            nn.BatchNorm2d(128),
            nn.LeakyReLU(0.2),
            ## 第4个卷积层，卷积核大小为3×3，输入通道数为128，输出通道数为128
            nn.Conv2d(128, 128, kernel_size=3, stride=2, padding=1),
            nn.BatchNorm2d(128),
            nn.LeakyReLU(0.2),
            ## 第5个卷积层，卷积核大小为3×3，输入通道数为128，输出通道数为256
            nn.Conv2d(128, 256, kernel_size=3, padding=1),
            nn.BatchNorm2d(256),
            nn.LeakyReLU(0.2),
            ## 第6个卷积层，卷积核大小为3×3，输入通道数为256，输出通道数为256
            nn.Conv2d(256, 256, kernel_size=3, stride=2, padding=1),
            nn.BatchNorm2d(256),
            nn.LeakyReLU(0.2),
            ## 第7个卷积层，卷积核大小为3×3，输入通道数为256，输出通道数为512
            nn.Conv2d(256, 512, kernel_size=3, padding=1),
            nn.BatchNorm2d(512),
            nn.LeakyReLU(0.2),
            ## 第8个卷积层，卷积核大小为3×3，输入通道数为512，输出通道数为512
            nn.Conv2d(512, 512, kernel_size=3, stride=2, padding=1),
            nn.BatchNorm2d(512),
            nn.LeakyReLU(0.2),
            ## 全局池化层
            nn.AdaptiveAvgPool2d(1),
            ## 两个全连接层，使用卷积实现
            nn.Conv2d(512, 1024, kernel_size=1),
            nn.LeakyReLU(0.2),
            nn.Conv2d(1024, 1, kernel_size=1)
        )

    def forward(self, x):
        batch_size = x.size(0)
        return torch.sigmoid(self.net(x).view(batch_size))
```

5. 生成器损失定义

生成器损失定义如下。

```
## 生成器损失定义
class GeneratorLoss(nn.Module):
    def __init__(self):
        super(GeneratorLoss, self).__init__()
        vgg = vgg16(pretrained=True)
        loss_network = nn.Sequential(*list(vgg.features)[:31]).eval()
        for param in loss_network.parameters():
            param.requires_grad = False
        self.loss_network = loss_network
        self.mse_loss = nn.MSELoss() ##MSE损失
        self.tv_loss = TVLoss() ##TV平滑损失
```

```
    def forward(self, out_labels, out_images, target_images):
        # 对抗损失
        adversarial_loss = torch.mean(1 - out_labels)
        # 感知损失
        perception_loss = self.mse_loss(self.loss_network(out_images), self.loss_
network(target_images))
        # 图像MSE损失
        image_loss = self.mse_loss(out_images, target_images)
        # TV平滑损失
        tv_loss = self.tv_loss(out_images)
        return image_loss + 0.001 * adversarial_loss + 0.006 * perception_loss + 2e-8 * tv_loss

## TV平滑损失
class TVLoss(nn.Module):
    def __init__(self, tv_loss_weight=1):
        super(TVLoss, self).__init__()
        self.tv_loss_weight = tv_loss_weight

    def forward(self, x):
        batch_size = x.size()[0]
        h_x = x.size()[2]
        w_x = x.size()[3]
        count_h = self.tensor_size(x[:, :, 1:, :])
        count_w = self.tensor_size(x[:, :, :, 1:])
        h_tv = torch.pow((x[:, :, 1:, :] - x[:, :, :h_x - 1, :]), 2).sum()
        w_tv = torch.pow((x[:, :, :, 1:] - x[:, :, :, :w_x - 1]), 2).sum()
        return self.tv_loss_weight * 2 * (h_tv / count_h + w_tv / count_w) / batch_size

    @staticmethod
    def tensor_size(t):
        return t.size()[1] * t.size()[2] * t.size()[3]
```

生成器损失总共包含 4 部分，分别是网络的对抗损失、基于 VGG 模型的感知损失、逐像素的图像 MSE 损失、用于约束图像平滑的 TV 平滑损失。

7.4.2 模型训练

接下来我们解读模型的核心训练代码，查看模型训练的结果。

1. 训练代码

训练代码除了模型和损失定义，还需要完成优化方法定义、训练和验证指标变量的存储，核心代码如下。

```
## 参数解释器
parser = argparse.ArgumentParser(description='Train Super Resolution Models')
## 裁剪尺寸，即训练尺度
parser.add_argument('--crop_size', default=240, type=int, help='training images crop size')
## 超分上采样倍率
parser.add_argument('--upscale_factor', default=4, type=int, choices=[2, 4, 8],
          help='super resolution upscale factor')
## 迭代epoch次数
parser.add_argument('--num_epochs', default=100, type=int, help='train epoch number')

##训练主代码
if __name__ == '__main__':
  opt = parser.parse_args()
  CROP_SIZE = opt.crop_size
  UPSCALE_FACTOR = opt.upscale_factor
  NUM_EPOCHS = opt.num_epochs

  ## 获取训练集/验证集
  train_set = TrainDatasetFromFolder('data/train', crop_size=CROP_SIZE, upscale_factor=UPSCALE_FACTOR)
  val_set = ValDatasetFromFolder('data/val', upscale_factor=UPSCALE_FACTOR)
  train_loader = DataLoader(dataset=train_set, num_workers=4, batch_size=64, shuffle=True)
  val_loader = DataLoader(dataset=val_set, num_workers=4, batch_size=1, shuffle=False)

  netG = Generator(UPSCALE_FACTOR) ##生成器定义
  netD = Discriminator() ##判别器定义
  generator_criterion = GeneratorLoss() ##生成器优化目标

  ## 是否使用GPU
  if torch.cuda.is_available():
    netG.cuda()
    netD.cuda()
    generator_criterion.cuda()

  ##生成器和判别器优化方法
  optimizerG = optim.Adam(netG.parameters())
  optimizerD = optim.Adam(netD.parameters())

  results = {'d_loss': [], 'g_loss': [], 'd_score': [], 'g_score': [], 'psnr': [], 'ssim': []}
  ## epoch迭代
  for epoch in range(1, NUM_EPOCHS + 1):
    train_bar = tqdm(train_loader)
    running_results = {'batch_sizes': 0, 'd_loss': 0, 'g_loss': 0, 'd_score': 0, 'g_score': 0} ##结果变量

    netG.train() ##生成器训练
```

```
netD.train() ##判别器训练

## 每一个epoch的数据迭代
for data, target in train_bar:
    g_update_first = True
    batch_size = data.size(0)
    running_results['batch_sizes'] += batch_size

    ## 优化判别器，最大化D(x)-1-D(G(z))
    real_img = Variable(target)
    if torch.cuda.is_available():
        real_img = real_img.cuda()
    z = Variable(data)
    if torch.cuda.is_available():
        z = z.cuda()
    fake_img = netG(z) ##获取生成结果
    netD.zero_grad()
    real_out = netD(real_img).mean()
    fake_out = netD(fake_img).mean()
    d_loss = 1 - real_out + fake_out
    d_loss.backward(retain_graph=True)
    optimizerD.step() ##优化判别器

    ## 优化生成器，最小化1-D(G(z)) + Perception Loss + Image Loss + TV Loss
    netG.zero_grad()
    g_loss = generator_criterion(fake_out, fake_img, real_img)
    g_loss.backward()

    fake_img = netG(z)
    fake_out = netD(fake_img).mean()
    optimizerG.step()

    # 记录当前损失
    running_results['g_loss'] += g_loss.item() * batch_size
    running_results['d_loss'] += d_loss.item() * batch_size
    running_results['d_score'] += real_out.item() * batch_size
    running_results['g_score'] += fake_out.item() * batch_size

## 对验证集进行验证
netG.eval() ## 设置验证模式
out_path = 'training_results/SRF_' + str(UPSCALE_FACTOR) + '/'
if not os.path.exists(out_path):
    os.makedirs(out_path)

## 计算验证集相关指标
with torch.no_grad():
    val_bar = tqdm(val_loader)
    valing_results = {'mse': 0, 'ssims': 0, 'psnr': 0, 'ssim': 0, 'batch_sizes': 0}
```

```
        val_images = []
        for val_lr, val_hr in val_bar:
          batch_size = val_lr.size(0)
          valing_results['batch_sizes'] += batch_size
          lr = val_lr ##低分辨率真值图
          hr = val_hr ##高分辨率真值图
          if torch.cuda.is_available():
            lr = lr.cuda()
            hr = hr.cuda()
          sr = netG(lr) ##超分重建结果

          batch_mse = ((sr - hr) ** 2).data.mean() ##计算MSE指标
          valing_results['mse'] += batch_mse * batch_size
          valing_results['psnr'] = 10 * log10(1 / (valing_results['mse'] / valing_
results['batch_sizes'])) ##计算PSNR指标
          batch_ssim = pytorch_ssim.ssim(sr, hr).item() ##计算SSIM指标
          valing_results['ssims'] += batch_ssim * batch_size
          valing_results['ssim'] = valing_results['ssims'] / valing_results['batch_sizes']
      ## 存储模型参数
      torch.save(netG.state_dict(), 'epochs/netG_epoch_%d_%d.pth' % (UPSCALE_FACTOR, epoch))
      torch.save(netD.state_dict(), 'epochs/netD_epoch_%d_%d.pth' % (UPSCALE_FACTOR, epoch))
      ## 记录训练集损失以及验证集的PSNR、SSIM等指标
      results['d_loss'].append(running_results['d_loss'] / running_results['batch_sizes'])
      results['g_loss'].append(running_results['g_loss'] / running_results['batch_sizes'])
      results['d_score'].append(running_results['d_score'] / running_results['batch_sizes'])
      results['g_score'].append(running_results['g_score'] / running_results['batch_sizes'])
      results['psnr'].append(valing_results['psnr'])
      results['ssim'].append(valing_results['ssim'])

      ## 存储结果到本地文件
      if epoch % 10 == 0 and epoch != 0:
        out_path = 'statistics/'
        data_frame = pd.DataFrame(
            data={'Loss_D': results['d_loss'], 'Loss_G': results['g_loss'], 'Score_D':
results['d_score'],
                  'Score_G': results['g_score'], 'PSNR': results['psnr'], 'SSIM':
results['ssim']},
            index=range(1, epoch + 1))
        data_frame.to_csv(out_path + 'srf_' + str(UPSCALE_FACTOR) + '_train_results.csv',
index_label='Epoch')
```

从上述代码可以看出，训练时采用的 crop_size 为 240px × 240px，训练时我们将所有图缩放为 320px × 320px，验证时图像大小为 320px × 320px，批处理大小为 64，使用的优化方法为 Adam，Adam 采用了默认的优化参数。

我们分别训练了上采样倍率为 2、4、8 的模型。

2. 训练结果

下面我们查看验证集的训练结果，即 PSNR 和 SSIM 曲线，如图 7.9~ 图 7.11 所示。

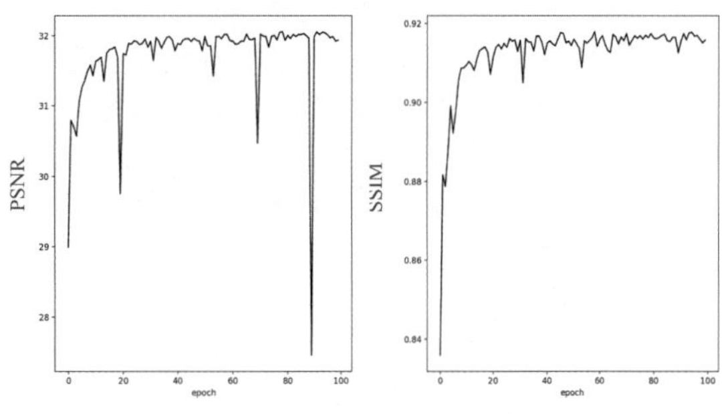

图 7.9　2 倍上采样的 PSNR 和 SSIM 曲线

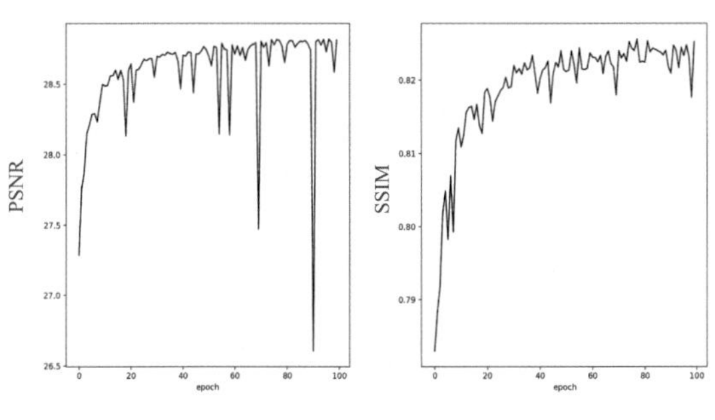

图 7.10　4 倍上采样的 PSNR 和 SSIM 曲线

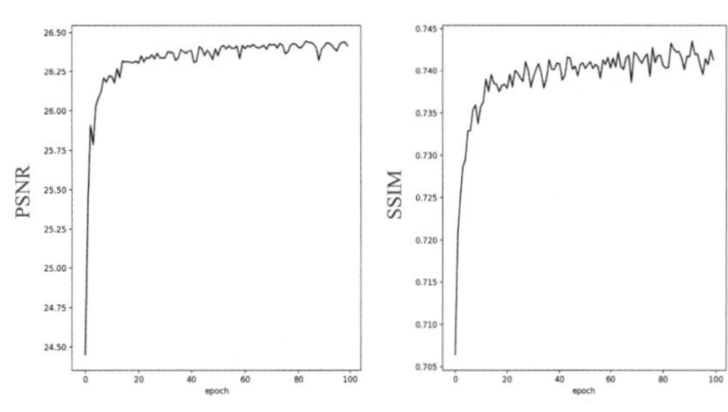

图 7.11　8 倍上采样的 PSNR 和 SSIM 曲线

从图 7.9~ 图 7.11 可以看出，模型都已经基本收敛，继续训练可能在指标上有微量提升。上采样倍率越大，重建后的 PSNR 和 SSIM 指标越低，因为任务更难。2 倍上采样时 PSNR 指标超过 31dB，SSIM 超过 0.91；8 倍上采样时 PSNR 指标低于 27dB，SSIM 指标低于 0.8。

7.4.3　模型测试

接下来我们使用自己的数据来进行模型的测试。

1. 测试代码

首先解读测试代码，需要完成模型的载入、图像预处理和结果存储，完整代码如下。

```
import torch
from PIL import Image
from torch.autograd import Variable
from torchvision.transforms import ToTensor, ToPILImage
from model import Generator

UPSCALE_FACTOR = 4 ##上采样倍率
TEST_MODE = True ## 使用GPU进行测试
```

```
IMAGE_NAME = sys.argv[1] ##图像路径
RESULT_NAME = sys.argv[1] ##结果图路径

MODEL_NAME = 'netG.pth' ##模型路径
model = Generator(UPSCALE_FACTOR).eval() ##设置验证模式
if TEST_MODE:
    model.cuda()
    model.load_state_dict(torch.load(MODEL_NAME))
else:
    model.load_state_dict(torch.load(MODEL_NAME, map_location=lambda storage, loc:
storage))

image = Image.open(IMAGE_NAME) ##读取图像
image = Variable(ToTensor()(image), volatile=True).unsqueeze(0) ##图像预处理
if TEST_MODE:
    image = image.cuda()

out = model(image)
out_img = ToPILImage()(out[0].data.cpu())
out_img.save(RESULT_NAME)
```

2. 重建结果

图 7.12 和图 7.13 展示了若干图像的重建结果，输入图大小分别是 64px × 64px、128px × 128px。其中，图 7.12（a）和图 7.13（a）为使用双线性插值进行上采样的结果，图 7.12（b）和图 7.13（b）为 2 倍上采样超分重建结果，图 7.12（c）和图 7.13（c）为 4 倍上采样超分重建结果，图 7.12（d）和图 7.13（d）为 8 倍上采样超分重建结果。

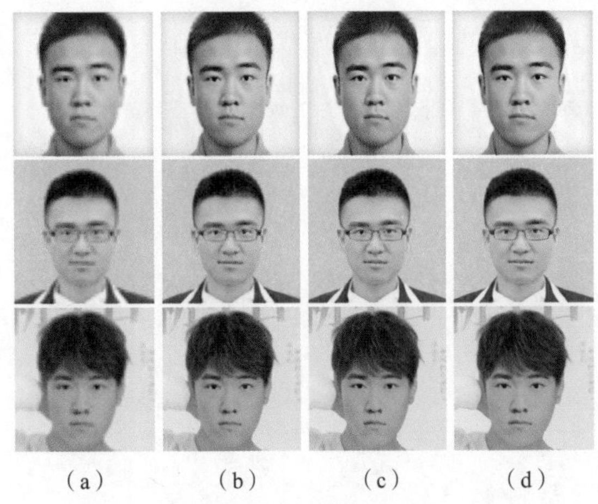

（a）（b）（c）（d）

图 7.12 64px × 64px 图像的超分重建结果

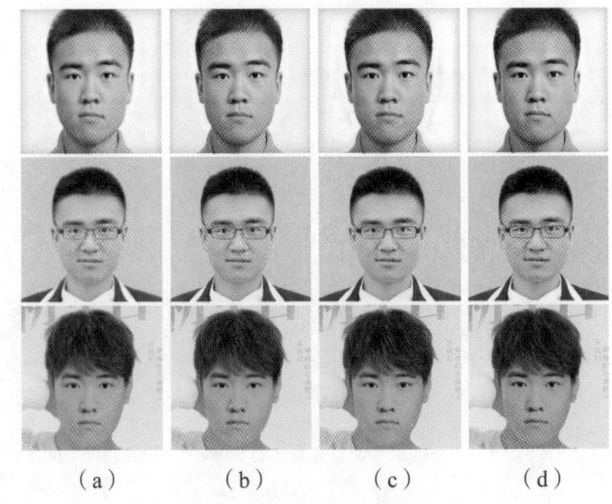

（a）（b）（c）（d）

图 7.13 128px × 128px 图像的超分重建结果

图 7.12 和图 7.13 表明，超分重建的结果清晰度明显优于使用双线性插值进行上采样的结果，成功实现了 2、4、8 倍的上采样超分放大，分辨率越高，图像越清晰。当输入分辨率为 64px × 64px 时，8 倍上采样超分后能取得较好的结果，但是仍然有失真，且失真度高于输入分辨率为 128px × 128px、2 倍上采样超分后的结果图，这说明输入图的质量对结果依旧有非常大的影响。

小提示

当要对退化类型更加复杂的图像进行超分重建时，模型训练时也应该采取多种对应的数据增强方法，包括但不限于对比度增强、各类噪声污染、JPEG 压缩失真等操作。

7.5 小结

本章介绍了图像超分与去模糊基础、图像去模糊方法以及图像超分方法，然后在第 4 个小节中进行了图像超分模型实践。

在 7.1 节图像超分与去模糊基础部分，介绍了常见的失焦模糊、运动模糊等模糊模型，超分在图像和视频存储以及传输中的应用价值。

在 7.2 节图像去模糊方法部分，介绍了常见的模糊核模型，深度学习去模糊模型中的编解码结构以及 GAN 的应用。

在 7.3 节图像超分方法部分，介绍了各种采样结构的超分模型，GAN 在提高超分图像质量以及生成数据中的重要应用。

在 7.4 节实践了 SRGAN 超分模型，训练了 2 倍、4 倍、8 倍的人脸超分辨模型并且对其结果进行了比较。

虽然研究者提出了数十个超分模型，但是目前大多数超分模型对于真实的图像超分效果往往不是很好，主要存在以下几个问题。

（1）训练数据难以获取，目前大部分模型采用了仿真的数据，这个过程难以模仿真实的图像退化过程，真实图像退化不仅仅是分辨率降低，更是在这个过程中会引入各类图像噪声，所以基于采样训练出来的模型容易过拟合，泛化能力不好。

（2）模型难以通用，对于特定类型的图像，比如人脸超分则需要专门训练人脸相关的模型，通用超分模型往往难以获得很好的效果。不过人脸图像超分也可以使用人脸相关的任务进行联合训练获得更加稳健的超分模型 [21]。

目前研究者整理了多个基于深度学习的超分模型综述 [20]，从事该领域工作的读者可以详细阅读。

参考文献

[1] NAH S, KIM T H, LEE K M. Deep Multi-scale Convolutional Neural Network for Dynamic Scene Deblurring[C]//Proceedings of the IEEE Conference on Computer Vision and Pattern Recognition, 2017: 3883-3891.

[2] WANG R, TAO D. Recent Progress in Image Deblurring[J]. Computer Science, 2014.

[3] HRADIS M, KOTERA J, ZEMCLK P, et al. Convolutional Neural Networks for Direct Text Deblurring[C]//Proceedings of BMVC, 2015, 10: 2.

[4] TAO X, GAO H, SHEN X, et al. Scale-recurrent Network for Deep Image Deblurring[C]//Proceedings of the IEEE Conference on Computer Vision and Pattern Recognition, 2018: 8174-8182.

[5] KUPYN O, BUDZAN V, MYKHAILYCH M, et al. DeblurGAN: Blind Motion Deblurring Using Conditional Adversarial Networks[C]//Proceedings of the IEEE conference on computer vision and pattern recognition, 2018: 8183-8192.

[6] KUPYN O, MARTYNIUK T, WU J, et al. Deblurgan-v2: Deblurring (Orders-of-Magnitude) Faster and Better[C]//Proceedings of the IEEE International Conference on Computer Vision, 2019: 8878-8887.

[7] DONG C, LOY C C, HE K, et al. Image Super-Resolution Using Deep Convolutional Networks[J]. IEEE Transactions on Pattern Analysis and Machine Intelligence, 2015, 38(2): 295-307.

[8] DONG C, LOY C C, TANG X O. Accelerating the Super-Resolution Convolutional Neural Network[J]. ECCV, 2016.

[9] SHI W, CABALLERO J, F HYSZÁR,et al. Real-Time Single Image and Video Super-Resolution Vsing an Efficient Sub-Pixel Convolutional Neural Network [J].IEEE, 2016.

[10] LAI W S, HUANG J B, AHUJA N, et al. Fast and Accurate Image Super-Resolution with Deep Laplacian Pyramid Networks[J]. IEEE Transactions on Pattern Analysis and Machine Intelligence, 2018, 41(11): 2599-2613.

[11] KIM D, KIM M, KWON G, et al. Progressive Face Super-Resolution via Attention to Facial Landmark[C]//BMVC, 2019.

[12] HARIS M, SHAKHNAROVICH G, UKITA N. Deep Back-Projection Networks for Super-Resolution[C]//Proceedings of the IEEE Conference on Computer Vision and Pattern Recognition, 2018: 1664-1673.

[13] JOHNSON J, ALAHI A, LI FF. Perceptual Losses for Real-Time Style Transfer and Super-Resolution[C]//European Conference on Computer Vision. Springer, Cham, 2016: 694-711.

[14] LEDIG C, THEIS L, HUSZÁR F, et al. Photo-Realistic Single Image Super-Resolution Using a Generative Adversarial Network[C]//Proceedings of the IEEE Conference on Computer Vision and Pattern Recognition. 2017: 4681-4690.

[15] WANG X, YU K, WU S, et al. Esrgan: Enhanced Super-Resolution Generative Adversarial Networks[C]//Proceedings of the European Conference on Computer Vision (ECCV), 2018: 0-0.

[16] BULAT A, YANG J, Tzimiropoulos G. To learn image super-resolution, use a GAN to learn how to do image degradation first[C]//Proceedings of the European Conference on Computer Vision (ECCV), 2018: 185-200.

[17] YUAN Y, LIU S, ZHANG J, et al. Unsupervised Image Super-Resolution Using Cycle-in-Cycle Generative Adversarial Networks[J]. CVPRW, 2018.

[18] SHOCHER A, COHEN N, IRANI M. “Zero-Shot” Super-Resolution using Deep Internal Learning[C]//Proceedings of the IEEE Conference on Computer Vision and Pattern Recognition, 2018: 3118-3126.

[19] ANWAR S, KHAN S, BARNES N. A Deep Journey into Super-resolution: A survey[J]. ACM Computing Surveys, 2019.

[20] KARRAS T, AILA T, LAINE S, et al. Progressive Growing of GANs for Improved Quality, Stability, and Variation[C]//ICLR 2018, 2018.

[21] BULAT A, TZIMIROPOULOS G. Super-FAN: Integrated facial landmark localization and super-resolution of real-world low resolution faces in arbitrary poses with GANs[C]//Proceedings of the IEEE Conference on Computer Vision and Pattern Recognition, 2018: 109-117.

第 8 章

图像滤镜与风格化

摄影是一门艺术，因此适当的艺术创作是常用的摄影方法。

本章讲述图像滤镜与风格化相关的内容。

- 摄影风格与滤镜基础
- 传统的图像风格化方法
- 基于深度学习的风格化方法
- 基于图像优化的风格迁移算法实战

8.1 摄影风格与滤镜基础

本节将介绍摄影风格与滤镜基础，包括摄影中的不同风格、摄影滤镜与工具插件。

8.1.1 摄影中的不同风格

摄影是一门创作的艺术，不同的主题有非常多的创作风格，下面我们介绍一些常见的具有艺术美感的创作风格，它们都可以用相机内置功能实现。

1. 黑白与单色摄影

黑白与单色摄影可能是摄影师实践的主要风格之一，其特点在于简洁，弱化了背景，从而专注于主体与构图要素，常见于风光、人像等摄影。相应作品如图 8.1 和图 8.2 所示。

（a） （b） （c）

图 8.1 黑白摄影作品

图 8.1（a）使用黑白摄影，画面极简，前景和背景的对比非常突出；图 8.1（b）使用黑白摄影来记录有年代感的静物，相比于彩色图更有画面感；图 8.1（c）使用黑白摄影专注于图像构图，使建筑主体不会被斑驳的杂色干扰。

图 8.2　单色摄影作品

图 8.2 展示的是一幅后期处理过的单色摄影作品，它保留了画面主体的颜色而消除了背景的颜色，这样的后期处理手法让主体更强烈地突出。

2. 长曝光与延时摄影

长曝光摄影的特点是曝光时间延长，多达几秒甚至几十秒。由于曝光时间延长、进光量增加，因此长曝光摄影常在外界光线较暗的场景中使用，如夜景图像。长曝光摄影可以用于捕捉连续运动的云、水、光线，获得人眼无法直接观察到的绝美效果，其作品有一种时间暂停的静谧感，如图 8.3 所示。

图 8.3　长曝光摄影作品

长曝光是一种动态摄影手法，而延时摄影则是在一段时间内拍摄大量照片，然后进行快速播放，可以展现鲜花的完整盛开过程、繁忙的城市街道等，由于展现形式是视频，这里不再展示其作品。

3. 相机内置的艺术风格

一般单反相机都内置了若干艺术风格，常见的如水彩画风格、油画风格作品，如图 8.4 所示。

（a）

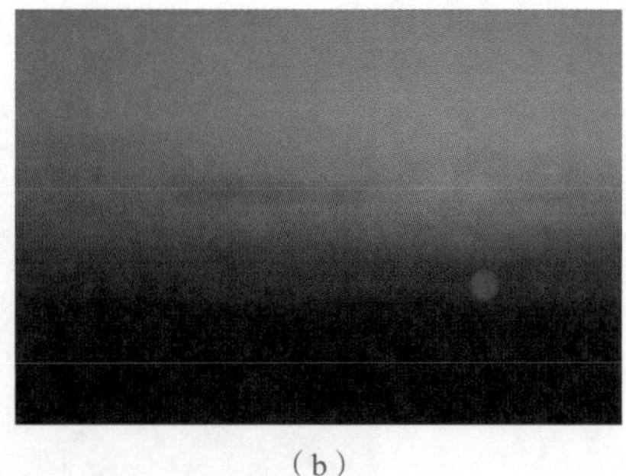
（b）

图 8.4 水彩画与油画风格作品

图 8.4（a）是使用水彩画风格拍摄的，水彩画风格用于创建类似于水彩画的作品。图 8.4（b）是使用油画风格拍摄的，油画风格用于突出主体的色彩。

8.1.2 摄影滤镜与工具插件

为了辅助摄影师拍摄出更好的作品，相机厂商和摄影软件服务商开发了非常多的摄影滤镜和工具插件，其中一些适合创作特殊的摄影风格，本小节给大家简单介绍。

1. 摄影滤镜

首先介绍一些滤镜。

（1）UV 滤镜：适合所有类别摄影。UV 滤镜能减弱因紫外线引起的蓝色调，对于数码相机来说，还可以排除紫外线的干扰，有助于提高清晰度和增强色彩。不过质量一般的 UV 滤镜有时可能会起到负面的作用。

（2）偏振镜 /PL 镜：适合所有类别摄影。偏振镜的作用是消除镜面反光，增加画面对比度和饱和度。市面上目前有两种规格的偏振镜，胶片相机使用的线偏振镜和单反相机使用的圆偏振镜。

（3）中灰密度（ND）镜：适合风光摄影。ND 镜的作用是防止画面过曝，特别是强制要求使用大光圈时，适合长曝光摄影使用。

（4）彩色滤镜：适用所有类别摄影。彩色滤镜的作用是更改画面颜色，尤其适合胶片摄影增色或修改色调。

（5）冷暖调滤镜：适合所有类别摄影。冷暖调滤镜的作用是通过更改白平衡修正色彩，改变照片的色调与氛围。

（6）近摄镜：适合微距摄影。近摄镜的作用是缩短镜头对焦距离，实现被摄主体的放大。

（7）黑白滤镜：适合所有类别摄影。黑白滤镜的作用是提升黑白照片的质感，黄、绿、橙、红 4 种滤镜分别用于遮蔽不同的单色。

2. 工具插件

除了摄影滤镜，摄影软件服务商也提供了许多的软件工具插件，以 Photoshop 为例，下面分享几个常用的工具插件。

（1）Knoll Light Factory：该插件可以实现逆光小清新、阳光氛围、纯美日系、个人私房等风格。我们在前期拍摄的时候，很难非常全面地控制光线，如光线的色温、光线与主体的曝光比、光线的影响范围等，这时利用这款插件就可以完美解决这些问题。

（2）Rays：该插件一个最主要的功能是模拟丁达尔效应。该插件最好应用在阴天拍摄的照片上，这样做出来的效果是最真实的，当然选择其他天气拍摄的照片也可以，只不过可能需要更多的细节修饰。

（3）Alien Skin Bokeh：该插件主要有两个用法，一是用于模拟移轴虚化效果，二是用于模拟浅景深效果。在模拟浅景深效果时，不仅仅可以模拟圆形的焦外效果，还可以模拟心形、三角形等效果，甚至可以模拟折返镜头的焦外散景效果。

（4）Alien Skin Exposure：胶片摄影爱好者一定会喜欢该插件。它不仅可以用于模拟胶片的色调，还可以用于模拟胶片的质感，如颗粒感、漏光、刮痕等，属于十分全能的胶片摄影模拟插件。最值得一提的是，它提供了十分丰富的预设，效果都很好。

（5）Starstail：该插件可以合成星轨、让单张星空照片变成星轨照片、去噪、模拟慢门，分区调整、制造各种艺术效果等。

（6）Snap Art：该插件用于模拟艺术效果，类似于 Prisma 软件。

8.2 传统的图像风格化方法

图像风格化的研究由来已久，Photoshop 等软件中也早就有了非常多的滤镜风格，其中可以分为两大类，分别是基于边缘的风格化和基于颜色的风格化，下面我们简单介绍对应的方法和应用。

8.2.1 基于边缘的风格化

基于边缘的风格化是非常常见的一种风格化方法，可以突出轮廓，创建出特殊的效果，如图 8.5 所示。

图 8.5 从左到右分别是原图、查找边缘效果、等高线效果、浮雕效果

图 8.5 展示了 Photoshop 中几种常见的基于边缘的风格化效果，虽然各自有所不同，但是其中最核心的技术仍然是寻找主体的边缘。

为了实现以上风格，首先要检测主体的边缘，可以使用传统的边缘检测算法，如 Sobel、Canny 边缘检测算子，也可以使用深度学习算法。下面简单介绍其中几个风格的算法原理。

1. 查找边缘风格

查找边缘风格使用 Sobel 边缘检测算子得到幅度后进行反色操作。对于平坦的无边缘区域，其边缘幅度很低，因此反色后像素值较大，R、G、B 通道合并后呈现白色。对于边缘区域，其边缘幅度较大，因此反色后像素值较小，R、G、B 通道合并后呈现黑色。图 8.5 中可以明显看出效果。

2. 等高线风格

等高线风格使用色阶来进行调整，色阶即一张图的明暗关系。例如，8 位的 RGB 颜色空间数字图像可以用 256 阶分别表示红、绿、蓝，其中每个颜色的取值范围都是 0~255。我们常常使用色阶调整图像的阴影、中间调和高光的强度级别。等高线风格需要首先调整图像的色阶，然后应用边缘检测算子，不同的色阶参数对结果有很大的影响。

3. 浮雕风格

浮雕风格原理为当前点的 RGB 值减去相邻点的 RGB 值并加上 128 作为新的 RGB 值。由于图像中相邻点的颜色值是比较接近的，因此这样处理之后，只有颜色的边缘区域，也就是相邻颜色差异较大的部分的结果才会比较明显，而其他平滑区域的颜色值都在 128 左右，即灰色。

8.2.2　基于颜色的风格化

基于颜色的风格化通过更改像素值或者像素的分布，可以创造出特殊的风格，如油画、波浪等，如图 8.6 所示。

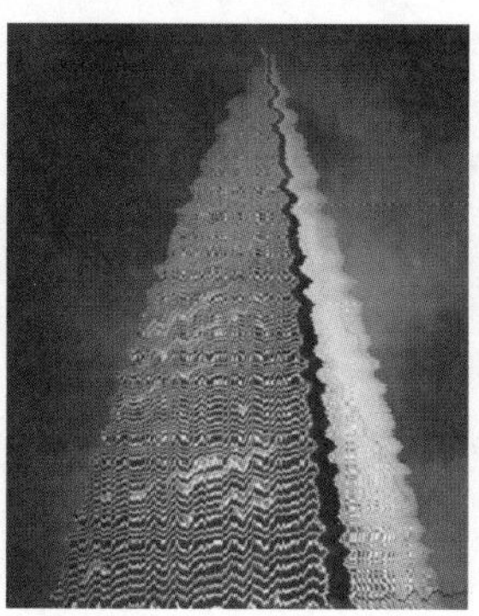
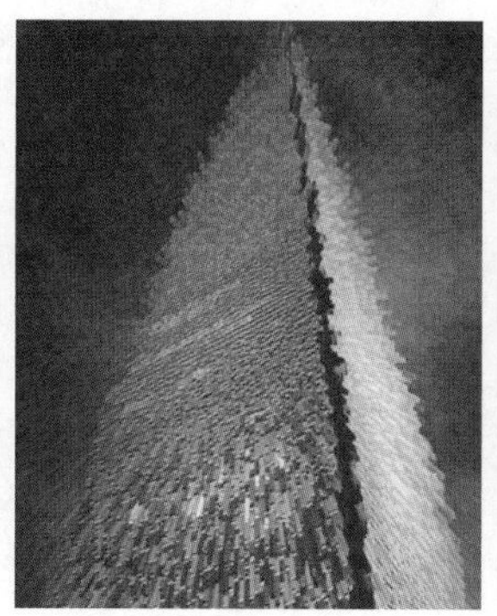

图 8.6 从左到右分别是原图、波浪效果、凸出效果、油画效果

1. 波浪风格

波浪属于扭曲风格中的一种，它用几何学的原理来对一张图像进行变形，包括生成器数、波长、波幅、比例、类型等参数，如图 8.7 所示。

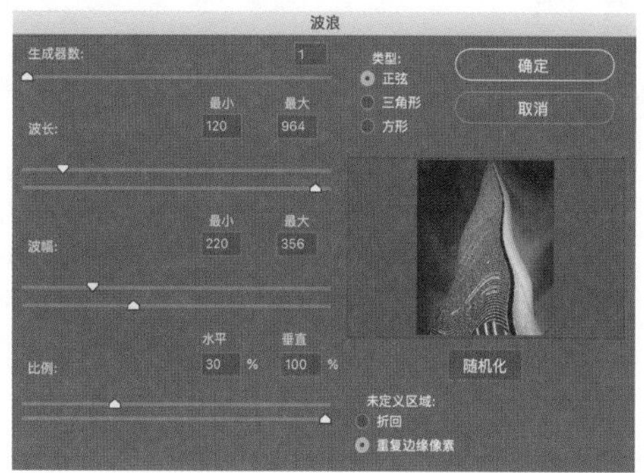

图 8.7 波浪风格参数

（1）生成器数：生成器数用于控制波的数量，取值范围是 1~999，一般来说选择 1 即可。

（2）波长：波长的最大值与最小值决定相邻波峰之间的距离，用于指定变形的作用范围，最大值必须大于或等于最小值。

（3）波幅：波幅的最大值与最小值决定波的高度，用于指定变形的幅度，最大值必须大于或等于最小值。

（4）比例：比例用于控制图像在水平或垂直方向上的变形程度。

（5）类型：有 3 种类型的波浪可供选择，分别是正弦、三角形和方形，用于控制波浪在图像中的形状。

（6）随机化：随机化用于为波浪指定一种随机效果。

（7）未定义区域

- 折回：将变形后超出图像边缘的部分翻转到图像的对边。
- 重复边缘像素：将图像中因为变形超出图像的部分分布到图像的边界上。

2. 凸出风格

凸出风格是一种基于像素聚类的风格，它包含两个重要参数，分别为大小和深度，如图 8.8 所示。

图 8.8 凸出风格参数

大小控制像素块的面积，深度控制景深。该风格将像素按照颜色聚类后，沿着各个方向生成带景深的柱状主体，同时对其边缘灰度进行抑制。

3. 油画风格

油画风格是一种对颜色进行微调的风格，主要模仿油画的绘制风格，最常用的方法是随机采用当前点一定邻域范围内任意一点的颜色来替代当前点颜色。

8.3 基于深度学习的风格化方法

随着深度学习技术的发展，基于深度学习的风格化方法被广泛研究并且取得了非常好的效果，开启了一个新的研究领域——风格迁移。

8.3.1 风格迁移基础

2015 年，德国图宾根大学科学家在论文 *A Neural Algorithm of Artistic Style*[1] 中提出了使用深层卷积神经网络进行训练，以创造具有高质量艺术风格的作品。该网络将一张图作为内容图，从另一张图中抽取艺术风格，两者一起合成新的艺术作品。

> 小提示
>
> 早期的风格迁移算法以 Image Analogies 为代表，它是基于图像块的纹理仿真运算，由于不是基于学习的算法，本章不做介绍。

1. 什么是风格迁移

所谓风格迁移，即将某一张图像的风格迁移到另一张图像，它可以实现某一类风格图的生成、摄影师风格的学习等，通常我们也称之为艺术类滤镜。常见的风格包括绘画、素描等艺术类风格。风格迁移是后期处理程度较深的操作，它改变了图像的纹理和颜色。图 8.9 所示为一些风格效果。

图 8.9 风格效果

图 8.9 展示了使用 Picas 应用生成的各种各样风格效果，每一种风格都有独特的美感，主体和背景的处理都非常好。

2. 理论基础

生物学家证明了人脑处理信息具有不同的抽象层次，人的眼睛看事物可以根据尺度调节抽象层次，当仔细在近处观察一张图时，抽象层次越低，人们看到的是清晰的纹理，而在远处观察时人们看到的是大致的轮廓。

> 小提示
>
> CNN 实现和证明了抽象层次的合理性，它将各个神经元看作一个图像滤波器，输出层就是输入图像的不同滤波器的组合，网络由浅到深，内容越来越抽象。

有研究者[2]基于此特点提出图像可以由内容层与风格层两个图层描述，内容层描述图像的整体信息，风格层描述图像的细节信息。

内容是图像的语义信息，指图里包含的目标及其位置，它属于图像中较为底层的信息，可以使用灰度值、目标轮廓等进行描述。风格指代笔触、颜色等信息，是更加抽象和高层的信息。

图像风格可以用数学来描述，其中常用的是格拉姆矩阵，它的定义为 n 维欧氏空间中任意 k 个向量 $\alpha_1,\alpha_2,\cdots,\alpha_k$ 的内积所组成的矩阵。

$$\Delta(\alpha_1,\alpha_2,\cdots,\alpha_k)=\begin{pmatrix}(\alpha_1,\alpha_1)\cdots(\alpha_1,\alpha_k)\\ \vdots \quad\quad \vdots \\ (\alpha_k,\alpha_1)\cdots(\alpha_k,\alpha_k)\end{pmatrix} \quad 式（8.1）$$

基于图像特征的格拉姆矩阵计算方法如下。

$$G_{ij}^l=\sum_k F_{ik}^l F_{jk}^l \quad 式（8.2）$$

其中 G_{ij}^l 是向量化后的第 l 个网络层的特征图 i 和特征图 j 的内积，k 即向量的长度。

格拉姆矩阵可以看作特征之间的偏心协方差矩阵，即没有减去均值的协方差矩阵，内积之后得到的矩阵的对角线元素包含不同的特征，而其他元素则包含不同特征之间的相关信息。因此格拉姆矩阵可以反映整个图像的风格，如果我们要度量两个图像风格的差异，只需比较它们的格拉姆矩阵的差异即可。

假设我们有两张图，一张是欲模仿的风格图 s，一张是内容图 c，想要生成图 x。风格迁移转换成数学问题，就是最小化下面这个函数。

$$l_{\text{total}}(x,s,c) = \alpha \cdot l_{\text{style}}(s,x)+\beta \cdot l_{\text{content}}(x,c) \quad \text{式（8.3）}$$

因此当我们要实现一个风格迁移算法时，只需要提取风格图的风格，提取要使用风格的图的内容，然后合并成最终的效果图。

8.3.2　基于图像优化的风格迁移算法

本小节将介绍基于图像优化的风格迁移算法，这是早期的风格迁移算法。

基于图像优化的风格迁移算法在图像像素空间做梯度下降来最小化目标函数，以 Gary 等人提出的经典算法 [1] 为例，图 8.10 所示是该算法的结构。

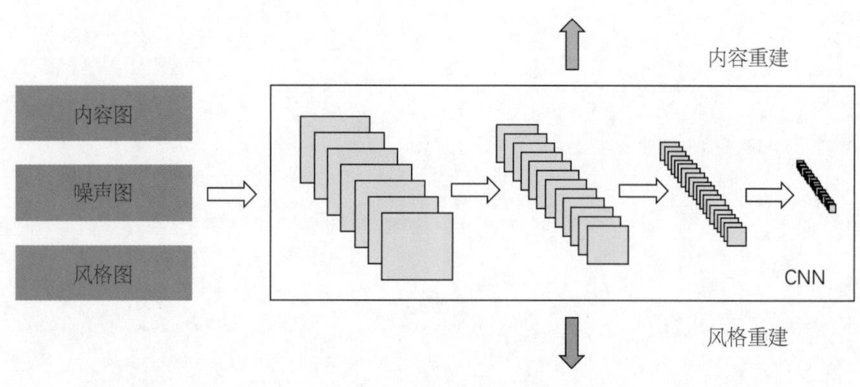

图 8.10　经典算法的结构

图 8.10 所示的结构包含 3 个输入图，即内容图、风格图和随机初始化的噪声图，噪声图可以用内容图或者风格图进行初始化，实验结果与随机初始化效果相当。

主干 CNN 模型用于对输入图进行不同抽象层次的特征提取，两个任务通道分别用于进行内容重建 (Content Construction) 和风格重建 (Style Construction)。

（1）内容重建通道。选择某一个抽象层次较高的特征层计算内容损失，它的主要目标是保留图像主体的内容和位置，损失计算如下，使用了特征的欧氏距离 ,F_{ij}^l 和 P_{ij}^l 分别是第 l 层生成图和内容图的特征值。

$$L_{\text{content}}=\frac{1}{2}\sum_{i,j}(F_{ij}^l-P_{ij}^l)^2 \quad \text{式（8.4）}$$

（2）风格重建通道。与内容重建不同，CNN 中从底层到高层的每一层都会对损失有贡献，因为风格采用格拉姆矩阵进行表述，其中 A^l_{ij} 和 G^l_{ij} 分别是生成图和风格图的格拉姆矩阵，N_l 是第 l 层的滤波器数量，M_l 是第 l 层一个特征图的像素数目。所以损失也基于该矩阵计算，每一层加权相加。第 l 层的损失定义如下。

$$E_l = \frac{1}{4N_l^2M_l^2}\sum_{i,j}(G^l_{ij} - A^l_{ij})^2 \quad \text{式（8.5）}$$

整个的风格损失函数计算如下。

$$L_{\text{style}} = \sum_{l=0}^{L}\omega_l E_l \quad \text{式（8.6）}$$

最终任务的损失就是风格损失和内容损失的加权。

上述风格迁移算法中内容重建不使用多尺度，因为内容图本身只需要维持可识别的内容信息。多尺度不仅会增加计算量，还会引入噪声。抽象层次较低的低尺度关注了像素的局部信息，可能导致最终渲染的结果不够平滑。

风格重建使用多尺度不仅有利于模型的收敛，而且兼顾了局部的纹理结构细节和整体的色彩风格。

上述经典算法是早期的风格迁移算法，因此也存在一些固有的缺陷，包括无法保持颜色、纹理比较粗糙、无法识别语义信息等，研究者们对其提出了许多的改进，下面我们介绍其中的一些代表。

1. 语义信息的改进

原始的神经网络风格迁移模型并没有显式地考虑语义信息，因此可能会出现一些瑕疵，导致目标风格不完整或者错乱，如将天空的风格迁移到大地。Gatys 等人提出了基于语义信息的改进 [3]，从而实现了对不同区域分别进行风格化的操作，即风格图与内容图之间逐个区域的匹配而不是全图的匹配。

具体的做法就是在输入中加入各个区域的掩模信息，计算损失时基于掩模对各个区域进行计算。

2. 纹理信息保持的改进

2017 年，康奈尔大学和 Adobc 公司 [4] 做了真实场景风格转换的尝试，它们使用了基于图像优化的风格迁移算法，但是只迁移图像的颜色而不改变纹理，研究者称之为照片风格迁移 (Photo Style Transfer)。

具体的做法是学习局部的颜色仿射变换，其优化目标借鉴于 Close-form Matting，假如输入图有 N 个像素，拉普拉斯矩阵 M_I 大小为 $N\times N$，使用 $V_C|O|$ 表示向量化的输出图的第 c 个通道，其大小为 $N\times 1$，优化目标如下。

$$L_M = \sum_{C=1}^{3} M_I V_C|O|^{\mathrm{T}} M_I V_C|O| \quad \text{式（8.7）}$$

将式 (8.7) 与式 (8.4)、式 (8.6) 组合就得到了总的优化目标。

> 小提示
>
> 当然，还可以对颜色信息、纹理信息等进行保持。颜色信息保持相比于纹理信息保持会更加简单，可以采取融合纹理图的颜色通道和风格迁移后亮度通道的简单方案，或者使用颜色直方图进行匹配。

8.3.3 基于模型优化的风格迁移算法

基于图像优化的风格迁移算法由于每个重建结果都需要在像素空间进行迭代优化，这种方式是很耗时的，500px × 500px 左右分辨率的图在当前主流 GPU 上处理时间已长达 10min 以上。当需要的重建结果是高清图时，占用的计算资源量和需要的时间开销很大。

因此研究人员开始研究更加高效的算法，即基于模型优化的风格迁移算法，它的特点是首先使用数据集对某一种风格的图进行训练，得到一个风格化模型，然后使用的时候只需要将输入图经过一次前向传播就可以得到结果图。根据模型与风格数量可以分为许多方向，下面分别介绍。

1. 单模型单风格

Justin Johnson 等人提出 [5] 一个典型的单模型单风格框架，通过图像转换网络 (Image Transform Net) 来完成渲染过程，在 VGG-16 损失网络 (VGG-16 Loss Network) 的约束下，分别学习内容和风格。该模型用于训练的风格图数据集必须属于同一种风格，而内容图可以任意选择。

与基于图像优化的风格迁移算法相比，基于模型优化的风格迁移算法不需要反复迭代，速度快了两三个数量级。图 8.11 所示是单模型单风格模型的结构。

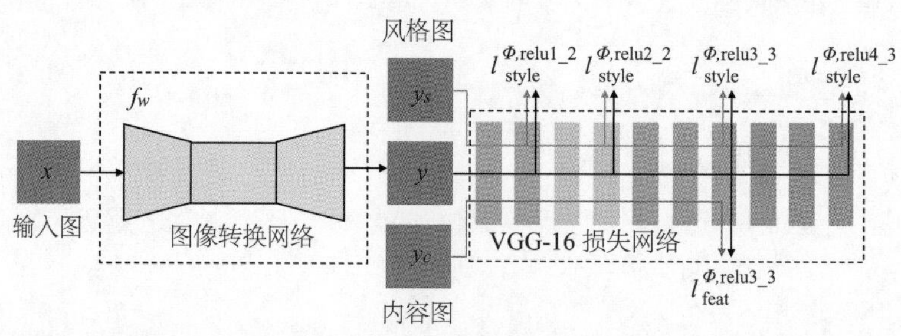

图 8.11 单模型单风格模型的结构

这个模型可以分为两部分，图像转换网络和 VGG-16 损失网络。图像转换网络输入 x，输出 y，它和风格图 y_s、内容图 y_c 经过同样的网络，分别计算风格损失和内容损失。注意这里的 y_c 实际上就是输入图 x。

内容损失采用的是感知损失，令 φ 来表示损失网络，j 表示网络的第 j 层，$C_jH_jW_j$ 表示第 j 层的特征图的大小，感知损失的定义如下。

$$\text{loss}=\frac{1}{C_j H_j W_j}\|\varphi_j(y)-\varphi_j(y_c)\|_2^2 \qquad \text{式}(8.8)$$

可以看出式（8.8）与欧氏距离有同样的形式，只是计算的空间被转换到了特征空间，这样的损失相比逐像素的损失具有更高层的语义信息。

风格损失与基于图像优化的风格迁移算法一样采用格拉姆矩阵来定义，参考式（8.5）和式（8.6）。

小提示

对于图 8.11 所示的单模型单风格模型，可以非常方便地修改其结构来提高模型的性能，如添加一个深度预测支路对目标进行深度约束[6]，可以获得更自然的风格迁移结果；添加多尺度的结构[7]，可以获得对笔触更精确的控制。

2. 单模型多风格

单模型单风格模型对于每一种风格都必须重新训练模型，这大大限制了它们的实用性，因此研究人员很快便开始研究单模型多风格模型。

StyleBank[8] 是其中的一个典型代表，它使用了一个滤波器组来代表多个风格，K 表示滤波器，其结构如图 8.12 所示。

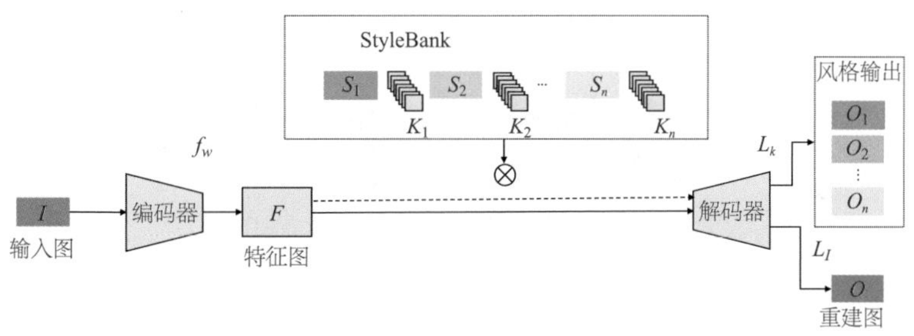

图 8.12　StyleBank 模型的结构

从图 8.12 可以看出，输入图 I 首先输入一个编码器得到特征图，然后和 StyleBank 相互作用。StyleBank 包括 n 个并行的滤波器组，分别对应 n 个不同的风格。每一个滤波器组中的每一个通道可以被看作某一种风格元素，如纹理类型、笔触类型。

模型总共包含两个分支，第一个分支是从编码器到解码器，它要求重建图 O 和输入图 I 在内容上一致，因此采用的损失函数就是逐像素的均方误差损失，即 L_I。

另一个分支是从编码器到风格化滤波器再到解码器，它要求对于不同的风格 L_i 生成不同的风格输出 O_i，S_i 表示第 i 个风格图。这一个分支，包括一个内容损失、一个风格损失，以及一个平滑损失，具体的内容损失和风格损失与 Gatys 论文中一样，完整定义如下。

$$L_K(I,S_i,O_i)=\alpha L_C(O_i,I)+\beta L_S(O_i,S_i)+\gamma L_{tv}(O_i) \qquad \text{式}(8.9)$$

在具体训练的时候，针对 n 个不同的风格，首先固定编 / 解码器分支，对风格化分支训练 K 轮；然后固定风格化分支，对编 / 解码器分支训练 1 轮。

StyleBank 模型的特点是：（1）多个风格可以共享一个自编码器；（2）可以在不更改自编码器的情况下对新的风格进行增量学习。

小提示

StyleBank 模型还可以通过权重非常方便地线性融合不同的风格，并对图像不同区域进行不同的风格化。

另外，还有的算法通过学习实例归一化 (Instance Normalization) 后的仿射变换系数的方法 [9] 来控制不同风格的图像，实例归一化表达式如下。

$$z = \gamma_S \left(\frac{x-\mu}{\sigma}\right) + \beta_S \tag{8.10}$$

其中 μ 和 σ 分别表示 x 的均值和方差，γ_S 和 β_S 是与风格有关的系数。与风格有关的实例归一化原理如图 8.13 所示，取对应某风格的 γ_S 和 β_S 就实现了对应风格的归一化。

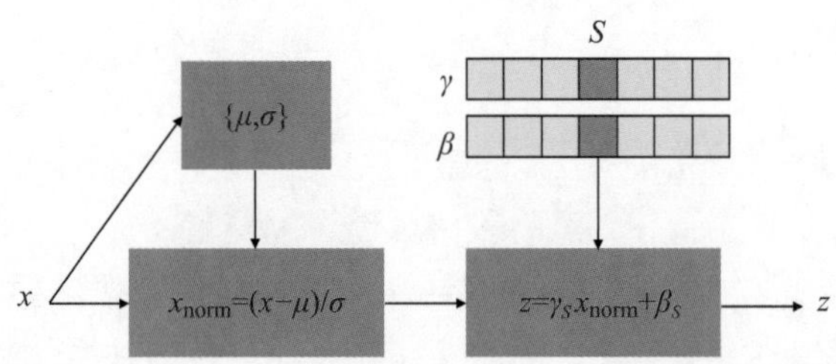

图 8.13 与风格有关的实例归一化原理

小提示

以上这两个模型的多种风格都共用了卷积特征层，只增加了少量的参数就可以实现单模型多种风格转换。当需要增加新的风格时，可以固定卷积特征层然后只学习新的风格变换相关的参数，学习方式简单，成本很低。

3. 单模型任意风格 [10]

单模型多风格模型在增加新的风格时总需要重新训练模型，前文讲述的单模型多风格模型可以通过学习实例归一化的仿射变换系数来控制多种风格的转换。研究表明 [10]，这种仿射参数其实可以由风格图本身的统计信息来替代，用风格图的方差和均值分别替代 γ_S 和 β_S，就可以生成任意风格的图像，相应层被称为 AdaIN 层，其定义如下。

$$\mathrm{AdaIN}(x,y) = \sigma(y)\left(\frac{x-\mu(x)}{\sigma(x)}\right) + \mu(y) \tag{8.11}$$

式 (8.11) 中 x 是内容图，y 是风格图，可以看出使用了内容图的均值和方差进行归一化，使用了风格图的均值和方差作为偏移量和缩放系数。整个模型的原理如图 8.14 所示。

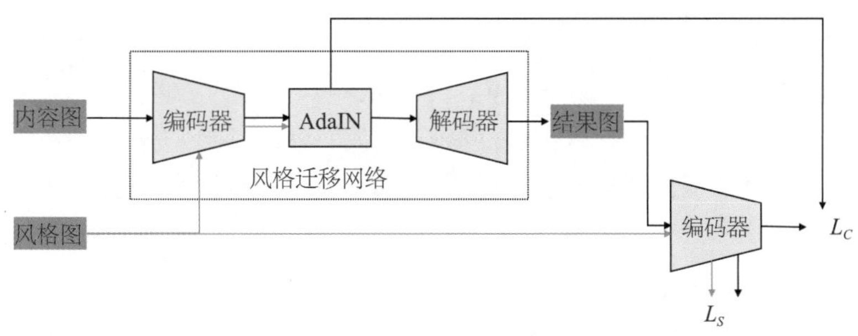

图 8.14　基于 AdaIN 层的单模型任意风格模型的原理

损失包括内容损失和风格损失两部分。内容损失的计算使用了 AdaIN 层的输出与最终的结果图之间的 L2 损失；风格损失则使用了内容图和结果图的不同 VGG 特征层的均值和方差的 L2 距离和，而不使用基于格拉姆矩阵的损失，形式更加简单。

小提示

在风格迁移领域中，实例归一化及其改进方法性能远远超过通常使用的批归一化 (Batch Normalization) 方法，对于保留图像的个性化风格至关重要。

8.4 基于图像优化的风格迁移算法实战

风格迁移是一项非常有意思的应用，下面我们就进行实战，实验算法选择 *A Neural Algorithm of Artistic Style* 中提出的基于图像优化的风格迁移算法，这是最早并且非常经典的风格迁移算法，它启发了后面的大部分风格迁移算法。

8.4.1　算法实现

算法原理在前文中已经给大家做了详细的介绍，下面我们详细介绍各个部分是如何实现的。

1. 基准模型

在各类风格化项目中，VGG 系列模型是非常受欢迎的基准模型，本项目中我们使用 VGG-19 作为主干模型，它使用了在 ImageNet 中预训练的权重，模型的定义如下。

```
## 模型定义函数
def build_model(input_img):
  net = {}
  _, h, w, d  = input_img.shape ##获得输入图像尺寸
  vgg_rawnet  = scipy.io.loadmat(args.model_weights) ##载入预训练模型
  vgg_layers  = vgg_rawnet['layers'][0]
  net['input'] = tf.Variable(np.zeros((1, h, w, d), dtype=np.float32))

  net['conv1_1'] = conv_layer('conv1_1', net['input'], W=get_weights(vgg_layers, 0))
  net['relu1_1'] = relu_layer('relu1_1', net['conv1_1'], b=get_bias(vgg_layers, 0))

  net['conv1_2'] = conv_layer('conv1_2', net['relu1_1'], W=get_weights(vgg_layers, 2))
  net['relu1_2'] = relu_layer('relu1_2', net['conv1_2'], b=get_bias(vgg_layers, 2))

  net['pool1']  = pool_layer('pool1', net['relu1_2'])

  net['conv2_1'] = conv_layer('conv2_1', net['pool1'], W=get_weights(vgg_layers, 5))
  net['relu2_1'] = relu_layer('relu2_1', net['conv2_1'], b=get_bias(vgg_layers, 5))

  net['conv2_2'] = conv_layer('conv2_2', net['relu2_1'], W=get_weights(vgg_layers, 7))
  net['relu2_2'] = relu_layer('relu2_2', net['conv2_2'], b=get_bias(vgg_layers, 7))

  net['pool2']  = pool_layer('pool2', net['relu2_2'])

  net['conv3_1'] = conv_layer('conv3_1', net['pool2'], W=get_weights(vgg_layers, 10))
  net['relu3_1'] = relu_layer('relu3_1', net['conv3_1'], b=get_bias(vgg_layers, 10))

  net['conv3_2'] = conv_layer('conv3_2', net['relu3_1'], W=get_weights(vgg_layers, 12))
  net['relu3_2'] = relu_layer('relu3_2', net['conv3_2'], b=get_bias(vgg_layers, 12))

  net['conv3_3'] = conv_layer('conv3_3', net['relu3_2'], W=get_weights(vgg_layers, 14))
  net['relu3_3'] = relu_layer('relu3_3', net['conv3_3'], b=get_bias(vgg_layers, 14))

  net['conv3_4'] = conv_layer('conv3_4', net['relu3_3'], W=get_weights(vgg_layers, 16))
  net['relu3_4'] = relu_layer('relu3_4', net['conv3_4'], b=get_bias(vgg_layers, 16))

  net['pool3']  = pool_layer('pool3', net['relu3_4'])

  net['conv4_1'] = conv_layer('conv4_1', net['pool3'], W=get_weights(vgg_layers, 19))
  net['relu4_1'] = relu_layer('relu4_1', net['conv4_1'], b=get_bias(vgg_layers, 19))

  net['conv4_2'] = conv_layer('conv4_2', net['relu4_1'], W=get_weights(vgg_layers, 21))
  net['relu4_2'] = relu_layer('relu4_2', net['conv4_2'], b=get_bias(vgg_layers, 21))

  net['conv4_3'] = conv_layer('conv4_3', net['relu4_2'], W=get_weights(vgg_layers, 23))
  net['relu4_3'] = relu_layer('relu4_3', net['conv4_3'], b=get_bias(vgg_layers, 23))

  net['conv4_4'] = conv_layer('conv4_4', net['relu4_3'], W=get_weights(vgg_layers, 25))
  net['relu4_4'] = relu_layer('relu4_4', net['conv4_4'], b=get_bias(vgg_layers, 25))
```

```
net['pool4']  = pool_layer('pool4', net['relu4_4'])

net['conv5_1'] = conv_layer('conv5_1', net['pool4'], W=get_weights(vgg_layers, 28))
net['relu5_1'] = relu_layer('relu5_1', net['conv5_1'], b=get_bias(vgg_layers, 28))

net['conv5_2'] = conv_layer('conv5_2', net['relu5_1'], W=get_weights(vgg_layers, 30))
net['relu5_2'] = relu_layer('relu5_2', net['conv5_2'], b=get_bias(vgg_layers, 30))

net['conv5_3'] = conv_layer('conv5_3', net['relu5_2'], W=get_weights(vgg_layers, 32))
net['relu5_3'] = relu_layer('relu5_3', net['conv5_3'], b=get_bias(vgg_layers, 32))

net['conv5_4'] = conv_layer('conv5_4', net['relu5_3'], W=get_weights(vgg_layers, 34))
net['relu5_4'] = relu_layer('relu5_4', net['conv5_4'], b=get_bias(vgg_layers, 34))

net['pool5']  = pool_layer('pool5', net['relu5_4'])

return net
```

在模型定义中，调用了非常多的函数，首先我们看卷积层、激活层以及池化层的定义。

卷积层定义如下，输入包括当前层的名字、该卷积层的输入、从预训练模型中获取的权重。

```
## 卷积层函数
def conv_layer(layer_name, layer_input, W):
  conv = tf.nn.conv2d(layer_input, W, strides=[1, 1, 1, 1], padding='SAME')
  return conv
```

激活层定义如下，输入包括当前层的名字、该激活层的输入、从预训练模型中获取的偏置。

```
## 激活层函数
def relu_layer(layer_name, layer_input, b):
  relu = tf.nn.relu(layer_input + b)
  return relu
```

池化层定义如下，输入包括当前层的名字、该池化层的输入，池化方案可以是最大池化或者均值池化，由参数 args.pooling_type 配置。

```
## 池化层函数
def pool_layer(layer_name, layer_input):
  if args.pooling_type == 'avg':
   pool = tf.nn.avg_pool(layer_input, ksize=[1, 2, 2, 1],
     strides=[1, 2, 2, 1], padding='SAME')
  elif args.pooling_type == 'max':
   pool = tf.nn.max_pool(layer_input, ksize=[1, 2, 2, 1],
     strides=[1, 2, 2, 1], padding='SAME')
  return pool
```

接着我们看 get_weights 和 get_bias 函数定义，它们分别从 VGG-19 网络中根据层的序号获取权重和偏置。

```
## 权重获取函数
def get_weights(vgg_layers, i):
  weights = vgg_layers[i][0][0][2][0][0]
  W = tf.constant(weights)
  return W

## 偏置获取函数
def get_bias(vgg_layers, i):
  bias = vgg_layers[i][0][0][2][0][1]
  b = tf.constant(np.reshape(bias, (bias.size)))
  return b
```

2. 损失函数

损失函数的定义总共包含内容损失、风格损失、平滑损失 3 部分。

首先看内容损失，它计算的是两个大小相同的图像的重构损失，采用的是 L2 损失，根据归一化方法的不同略有差异，其定义如下。

```
## 单个网络层的内容损失
def content_layer_loss(p, x):
 _, h, w, d = p.get_shape() #获得参考图的尺寸，这里的p和x大小相等
 M = h.value * w.value ##图像大小
 N = d.value ##图像维度
 ## 计算不同的归一化方法的权重因子
 if args.content_loss_function  == 1:
  K = 1. / (2. * N**0.5 * M**0.5)
 elif args.content_loss_function == 2:
  K = 1. / (N * M)
 elif args.content_loss_function == 3:
  K = 1. / 2.
 loss = K * tf.reduce_sum(tf.pow((x - p), 2)) ##计算L2损失
 return loss
```

对不同的网络层的内容损失求和计算如下。

```
## 内容损失求和函数
def sum_content_losses(sess, net, content_img):
  sess.run(net['input'].assign(content_img))
  content_loss = 0.
  for layer, weight in zip(args.content_layers, args.content_layer_weights):
    p = sess.run(net[layer])
    x = net[layer]
    p = tf.convert_to_tensor(p)
    content_loss += content_layer_loss(p, x) * weight
  content_loss /= float(len(args.content_layers))
  return content_loss
```

这里使用 args.content_layers 配置了网络层，args.content_layer_weights 配置了该层的权重，对于本

项目，我们只使用 VGG-19 中的一层，即 conv4_2 层。

接下来计算风格损失，首先需要完成格拉姆矩阵的计算，它实际上就是某一层特征图的转置和它自身的乘法结果，使用 tf.transpose 完成转置，使用 tf.matmul 完成乘法计算。

```
## 格拉姆矩阵计算函数
def gram_matrix(x, area, depth):
  F = tf.reshape(x, (area, depth))
  G = tf.matmul(tf.transpose(F), F)
  return G
```

其中 area 等于图像的宽度乘以高度，即单通道的像素数，depth 是通道数。

得到了格拉姆矩阵后，风格损失的计算如下。

```
def style_layer_loss(a, x):
  _, h, w, d = a.get_shape()
  M = h.value * w.value
  N = d.value
  A = gram_matrix(a, M, N)
  G = gram_matrix(x, M, N)
  loss = (1./(4 * N**2 * M**2)) * tf.reduce_sum(tf.pow((G - A), 2))
  return loss
```

对于风格损失，我们使用了 VGG-19 的 5 个网络层的输出，分别是 relu1_1、relu2_1、relu3_1、relu4_1、relu5_1，对不同的网络层的风格损失求和计算如下，这里可以使用多张风格图。

```
## 多张风格图的风格损失求和计算
def sum_style_losses(sess, net, style_imgs):
  total_style_loss = 0.
  weights = args.style_imgs_weights ##获得每一张风格图的权重
  for img, img_weight in zip(style_imgs, weights): ##遍历各个风格图
    sess.run(net['input'].assign(img))
    style_loss = 0.

    ## 计算每一张风格图的风格损失
    for layer, weight in zip(args.style_layers, args.style_layer_weights):
      a = sess.run(net[layer])
      x = net[layer]
      a = tf.convert_to_tensor(a)
      style_loss += style_layer_loss(a, x) * weight
    style_loss /= float(len(args.style_layers))

    total_style_loss += (style_loss * img_weight) #使用每一张风格图的权重进行加权以获得最后的损
失
  total_style_loss /= float(len(style_imgs))
  return total_style_loss
```

最后还需要定义图像的全变分损失，它是在图像去噪中常用的平滑损失，用于反映输入图像中相邻像素值绝对差值的总和，使用 tf.image.total_variation(image) 即可实现，image 表示输入图。

3. 模型训练

定义好模型和损失后，接下来我们详解模型训练部分的代码，如下。

```
## 模型训练函数
def stylize(content_img, style_imgs, init_img, frame=None):
  with tf.device(args.device), tf.Session() as sess:
    # 定义模型
    net = build_model(content_img)
    L_style = sum_style_losses(sess, net, style_imgs) # 计算风格损失
    L_content = sum_content_losses(sess, net, content_img) #计算内容损失
    L_tv = tf.image.total_variation(net['input']) #计算平滑损失
    alpha = args.content_weight #内容损失权重
    beta  = args.style_weight #风格损失权重
    theta = args.tv_weight #平滑损失权重

    #获得总的损失
    L_total  = alpha * L_content
    L_total += beta  * L_style
    L_total += theta * L_tv

    #定义优化方法，可以使用Adam或者L-BFGS
    optimizer = get_optimizer(L_total)
    if args.optimizer == 'adam':
     minimize_with_adam(sess, net, optimizer, init_img, L_total)
    elif args.optimizer == 'lbfgs':
     minimize_with_lbfgs(sess, net, optimizer, init_img)

    output_img = sess.run(net['input']) ##得到输出图
```

4. 优化方法

优化方法分为两种，第一种是 Adam，第二种是 L-BFGS。

```
## 优化函数
def get_optimizer(loss):
  if args.optimizer == 'lbfgs': ##L-BFGS优化方法
   optimizer = tf.contrib.opt.ScipyOptimizerInterface(
     loss, method='L-BFGS-B',
     options={'maxiter': args.max_iterations,
              'disp': print_iterations})
  elif args.optimizer == 'adam': #Adam优化方法
   optimizer = tf.train.AdamOptimizer(args.learning_rate)
  return optimizer
```

我们后面只使用 Adam 优化方法，它的定义如下。

```
## Adam优化方法
def minimize_with_adam(sess, net, optimizer, init_img, loss):
  train_op = optimizer.minimize(loss)
```

```
init_op = tf.global_variables_initializer()
sess.run(init_op)
sess.run(net['input'].assign(init_img))
iterations = 0
while (iterations < args.max_iterations):
  sess.run(train_op)
  if iterations % args.print_iterations == 0 and args.verbose:
   curr_loss = loss.eval()
   print("At iterate {}\tf= {}".format(iterations, curr_loss))
  iterations += 1
```

至此，核心代码已经解读完毕，接下来在 TensorFlow 中创建图，使用 stylize 函数进行训练。

8.4.2　模型训练与结果

1. 内容图和风格图

本小节展示模型的训练与结果，使用的风格图为凡·高（Van Gogh）创作的作品《星空》，如图 8.15 所示。

图 8.15　凡·高作品《星空》

由于本模型在风格迁移时对每一张输入图和风格图都从头训练，因此我们不需要准备数据集，直接准备若干图即可。图 8.16 所示为一些以天空或者水为主题的测试图，它与风格图的主题相近。

图 8.16　测试图

2. 风格迁移结果

使用的输入图最大长边尺寸为 512px，迭代次数为 300。图 8.17 所示为风格迁移结果。

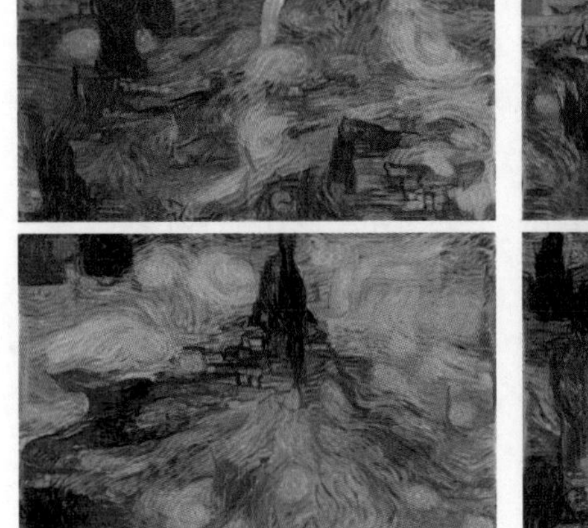

图 8.17 风格迁移结果

图 8.17 展示了图 8.16 所示测试图的风格迁移结果，可以看出模型很好地学习到了风格图的颜色和纹理风格。

在前文介绍算法时我们介绍过，后续研究者对原始的算法提出了改进，包括颜色信息和语义信息保持的改进，下面我们再分别进行实验。

3. 颜色信息保持

所谓颜色信息保持，即只迁移风格图中的纹理特征，保留原始图中的颜色特征。一种简单的实现方法是优化完得到结果图之后，取结果图的亮度通道和内容图的颜色通道进行组合，从而重新恢复原来的颜色，具体代码如下。

```
def convert_to_original_colors(content_img, stylized_img):
  ##后处理操作，即添加均值，将RGB图像转换为BGR图像
  content_img = postprocess(content_img)
  stylized_img = postprocess(stylized_img)
  ## 颜色空间，包括YUV、YCrCb、LUV、Lab
  if args.color_convert_type == 'yuv':
   cvt_type = cv2.COLOR_BGR2YUV
   inv_cvt_type = cv2.COLOR_YUV2BGR
  elif args.color_convert_type == 'ycrcb':
   cvt_type = cv2.COLOR_BGR2YCR_CB
   inv_cvt_type = cv2.COLOR_YCR_CB2BGR
  elif args.color_convert_type == 'luv':
   cvt_type = cv2.COLOR_BGR2LUV
   inv_cvt_type = cv2.COLOR_LUV2BGR
```

```
    elif args.color_convert_type == 'lab':
     cvt_type = cv2.COLOR_BGR2LAB
     inv_cvt_type = cv2.COLOR_LAB2BGR

    ## 将内容图和结果图转换到对应的颜色空间
    content_cvt = cv2.cvtColor(content_img, cvt_type)
    stylized_cvt = cv2.cvtColor(stylized_img, cvt_type)

    ## 取结果图的亮度通道和内容图的两个颜色通道组合成新的图
    c1, _, _ = cv2.split(stylized_cvt)
    _, c2, c3 = cv2.split(content_cvt)
    merged = cv2.merge((c1, c2, c3))
    dst = cv2.cvtColor(merged, inv_cvt_type).astype(np.float32)

    ## 预处理
    dst = preprocess(dst)
    return dst
```

后处理操作的完整代码如下。

```
def postprocess(img):
    imgpost = np.copy(img)
    imgpost += np.array([123.68, 116.779, 103.939]).reshape((1,1,1,3)) ##添加均值
    imgpost = imgpost[0]  # 将四维张量(1, h, w, d)转换为三维张量(h, w, d)
    imgpost = np.clip(imgpost, 0, 255).astype('uint8') ##将float型图像转换为uint8型图像
    imgpost = imgpost[...,::-1] #将RGB图像转换为BGR图像
    return imgpost
```

预处理操作的完整代码如下。

```
def preprocess(img):
    imgpre = np.copy(img)
    imgpre = imgpre[...,::-1] #将BGR图像转换为RGB图像
    imgpre = imgpre[np.newaxis,:,:,:] # 将三维张量(h, w, d)转换为四维张量(1, h, w, d)
    imgpre -= np.array([123.68, 116.779, 103.939]).reshape((1,1,1,3)) ##减去均值
    return imgpre
```

图 8.18 展示了颜色信息保持的风格迁移结果。

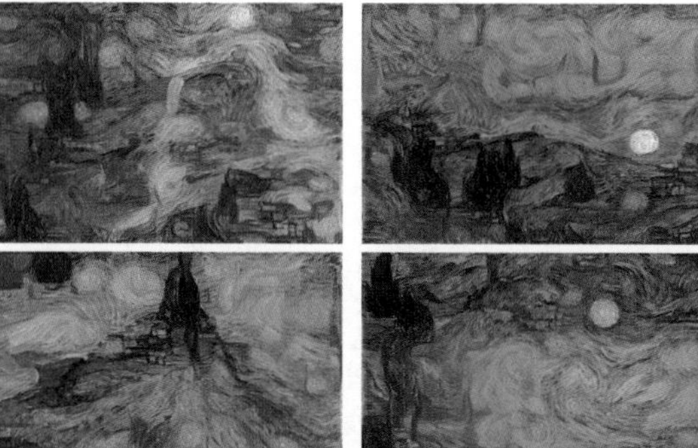

图 8.18　颜色信息保持的风格迁移结果

从图 8.18 可以看出，在学习到风格图的纹理的基础上很好地保留了内容图的颜色信息。

4. 语义信息保持

所谓语义信息保持，即只将风格迁移到图中特定的目标，这可以通过掩膜来实现，只对掩膜有效的位置计算风格迁移结果和损失。以风格层为例，它的损失计算如下。

```
## 带掩膜的风格层损失计算
def sum_masked_style_losses(sess, net, style_imgs):
  total_style_loss = 0.
  weights = args.style_imgs_weights
  masks = args.style_mask_imgs ##获得每一种风格的掩膜
  for img, img_weight, img_mask in zip(style_imgs, weights, masks):
    sess.run(net['input'].assign(img))
    style_loss = 0.
    for layer, weight in zip(args.style_layers, args.style_layer_weights):
      a = sess.run(net[layer])
      x = net[layer]
      a = tf.convert_to_tensor(a)
      a, x = mask_style_layer(a, x, img_mask) ##根据掩膜计算损失
      style_loss += style_layer_loss(a, x) * weight
    style_loss /= float(len(args.style_layers))
    total_style_loss += (style_loss * img_weight)
  total_style_loss /= float(len(style_imgs))
  return total_style_loss
```

其中掩膜风格层的实现如下。

```
## 掩膜风格层具体实现
def mask_style_layer(a, x, mask_img):
  _, h, w, d = a.get_shape()
  mask = get_mask_image(mask_img, w.value, h.value)
  mask = tf.convert_to_tensor(mask) ##获得掩膜
  tensors = []
  for _ in range(d.value):
    tensors.append(mask)
  mask = tf.stack(tensors, axis=2)
  mask = tf.stack(mask, axis=0)
  mask = tf.expand_dims(mask, 0)
  ##结果与掩膜相乘，掩膜为0的地方结果也为0
  a = tf.multiply(a, mask)
  x = tf.multiply(x, mask)
  return a, x
```

内容损失和平滑损失的实现原理类似。

有了掩膜之后，可以非常方便地对图像中的不同部位进行多风格迁移。图 8.19 所示为根据掩膜对天空和非天空区域进行不同的风格迁移的若干案例。

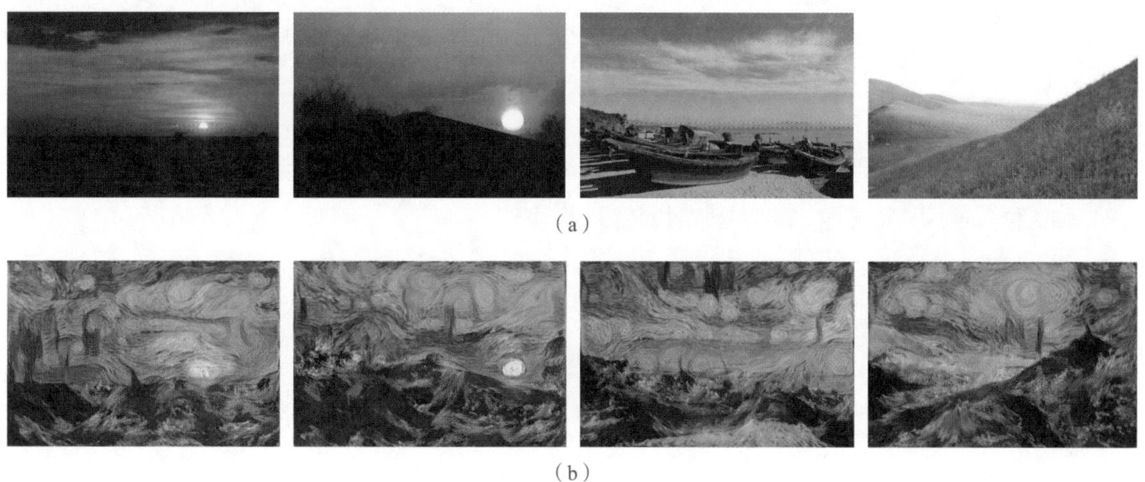

图 8.19 根据掩膜进行不同的多风格迁移的若干案例

图 8.19（a）是原图，图 8.19（b）是风格迁移结果图，可以看出成功地实现了天空和非天空区域不同风格的迁移。

8.5 小结

本章介绍了摄影风格与滤镜基础、传统的图像风格化方法、基于深度学习的图像风格化方法，然后在 8.4 节中进行了图像风格化模型的实战。

在 8.1 节摄影中常见的艺术风格部分，介绍了黑白与单色摄影、长曝光与延时摄影、相机内置的艺术风格，以及常见的摄影滤镜与插件。

在 8.2 节传统的图像风格化方法部分，介绍了若干 Photoshop 中基于边缘的风格化和基于颜色的风格化滤镜，更多传统风格化滤镜则超出了本书的内容，需要读者自行学习。

在 8.3 节基于深度学习的图像风格化方法部分，介绍了风格迁移基础，基于图像优化的风格迁移算法，基于模型优化的风格迁移算法，其中基于模型优化的风格迁移算法又可以分为单模型单风格、单模型多风格、单模型任意风格框架。

在 8.4 节实践了基于图像进行优化的风格化方法，它对每一张内容图和风格图进行独立优化，效果良好，但是也有着优化速度慢，每一种必须风格单独训练，存在颜色缺陷等缺点。如果读者对实践性能更好的风格化模型感兴趣，可以参考 8.3 节中介绍的基于模型风格化算法。

风格迁移是一个没有标准的真值标签的任务，但深度学习模型依然展现出了非常强大的学习能力，尽管评估它相对于图像分类，目标检测等任务更难。

当前风格迁移模型还存在着一些重难点，包括：

（1）高效率地学习到任意的风格；

（2）如何对不同区域进行精确的风格控制；

（3）如何控制风格化的笔触大小；

（4）如何根据需要保留颜色或者纹理；

（5）如何保留图像中重要的信息，如深度。

参考文献

[1] GATYS L A, ECKER A S, BETHGE M. Image Style Transfer Using Convolutional Neural Networks[C]//Proceedings of the IEEE Conference on Computer Vision and Pattern Recognition, 2016: 2414-2423.

[2] KARAYEV S, TRENTACOSTE M, HAN H, et al. Recognizing Image Style[C]//CVPR, 2013.

[3] GATYS L A, ECKER A S, BETHGE M, et al. Controlling Perceptual Factors in Neural Style Transfer[C]//Proceedings of the IEEE Conference on Computer Vision and Pattern Recognition, 2017: 3985-3993.

[4] LUAN F, PARIS S, SHECHTMAN E, et al. Deep Photo Style Transfer[C]//Proceedings of the IEEE Conference on Computer Vision and Pattern Recognition, 2017: 4990-4998.

[5] JOHNSON J, ALAHI A, LI F F. Perceptual Losses for Real-Time Style Transfer and Super-Resolution[C]//European Conference on Computer Vision. Springer, Cham, 2016: 694-711.

[6] LIU X C, CHENG M M, LAI Y K, et al. Depth-aware Neural Style Transfer[C]//Proceedings of the Symposium on Non-Photorealistic Animation and Rendering. ACM, 2017: 4.

[7] JING Y, LIU Y, YANG Y, et al. Stroke Controllable Fast Style Transfer with Adaptive Receptive Fields[C]//Proceedings of the European Conference on Computer Vision (ECCV), 2018: 238-254.

[8] CHEN D, YUAN L, LIAO J, et al. Stylebank: An Explicit Representation for Neural Image Style Transfer[C]//Proceedings of the IEEE Conference on Computer Vision and Pattern Recognition, 2017: 1897-1906.

[9] DUMOULIN V, SHLENS J, KUDLUR M. A Learned Representation for Artistic Style[C]//International Conference on Learning Representations,2017.

[10] HUANG X, BELONGIE S. Arbitrary Style Transfer in Real-Time with Adaptive Instance Normalization[C]//Proceedings of the IEEE International Conference on Computer Vision, 2017: 1501-1510.

第 9 章

图像编辑

摄影中很多技术需要前期拍摄和后期编辑相辅才能获得更优秀的作品。本章介绍景深、多重曝光和图像修复相关的技术，熟练使用相关技术不仅可以修复作品，还可以大幅增强作品的艺术美感。

- 景深与背景编辑
- 多重曝光与图像融合
- 纹理编辑与图像修复

9.1 景深与背景编辑

动植物摄影、人像摄影常使用浅景深来虚化背景，突出目标主体，这样可以大幅增强作品的艺术美感。本节介绍景深与背景编辑相关的内容，包括摄影中的景深与背景虚化、深度数据集、基于深度学习模型的深度估计，以及景深编辑与重对焦。

9.1.1 摄影中的景深与背景虚化

1. 景深与背景虚化

当被摄主体位于镜头前方 (焦点的前、后) 一定长度的空间内时，其在底片上的成像位于同一个弥散圆内，成像清晰，这段空间的长度即景深，也称 DOF (Depth of Field)。当被摄主体超过景深范围时，成像渐渐模糊。

在拍摄时，使被摄主体与背景之间有一定的距离，调整镜头上的对焦环，使主体在景深范围内，背景在景深范围外，则主体成像清晰，背景成像模糊，即我们常说的背景虚化。图 9.1 展示了若干案例。

图 9.1 背景虚化案例

光圈大小、镜头焦距、被摄主体的位置是影响景深的重要因素，它们与景深的关系如下。

（1）光圈越大 (光圈值越小)，景深越浅。

（2）镜头变焦倍率 (焦距) 越长，景深越浅。

（3）主体越近，景深越浅。

因此我们拍摄作品时会选择较大的光圈和焦距，让镜头与背景距离尽可能远，与被摄主体距离尽可能近，从而获得优秀的背景虚化效果，突出要表现的主体。

2.PC 端景深与虚化工具

当我们需要后期模拟虚化效果时，常常使用 Photoshop 软件的模糊功能，常见的有方框模糊、高斯模糊、动感模糊、场景模糊、旋转模糊、移轴模糊等。图 9.2 所示从左到右分别为原图、高斯模糊后的图和动感模糊后的图。

图 9.2 从左到右分别为原图、高斯模糊后的图和动感模糊后的图

下面简单介绍几种模糊功能的特点。

（1）方框和高斯模糊。方框模糊使用相邻像素的平均值来进行均值滤波，高斯模糊采用高斯滤波。通常高斯模糊效果是让人仿佛透过一种半透明的介质来看整张图像，它是最常见的模糊功能。

（2）动感模糊。动感模糊是非常具有梦幻感的模糊功能，可以从任何角度模仿运动感，非常适合有运动方向感的主体，如奔跑的人、前进的火车，当然也可以给静止的目标创造出动感，如图 9.2 中的动感模糊后的图。

（3）场景模糊。场景模糊是一个非常好的后期制作“焦外虚化”效果的功能，只要将焦点部分复制在原有图层的上方，然后在原有图层焦点部分使用内容识别填充后，就可以运用场景模糊，制作非常自然的虚化背景。

（4）径向模糊。径向模糊可以制造放射状的效果，进而突出画面中的主体。

（5）移轴模糊。移轴模糊可以将景物变成非常有趣的形式，如制造“小人国”效果。

3. 移动端景深编辑工具

目前在移动端也有一些经典的后期景深编辑工具。以 Focos 为例，Focos 可以实现先摄影后对焦，实现景深的任意编辑，连续两年获得 App Store 精选推荐。它最初利用 iPhone 的多镜头设计，在拍摄时得到 3D 模型，后期进行编辑合成景深效果，还可以添加模拟光源。升级后的版本支持对任意的照片进行景深模拟，不限定于 iPhone 拍摄的照片。图 9.3 展示了使用 Focos 处理照片的效果。

（a）

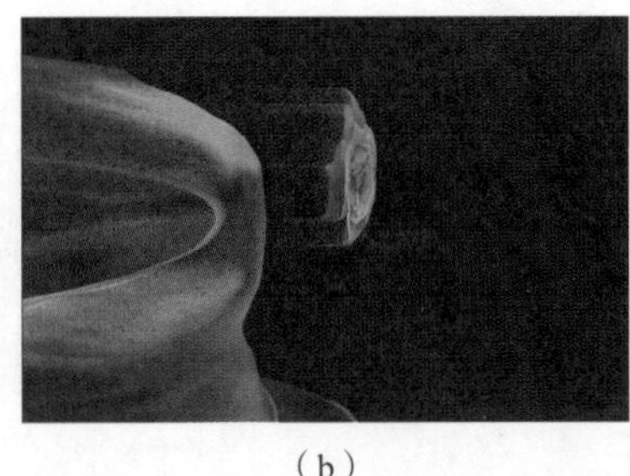
（b）

（c）

图 9.3 使用 Focos 处理照片的效果

图 9.3（a）为原图，图 9.3（b）为景深估计的效果，图 9.3（c）为将光圈调至最大，即编辑景深的效果。

9.1.2 深度数据集

要进行后期的景深编辑，其中最重要的问题就是深度估计，研究该问题首先需要使用高质量的深度数据集，目前有多种不同形式的数据集。

1. 绝对深度数据集

带有绝对深度信息的数据集非常多，我们只简单介绍其中具有代表性的两个，分别是 NYUv2 数据集 [1] 和 KITTI 数据集 [2]。

NYUv2 数据集是室内深度估计数据集，使用 Kinect 深度相机采集，包含 3 个城市、464 个场景、1449 张对齐的 RGB 图和深度图，其深度范围是 0~10m。另外，该数据集还提供语义和实例标签。NYUv2 数据集的主要问题是场景有限且内容比较杂乱，没有明显的人等目标主体。

KITTI 数据集是室外行车道路数据集，使用激光雷达采集，包含 93000 对 RGB 图和深度图，其深度范围是 0~70m。KITTI 数据集的主要问题是场景全部为室外道路，比较单一，只适合研究自动驾驶等相关问题。

2. 相对深度数据集

NYUv2 数据集和 KITTI 数据集分别是当前在各类研究论文中最常采用的室内、室外绝对深度数据集，由于数据的采集对设备有较高的要求，两者的图像场景都比较单一，使用这两个数据集进行训练的模型无法很好地泛化到其他任务，如果想采集类似于 ImageNet 等具有足够丰富场景的深度数据集需要极其昂贵的代价。

考虑到图像中的点与点之间具有相对远近关系，有研究者构建了相对深度数据集 DIW(Depth in the Wild)[3]，它使用随机的关键词从 Flickr 中爬取图像，不需要使用具有深度摄像头的采集设备来对每一张图采集深度。相对深度的标注方法为对图像点进行采样，每一张图都采样一对点，这一对点采用随机选择或以随机水平线作为约束来进行选择。最终的数据集中随机选择和约束选择各占一半，从而满足自然场景的随机性。

两个采集的点之间具有相对远近关系，将其标注为这一对点的相对深度，最终得到了包括 495000 个训练样本的大型数据集。

3.3D 重建数据集

在图像分类、目标检测等任务中，可以对从互联网上获取的海量图像进行标注，从而解决数据源采集的问题。类似地，有研究者通过从 Flickr 上下载摄影效果较好的地标图像，然后采用 SFM 和 MVS 方法将这些地标重构为 3D 模型，构建了 MegaDepth 数据集 [4]。

整个数据集中包含有稠密 3D 重构的世界各地地标的 200 个模型，经过过滤后得到了 13 万张可用的图像，当有超过 30% 的像素由可靠的深度值组成，部分图像作为学习绝对深度信息的训练样本，剩余的图像作为相对深度信息的训练样本，最终约 10 万为绝对深度数据，3 万张为相对深度数据。

更多的深度数据集介绍可以参考相关的研究总结 [5]，其中还有一些是通过虚拟场景生成的仿真数据集 , 可以包括更丰富的环境条件。

小提示

深度估计与立体匹配问题关系非常密切，很多的相关数据集都来自多目系统，如 Middlebury Stereo Evaluation，它是一个很有名的立体视觉评测基准，包含 38 对由结构光设备采集的图像。

9.1.3　基于深度学习模型的深度估计

对于有两个摄像头或者超过两个摄像头的设备来说，拍摄的原始图像深度信息已经被保存，一些图像编辑应用可以直接调用深度信息而不需要基于图像来估计。然而基于双目视觉的深度估计受基线长度限制，在当前的移动设备的深度估计中并不普及。

所谓深度估计，是指从任意没有深度信息的单张 RGB 彩色图像中估计深度，我们主要对基于深度学习模型来进行深度估计的方法进行简单介绍。

小提示

基于多张图像的深度估计方法精度往往比单张图像精度更高，不过对拍摄设备的要求也更高，应用不如单张图像深度估计广。

1. 绝对深度估计

深度估计模型的输入是图，输出是单通道的灰度图，这与图像去噪、对比度增强、分割问题等类似，都可以直接使用编解码模型来进行预测。

早期研究者[6]使用 CNN 模型进行深度估计时都会使用跳层连接等方法融合多尺度的特征，如图 9.4 所示。

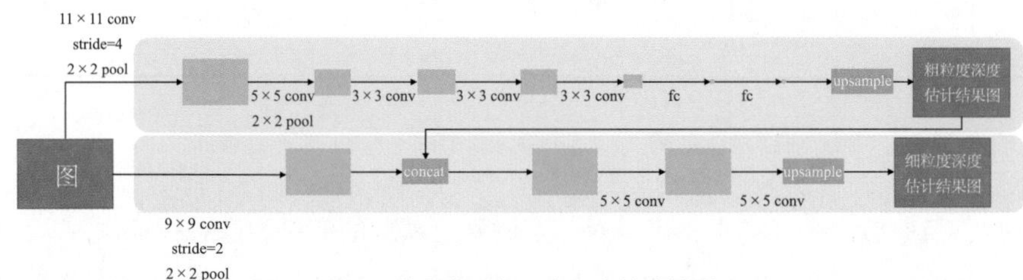

图 9.4 全局和局部尺度深度估计模型

图 9.4 使用了两个尺度的特征，上面的通道为全局尺度，下面的通道为局部尺度。f_c 表示全连接层，全局尺度估计出粗粒度深度估计结果图，与局部尺度融合后再估计最终的细粒度深度估计结果图。

对于图 9.4 所示的全局和局部尺度深度估计模型，研究者们从多个方向对其进行了改进[7]。

（1）使用具有更强表达能力的特征提取模型，如使用 VGG 模型代替 AlexNet 模型。当然也可以使用更强的基准模型，如 ResNet[8]。

（2）使用更多尺度进行融合。

（3）使用多任务联合训练，将深度估计、表面方向估计、图像分割等任务同时进行学习。由于图像分割任务具有高层语义的感知能力，因此可以提升深度估计结果对于语义目标信息保持的能力。

（4）后处理，如使用在语义分割领域中常被使用的条件随机场 (Conditional Random Field，CRF) 模型与 CNN 模型结合[9]来提升精度。

2. 相对深度估计

真实的深度数据集采集具有较高的难度，如 NYUv2 数据集和 KITTI 数据集等场景有限，基于它们训练的模型泛化能力较差。而 DIW 等相对数据集则拥有更丰富的场景，可以应用于开放场景下的深度估计模型训练。模型[3]依旧可以是编解码模型，其不同之处在于损失函数。

假如图像为 I，进行 K 次采样，每一次采样为 (i_k,j_k,r_k)，其中 i_k 是第一个点的位置，j_k 是第 2 个点的位置，r_k 是它们之间的深度关系，$r_k \in \{+1,-1,0\}$。

z 是深度预测图，z_{i_k} 和点 z_{j_k} 是点 i_k 和点 j_k 的深度，损失定义如下。

$$L(I,R,z) = \sum_{k=1}^{K}\varphi_k(I,i_k,j_k,r,z) \quad 式（9.1）$$

其中

$$\varphi_k(I,i_k,j_k,r,z) = \begin{cases} \log(1+\exp(-z_{i_k}+z_{j_k})), & r_k=+1 \\ \log(1+\exp(z_{i_k}-z_{j_k})), & r_k=-1 \\ (z_{i_k}-z_{j_k})^2 & r_k=0 \end{cases} \quad 式（9.2）$$

式（9.1）实际上是排序损失，它鼓励离得近的点之间的差值小，反之则大。

小提示

基于绝对深度数据与相对深度数据的监督模型相对简单，而实际上由于大规模深度数据集的缺乏，近年来无监督[10]、半监督[11]的单张图像深度估计方法是更重要的研究方向。

3. 离焦模糊信息与深度估计

目前要想对拍摄后的照片进行精确的景深编辑，需要使用光场相机，它在拍摄过程中，记录了物体在空间中的信息流数据，从而可以后期进行焦点的编辑。而普通的数码相机则没有记录相关信息，聚焦后聚焦区域中央部分是清晰的，边缘部分是模糊的。

当前的室内、室外深度数据集中图像具有标准清晰的几何结构，而真实的摄影图像中因为浅景深常常包含离焦模糊，导致深度估计模型泛化到真实摄影图像时效果不好。由于深度信息与成像的模糊情况是有关的，因此有许多方法尝试从对焦模糊信息中恢复深度。

Saeed Anwar 等研究者[12]从已有的 NYUv2 数据集中的图像合成离焦的图像来进行深度估计，具体的做法是从真实的深度图中产生空间可变的高斯模糊算子，然后将其应用于对应的 RGB 彩色图像，离相机远的像素更模糊。它们的结果表明，相比于直接在结构清晰的 NYUv2 数据集训练的深度估计模型，基于合成离焦模糊数据集训练的模型能更好地泛化到真实的户外离焦图像。不过在产生模糊数据时，没有考虑相机光圈、焦距等设置带来的真实模糊变化。

Marcela Carvalho 等研究者[13]在此基础上，考虑了离焦模糊相对于深度的量会根据物理光学模型而变化，从而构建了更真实的离焦模糊数据集。他们将在不同离焦程度的模糊数据集和原始全图结构清晰的数据集上训练的模型进行了比较，发现有离焦模糊的信息后能够有助于提升模型的深度估计能力。

相对于使用单张离焦图像来提升深度估计，Hazirbas 等人使用焦点堆栈[14]来进行深度估计，这属于基于多张图的深度估计模型。

离焦模糊信息确实一定程度上有助于深度估计，但它仍然无法解决从当前有限场景数据集到开放场景数据集的泛化能力。

4. 重对焦生成模型

GAN 近年来在计算机视觉的各大领域中都有不错的进展，RefocusGAN[15]是一个可以实现重对焦的模型，它包含去模糊和对焦两个步骤来实现重对焦功能，两个步骤都基于条件 GAN 完成。

第一步是去模糊。以一个近焦图 (Near-Focus) 和它的对焦响应估计 (Focus Measure Response) 作为输入，对焦完成指的是离相机近的目标清晰，离相机远的目标则模糊。对焦估计响应本质上是一个对主体目标的边缘检测。两者拼接后输入生成器，估计出清晰对焦 (Generated In-Focus) 图，即所有目标都在焦点内。去模糊流程如图 9.5 所示。

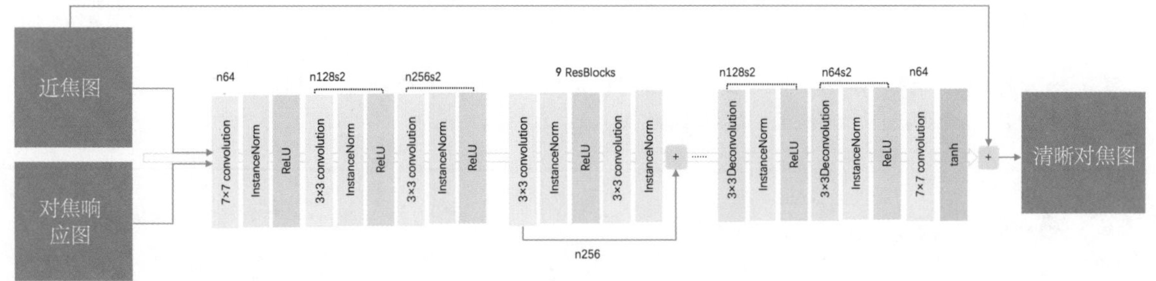

图 9.5 RefocusGAN 去模糊流程

第二步是重新对焦。通过近焦图和全对焦图拼接后输入生成器生成远场对焦图，从而模拟景深的编辑，实现近处目标和远处目标的重对焦。对焦流程如图 9.6 所示。

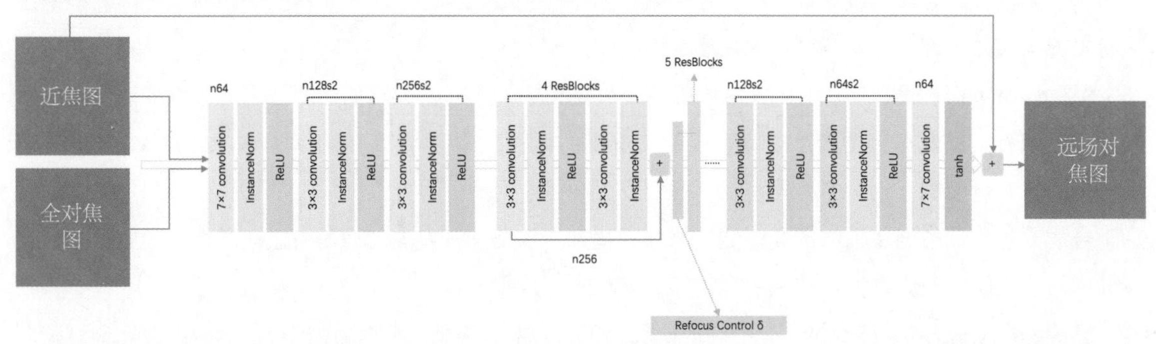

图 9.6 RefocusGAN 重对焦流程

以上两个步骤使用相同的模型结构，优化目标采用对抗损失和感知损失。远处目标对焦和近处目标对焦的相互切换可以通过焦点参数进行交互式控制。

9.1.4 景深编辑与重对焦

当我们获得了深度信息后，可以依靠深度信息区分前景与背景，然后对背景进一步模糊或者去模糊，从而仿真景深的改变。本小节我们利用开源模型做一些简单的尝试，模型来自 MegeDepth 作者在 GitHub 上开源的数据集上预先训练好的模型，读者可以自行搜索获取。

下面我们对一些场景进行测试，其中有一些样本使用大光圈拍摄，有明显的背景虚化；有一些样本使用小光圈拍摄，无明显的背景虚化。

1. 无明显主体

首先我们查看无明显主体的图的深度估计，测试案例图全图清晰。

图 9.7 所示为一些无明显主体的图及其深度估计结果，模型估计的深度非常准确，不过这一类作品不需要进行背景虚化。

图 9.7 无明显主体的图及其深度估计结果

2. 有明显主体，无背景虚化

接着我们查看一些有明显主体，但是因为设备光圈较小，无背景虚化的图的深度估计。

如图 9.8 所示，深度估计结果精确，原图中背景结构清晰，显得非常杂乱，影响了作品的美感。

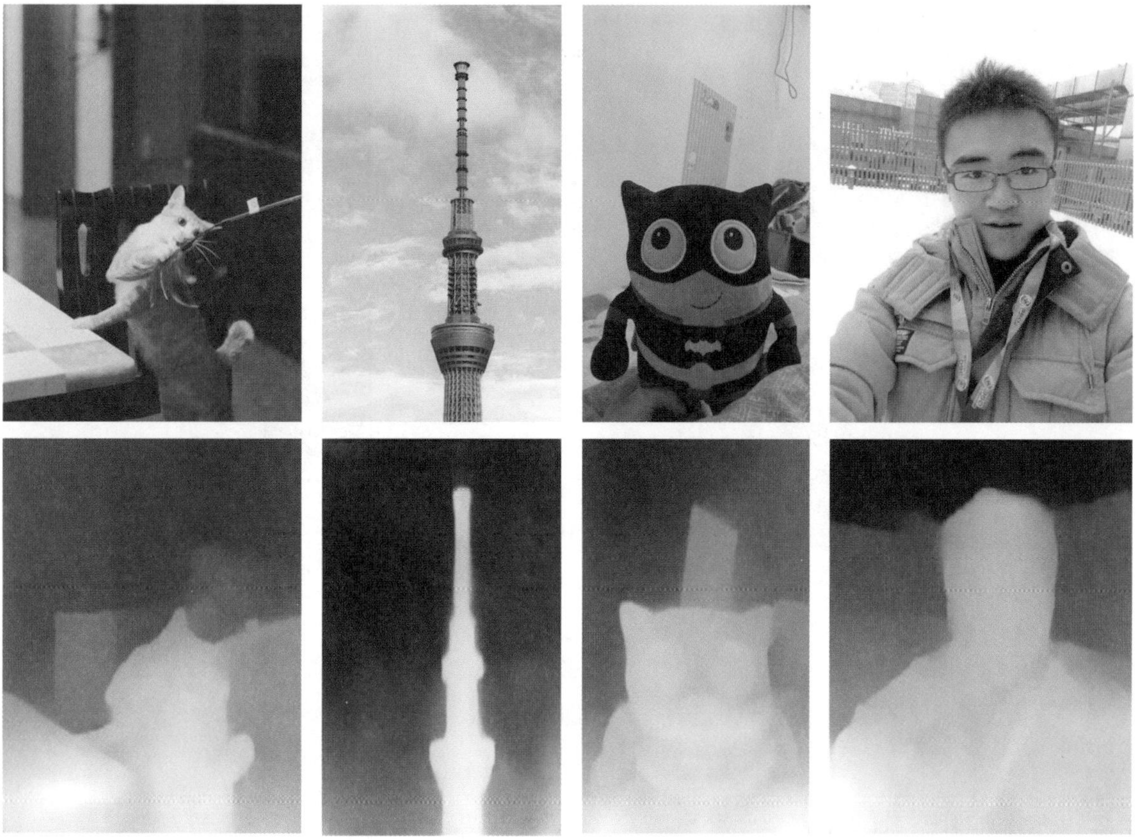

图 9.8 有明显主体，无背景虚化的图及其深度估计结果

图 9.8 有明显主体，无背景虚化的图及其深度估计结果（续）

3. 有明显主体和背景虚化

最后我们查看一些有明显主体且有一定程度的背景虚化的图的深度估计，如图 9.9 所示。

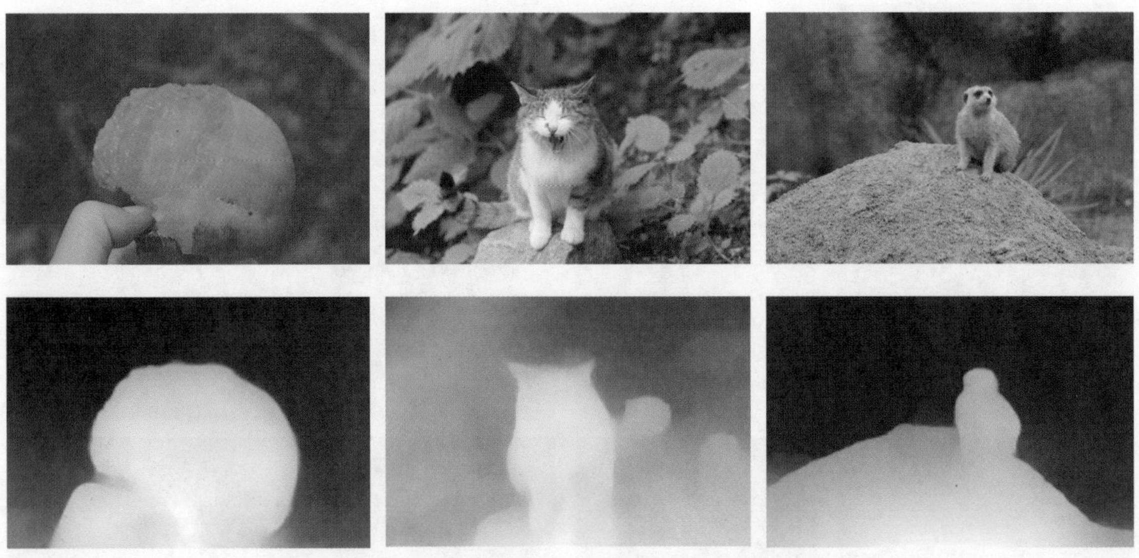

图 9.9 有明显主体且有一定程度的背景虚化的图及其深度估计结果

从图 9.9 可以看出，深度估计结果非常精确，主体轮廓清晰。由于设备光圈的限制，虽然图 9.9 中有背景虚化效果，但是有时我们追求更好的结果，即希望背景更模糊，主体更突出。

4. 基于深度信息的背景虚化

图 9.7~ 图 9.9 所示为各类场景下图像的深度估计结果，可以看出该深度估计模型效果非常好，能够对各类场景都估计出精确的深度。当我们需要人为地进一步虚化背景，加强某些作品的美感时，可以基于深度区分图像中的前景和背景，得到背景掩膜后对其添加更深的模糊效果，核心代码如下。

```
import sys
import os
import cv2
import numpy as np
imgpath = sys.argv[1] ##原始图路径
depthpath = sys.argv[2] ##深度图路径
resultpath = sys.argv[3] ##结果图路径
img = cv2.imread(imgpath) ##原始图
depth = cv2.imread(depthpath,0) ##深度图
result = cv2.imread(resultpath) ##结果图
th,mask = cv2.threshold(depth,0,255,cv2.THRESH_BINARY+cv2.THRESH_OTSU) ##获得掩膜
imgblur = cv2.GaussianBlur(img,(31,31),0) ##背景模糊
maskblur = cv2.GaussianBlur(mask,(5,5),0).astype(np.float32)/255.0 ##添加边缘羽化
maskblur = cv2.cvtColor(maskblur,cv2.COLOR_GRAY2BGR)
imgresult = (img.astype(np.float32)*maskblur+imgblur*(1-maskblur)).astype(np.uint8) ##融合清晰前景和模糊背景，得到结果
```

图 9.10 所示为一些背景虚化前后对比案例。其中，图 9.10（a）是原图，图 9.10（b）是加强背景虚化的结果图。

（a）

（b）

图 9.10　背景虚化前后对比案例

可以看出，在精确的深度估计结果的前提下，可以获得更好的后期虚化结果。此处采用了简单的基于透明度进行融合的模式，如果想在更大的模糊条件下获得更好的边缘平滑，需要使用后文介绍的图像融合技术。

9.2 多重曝光与图像融合

多重曝光 (Multiple Exposure) 是摄影中一种采用两次或者更多次独立曝光，将结果按照某种图像处理算法进行融合得到单张图像的技术，本节我们介绍常见的多重曝光方法以及技术实现。

9.2.1 摄影中的多重曝光

多重曝光需要采用多次曝光手段来实现。在传统的胶片相机中，多重曝光是一个非常重要的功能，它的原理是在一张胶片上拍摄几张图像，让一个被摄主体在画面中出现多次，从而可以拍摄出魔术般“无中生有”的效果，吸引了很多摄影师使用这种技法。

对于传统的胶片相机而言，多重曝光是在同一张底片上进行多次曝光；而现代数码相机的多重曝光效果则是多张照片分别拍摄，最后由相机内部进行合成所取得。在数码相机时代，由于照片后期合成的便利性，多次曝光功能已经逐渐被厂家忽视，即使是数码单反相机，很多都不具备多重曝光功能。

下面我们介绍几种常见的多重曝光方法。

1. 单纯多重曝光

在拍摄的过程中，相机和被摄主体都保持不动，对被摄主体不同时间或不同光线照射情况下进行多次曝光拍摄，这样就可以突出被摄主体的层次感。这是一种最基本的多重曝光方法，比较适合拍摄光线较暗的夜景图像。

图 9.11 所示为使用三脚架对同一场景进行多重曝光后进行叠加融合的结果，它渲染了光的层次，增强了作品的表达能力。

图 9.11　单纯多重曝光

2. 变换焦距多重曝光

对于花卉或者静物的拍摄，可以采用变换焦距的方法进行两次拍摄，一次使用实焦拍摄，一次使用虚焦拍摄。在实焦拍摄过程中可以增加曝光量，而虚焦拍摄时可以减少曝光量，拍摄的图像叠加后可以获得朦胧的效果。

3. 遮挡法多重曝光

所谓遮挡法，就是遮挡镜头全部或者一部分，在拍摄的过程中需要保持镜头的位置绝对不动。

以长曝光拍摄烟花、闪电、车流等运动目标为例，当目标没有出现时，可以遮挡镜头，当目标出现时再撤掉遮挡，这样可以防止过度曝光。

另外，还可以每次遮挡镜头的一部分拍摄被摄主体，最后将不同部位被遮挡的被摄主体同时曝光到一张底片上。

4. 叠加法多重曝光

所谓叠加法多重曝光，即多张图像的叠加，拍摄时各自在画面的某些区域预先留出位置，然后进行多张图像的叠加，它是创作方式最自由的多重曝光方法，可以叠加拍摄场景完全不同的图像。

图 9.12 展示了将两张拍摄场景、拍摄时间完全不同的图像进行叠加融合的结果，两张图像内容和气氛相互补充，增强了作品的表达能力。

图 9.12　叠加法多重曝光

叠加法是逐像素融合方法，即两张图的像素在某一个规则下进行叠加，在 Photoshop 中对应的就是两个图层的叠加。其中有多达 27 种融合模式，除了“正常”和“溶解”模式之外，剩下的可以分为 5 个组。

（1）变暗模式组：包括“变暗”“正片叠底”“颜色加深”“线性加深”“深色”，该组的融合结果中，结果图的所有像素相对于输入图层对应空间位置的像素都变得更暗。以“变暗”模式为例，它实际上就是求取两张图中亮度较低的像素值作为结果。

（2）变亮模式组：包括“变亮”“滤色”“颜色减淡”“线性减淡”“浅色”，该组的融合结果中，结果图的所有像素相对于输入图层对应空间位置的像素都变得更亮。以“变亮”模式为例，它实际上就是求取两张图中亮度较高的像素值作为结果。

（3）饱和度模式组：包括“叠加”“柔光”“强光”“亮光”“线性光”“点光”“实色混合”，它调整的结果反映饱和度的变化。以“柔光”模式为例，它根据上一图层颜色的明暗程度来调整下一图层的颜色是变亮还是变暗。当上一图层颜色比 50% 灰 (256 级灰度中为 128) 要亮时，下一图层颜色变亮。当上一图层颜色比 50% 灰要暗时，下一图层颜色变暗。如果上一图层颜色有纯黑色或纯白色，最终色不是黑色或白色，而是稍微变暗或变亮。如果下一图层颜色是纯白色或纯黑色，不产生任何效果。此效果与发散的聚光灯照在图像上的效果类似，结果比较柔和。

（4）差集模式组：包括“差值”“排除”“减去”“划分”，它调整的结果是一种求差的模式。通过比较两张图每个通道中的颜色信息，用较亮的像素点的像素值减去较暗的像素点的像素值。像素值与白色混合将使底色反相，与黑色混合则不产生变化。

（5）颜色模式组：包括“色相”“饱和度”“颜色”“明度”，它是对两张图色相、饱和度、颜色、明度的分别采样。以“饱和度”模式为例，它采用下一图层的亮度、色相和上一图层的饱和度来创建最终色。如果上一图层的饱和度为 0，则原图没有变化。

小提示

值得注意的是，在以上所有融合模式中，都有“不透明度”和“填充”两个参数选项。“不透明度”和“填充”两个参数的区别在于，图层样式会随图层的不透明度变化，但不会随填充变化。如果没有图层样式，两者效果是等价的。

9.2.2　自动图像融合关键技术

在 9.2.1 小节介绍的各种多重曝光方法中，叠加法多重曝光可以将多张不同的图像进行融合，具有最大的自由度，对前期拍摄的要求也最低，其背后是图像融合技术的支持，下面我们对其中的关键技术进行介绍。

1. 前 / 背景与透明度估计

当我们需要融合两张图像时，往往不需要对所有的像素进行同样的操作，而是只选择其中的一部分。假如我们想将上一图层中的感兴趣的前景添加到下一图层中，在 Photoshop 中可以创造蒙版来控制需要操作的区域，若使用算法来完成这个步骤就需要对它进行前 / 背景估计。

在计算机视觉中使用图像分割技术就可以估计前 / 背景，它的分割结果就是对每一个像素进行二分类，从而得到前景掩膜。

当前随着计算机视觉技术的发展，以 FCN[16] 为代表的深度学习图像分割技术已经非常成熟。FCN 的结构如图 9.13 所示。

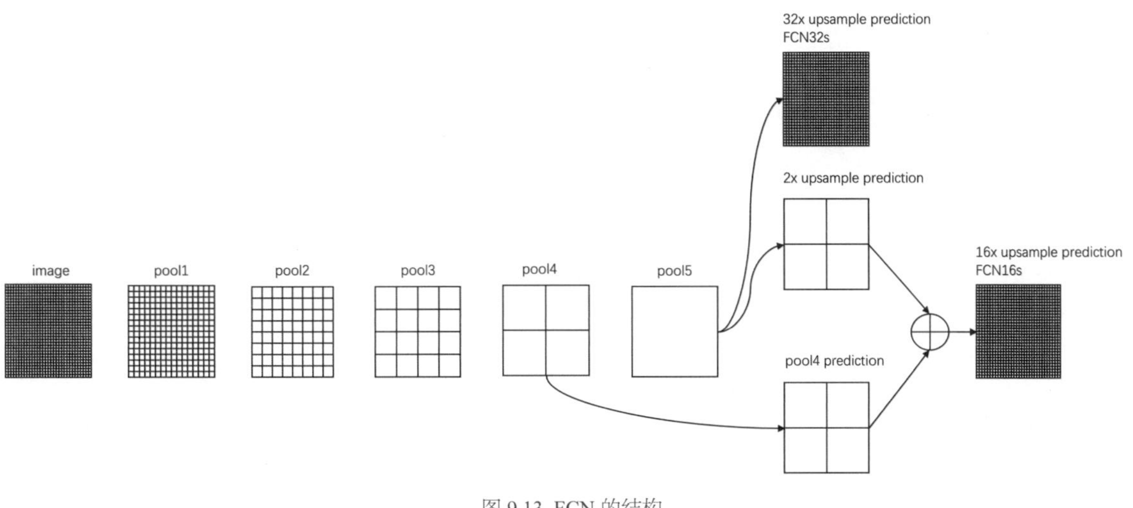

图 9.13　FCN 的结构

图像分割可以获得二值化的主体轮廓，但对于很多细小的目标，分割边缘会非常粗糙，与下一图层进行融合时会显得比较“生硬”，此时我们常常需要另一个更精细的前 / 背景与透明度估计技术，即 Image Matting。它可以估计前景、背景，以及两者线性融合的透明度，数学表达式如下。

$$I=aF+(1-a)B \qquad 式（9.3）$$

其中 F 是前景，B 是背景，a 是透明度，图像 I 可以被看作在透明度 a 的控制下，前景和背景的线性融合。当给定一张图 I，求解式（9.3）需要同时解出透明度通道和前 / 背景。这是一个病态问题，因为对于 3 通道的 RGB 图像，只能列出 3 个方程，却需要解出 7 个变量。

早期的 Image Matting 问题求解以传统方法为主，有数十种方法被提出，而随着深度学习技术的发展，当前的 Image Matting 问题也可以直接使用深度学习模型求解，主要有两个思路。

第一个思路是模仿传统的 Closed Matting 等技术，首先初始化一个三值图 Trimap，它包含确定的前景、背景，以及不确定区域；然后使用编解码模型对 Trimap 进行改进，得到透明度估计。它以 Adobe 研究人员提出的 Deep Image Matting 方法为代表。

第二个思路是直接从彩色图中进行最终的透明度估计，可以直接使用编解码模型进行估计，也可以采用由粗到精的估计方法。

小提示

完整的图像分割方法和 Image Matting 方法已经超过了本章的内容，读者可以参考相关综述 [17][18]。

2. 局部区域融合

假如我们只获得了需要融合到一张图中的目标区域，而无法得到透明度等参数，直接在原图中进行替换，该部位的颜色往往会与周围区域有明显差异，而边缘处也没有平滑过渡，此时需要对该区域在颜色和梯度的约束下进行变换。其中经典的方法是泊松融合 [19]，它要解决的是如下问题。

$$\min \iint_{\Omega} |\nabla f - v|^2 \text{with} f|\partial\Omega = f^*|\partial\Omega \quad \text{式（9.4）}$$

如果我们要把源图像 B 融合在目标图像 A 上，令 f 表示融合的结果图像 C，f^* 表示目标图像 A，v 表示源图像 B 的梯度，with 表示在某个条件的基础上，∇f 表示 f 的一阶梯度（即结果图像 C 的梯度），Ω 表示要融合的区域，$\partial\Omega$ 表示融合区域的边缘部分。

式 (9.4) 的意义就是在目标图像 A 的边缘不变的情况下，使结果图像 C 在融合区域的梯度与源图像 B 在融合区域的梯度最为接近。所以在融合的过程中，源图像 B 的颜色和梯度会发生改变，以便与目标图像 A 融为自然的一体。

随着深度学习和 GAN 等技术的发展，当前基于深度学习的图像融合模型也被研究人员提出，其中以 Gaussian-Poisson GAN(GP-GAN)[20] 为代表。GP-GAN 是第一个基于 GAN 的图像融合模型，它将 GAN 模型和泊松融合进行结合，其流程如图 9.14 所示。

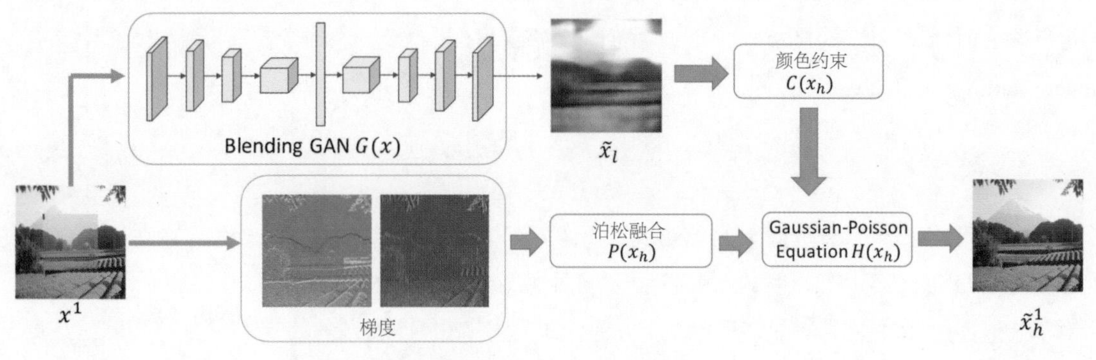

图 9.14 GP-GAN 模型的流程

GP-GAN 模型主要包含两部分：Blending GAN 和 Gaussian-Poisson Equation。

Blending GAN 是一个编解码结构，它使用输入输出的 L2 距离作为重建损失，再添加对抗损失后作为优化目标。该结构可以作为颜色约束 (Colour Constraint)，使生成的图像更加真实和自然，结果为比较模糊的低精度输出图。

由于在该模型中两张用于融合的原始图和目标图是在不同条件下拍摄的同一场景，因此研究者使用了目标图作为重建真值。当这个条件不满足时，则使用无监督的方式进行训练。

Gaussian-Poisson Equation 是一个金字塔式的高分辨结构，它作为梯度约束 (Gradient Constraint)，用于进一步提高图像的分辨率，使其拥有逼真的纹理细节。

优化目标包括泊松融合和颜色约束，如下。

$$H(x_h)=P(x_h)+\beta C(x_h) \tag{9.5}$$

其中 $P(x_h)$ 就是标准的泊松融合，其目标是使目标图与原始图有相同的高频信号；$C(x_h)$ 是颜色约束，其目标是使目标图与原始图有相同的低频信号。式 (9.5) 的离散形式如下。

$$H(x_h)=||u-Lx_h||_2^2+\lambda||x_l-Gx_h||_2^2 \tag{9.6}$$

其中 L 是拉普拉斯算子；G 是高斯算子；u 是向量场的散度；x_h 是要求解的图；x_l 是输入的低清图；v 根据是不是融合区域，分别取自原始图和目标图，定义如下。

$$v(i,j)=\begin{cases}\nabla x_{\text{src}},\text{mask}(i,j)=1\\ \nabla x_{\text{dst}},\text{mask}(i,j)=0\end{cases} \tag{9.7}$$

式 (9.7) 具有解析解，具体求解时按照金字塔模型不断提升分辨率，前一级求出的 x_h 作为下一级分辨率的 x_l。

相比泊松融合等方法，GP-GAN 可以利用生成模型的生成能力，对更复杂的区域进行融合。当前基于深度学习模型的图像融合技术正在发展中，感兴趣的读者可以持续关注。

3. 泊松融合案例

下面我们使用 OpenCV 的泊松融合函数 cv2.seamlessClone 来查看一些融合结果，核心代码如下。

```
import sys
import cv2
import numpy as np
from math import sqrt
import sys

im = cv2.imread(sys.argv[1]) ##目标图
obj = cv2.imread(sys.argv[2]) ##原始图
mask = 255 * np.ones(obj.shape, obj.dtype) ##原始图掩膜
```

```
height,width,channels = im.shape
center = (width//2, height//2) ##融合区域中心点

## 将原始图融合在目标图中
mixed_clone = cv2.seamlessClone(obj, im, mask, center, cv2.MIXED_CLONE)
cv2.imwrite(sys.argv[3], mixed_clone)
```

图 9.15 展示了若干将背景比较简单的原始图中的主体融合到了目标图的泊松融合结果。

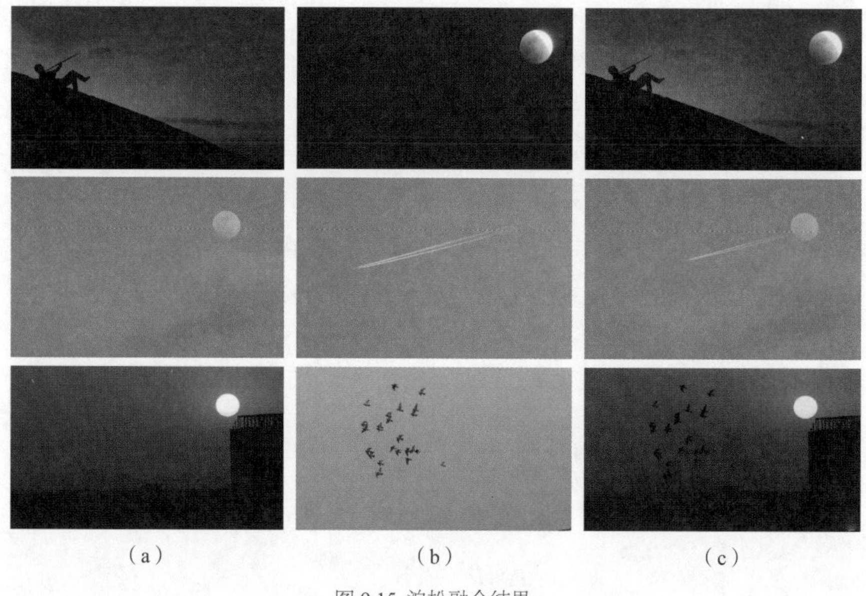

(a)　(b)　(c)

图 9.15　泊松融合结果

图 9.15（a）为目标图，图 9.15（b）为原始图，图 9.15（c）为结果图，本次实验中原始图大小和目标图大小相等。可以看出，能取得非常自然的融合结果，原始图中的主体与目标图颜色取得了很好的一致性。

9.3 纹理编辑与图像修复

有时候我们需要对作品进行局部编辑，如移除图像中不需要的小物体，这也被称为图像修复 (Image Inpainting) 或补全 (Scene Completion)，本节我们对其中的关键技术进行解读。

9.3.1 图像修复应用和常用工具

1. 图像修复应用场景

在摄影前期中，很多时候我们无法控制拍摄场景，如景区中人流导致难以获得背景干净的图像。另外，图像在经过介质多次传播后也可能会被污染，导致出现了损坏的区域。图 9.16 展示了一些需要修复的图像。

图 9.16 需要修复的图像

图 9.16 中的红色框部分会对全图的协调性造成干扰，属于需要被修复的内容。

2. 图像修复工具

最简单的图像修复方法是基于图像自相似的原理，通过在当前图像中寻找纹理类似的匹配块，然后使用泊松融合等方法进行修复。这一类方法以结构传播 (Structure Propagation) 为代表，它已经可以较好地修复较小的区域。

Photoshop 软件中的修复画笔工具是一个可以进行局部图像修复的工具，它背后的技术原理是 PatchMatch，这是基于图像块填补的方法，可以使用交互式的策略进行逐渐修补。

图 9.17 展示了使用 Photoshop 对图 9.16 中的图像进行修复的结果。

图 9.17 修复的结果

这一类方法的问题是只考虑到了图像的相似性，没有考虑到语义信息，对于纹理简单、与图像主体位置较远的缺陷，可以较好地去除。但是对于纹理复杂、与背景相似、与图像主体粘连的缺陷，修复出来的图像可能非常不真实，对于较大的缺失区域也无法完成修复，如图 9.17 所示的第二张图中的猫尾巴和第三张图中的路灯杆。

小提示

在传统的图像修复方法中，还有一类模型是基于图像分解和稀疏表示的方法，它们通过对图像的结构和纹理分别学习，得到最优稀疏表示的字典，然后进行图像修复，但是对于真实图像仍然难以取得较好的效果。

9.3.2 基于深度学习模型的图像修复方法

传统的图像修复方法学习能力有限，无法很好地完成比较严重的图像块修复，当前基于深度学习模型和 GAN 的思想逐渐被应用于图像修复，并取得了较好的效果。

1. 基本方法

基本方法通常用相似度算法从图像的其他区域选择图像块进行修复，Context Encoder[21] 方法则训练了神经网络从遮挡图像的未遮挡部分来推断遮挡部分的信息，即将该过程自动化，具体结构如图 9.18 所示。

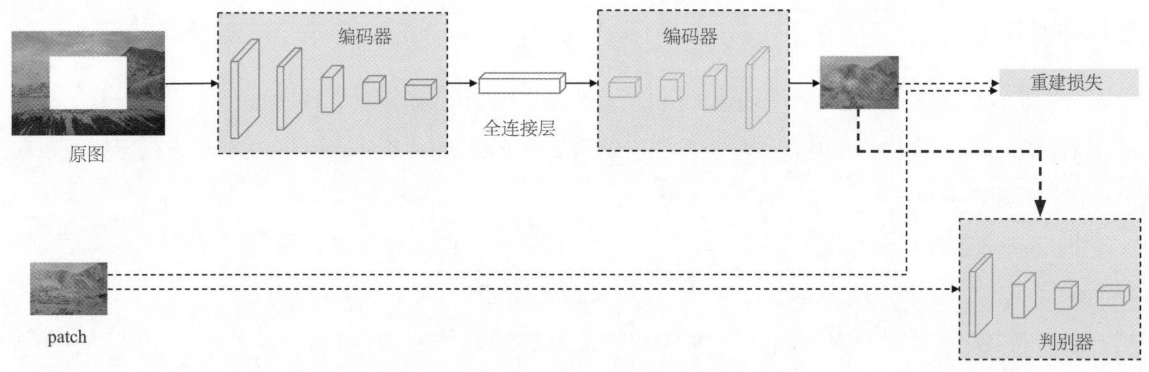

图 9.18 Context Encoder 的具体结构

Context Encoder 包含一个编码器、一个全连接层、一个解码器，用于学习图像特征和生成图像待修复区域对应的预测图，输入为包括遮挡区域的原图，输出被遮挡区域的预测结果。

编码器的主体结构是 AlexNet 网络，假如原图大小为 227px × 227px，得到特征图为 6 × 6 × 256。编码器之后是逐通道全连接层，为了获取大的感受野同时又具有较小的计算量，采用了逐通道全连接的结构，它的输入大小是 6 × 6 × 256，输出大小则不发生变化。当然，此处也不一定要采用逐通道全连接层的结构，只需要控制特征有较大感受野。

解码器包含若干上采样卷积，输出待修复区域，具体的上采样倍率和待修复区域与原图的大小有关。

小提示

较大的感受野对于图像修复任务来说非常重要，当感受野较小时，修复区域内部点无法使用区域外的有效信息，修复效果会受到较大的影响。

网络训练的过程中损失函数由两部分组成。

第一部分是编码器 - 解码器部分的图像重建损失，使用预测部分与原图的 L2 距离，只计算需要修补的部分，所以需要在掩膜的控制下进行。

第二部分是 GAN 的对抗损失。当 GAN 的判别器无法判断预测图是否来自训练集时，就认为网络模型参数达到了最优状态。

2. 局部平滑性改进

Context Encoder 模型的生成器和判别器结构都比较简单，修复的结果虽然比较真实，但是边界非常不平滑，不满足局部一致性。针对这个特点，研究者[22]联合使用全局判别器和局部判别器对 Context Encoder 模型进行了改进。

它包含 3 个模块，一个是编解码的图像补全模型，一个是全局判别器，一个是局部判别器。其中全局判别器可以用于判断整张图重建的一致性，局部判别器可以用于判断填补的图像块是否具有较好的局部细节，具体的判别损失是将全局判别器、局部判别器输出特征向量进行串接，然后经过 Sigmoid 映射后进行真实性判别得到的。

3. 基于注意力机制的改进

传统图像修复方法擅长从背景图像中采样，CNN 模型则擅长直接生成新的纹理。为了综合利用这两类方法的长处，并充分使用图像中的冗余信息，研究者提出了基于注意力机制的方法[23]来进行图像修复，这一类方法通常采用由粗到细的两个步骤，第一步先粗略修复，第二步在未遮挡区域寻找与遮挡区域中相似的图像块来进行改进。

基于注意力机制的模型的结构如图 9.19 所示，其中包含粗网络 (Coarse Network) 和细网络 (Refinement Network)。

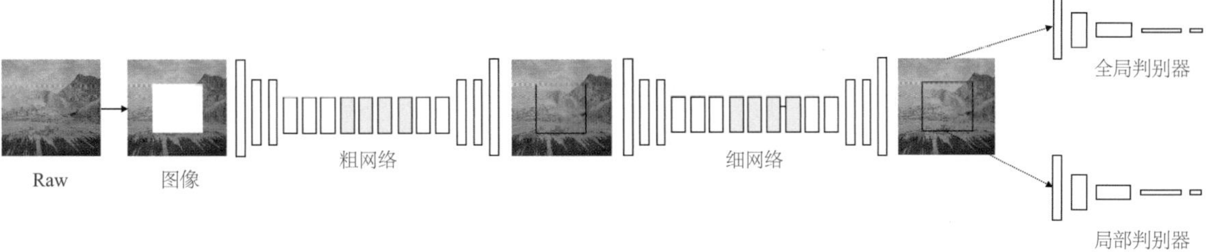

图 9.19　基于注意力机制的模型的结构

粗网络是一个编解码模型，它用于粗略修复图像，粗网络的训练损失为重建损失。

小提示

研究者对不同的像素的重建损失，根据该像素与已知像素之间的距离进行了加权，距离越近，权重越小，因为重建越容易。

细网络将粗网络的预测作为输入进行精细调整，包含两个分支，如图 9.20 所示。

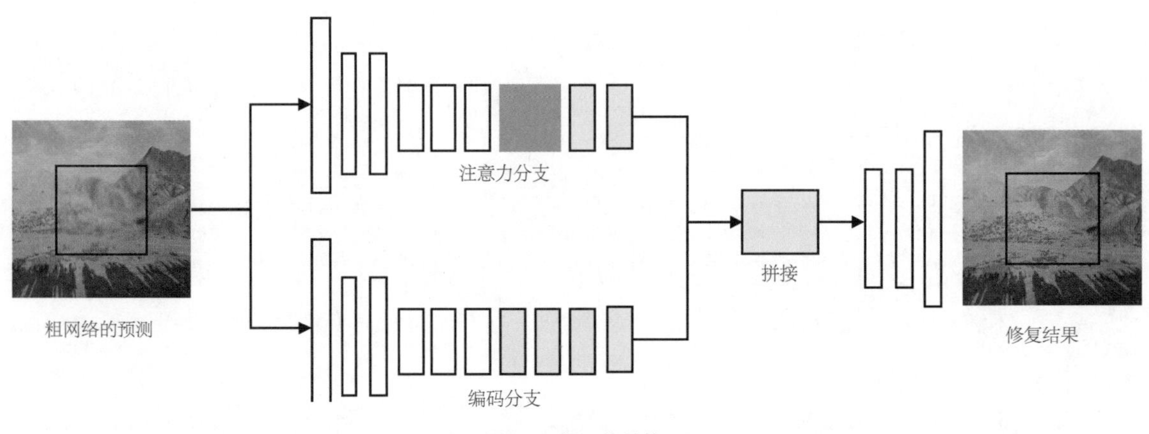

图 9.20 细网络结构

其中一个分支为注意力分支，它将卷积作为模板匹配过程，通过前景 (遮挡区域) 与背景 (未遮挡区域) 的块卷积在背景中寻找与前景的图像块相似的图像块。具体来说，就是从背景中按照 3 × 3 的大小进行采样组成一系列卷积核，然后与前景计算余弦距离并作为相似度，接着在空间维度经过 Softmax 操作后得到每一个像素的 attention 概率图，最后对 attention 概率图进行反卷积得到前景区域。其中反卷积使用之前提取的背景图像块，反卷积过程中的重叠区域取平均值。

另一个分支为一个普通的编码分支，使用带孔卷积实现了感受野增加，它与注意力分支的结果拼接后再进行重建。

小提示

细网络的完整训练损失包括重建损失和对抗损失，因为细网络比原始图像拥有更完整的场景，所以它的编码器可以比粗网络学习更好的特征表示。

4. 任意形状缺陷的改进

在使用深度学习方法进行图像修复的时候，一般将缺失的区域使用白色或者是随机噪声来填充，再使用卷积层来提取上下文特征并修复。白色 / 随机噪声没有有效信息，对它们与有效信息不加区分的卷积并不合理，这样的修复结果会出现一些不合理的图像块，导致往往需要计算量较大的图像融合等后处理操作。

为了解决这一副作用，Nvidia 提出了 Partial Convolution[24]，它通过修改卷积操作来改进图像修复。具体而言， Partial Convolution 的计算公式如下。

$$x'=\begin{cases}W^T(X \odot M)\dfrac{\text{sum}(1)}{\text{sum}(M)}+b, \text{sum}(M)>0 \\ 0, \text{其他}\end{cases}$$ 式（9.8）

$$m'=\begin{cases}1, \text{sum}(M)>0 \\ 0, \text{其他}\end{cases}$$ 式（9.9）

式（9.8）中的 W 是卷积核；X 是卷积核上对应的图像内容；M 是卷积核上的含有效信息的掩膜矩阵，元素只含 0 和 1，0 表示需要修复的元素；sum(1) 表示一个大小与 M 相等，元素全部为 1 的矩阵的元素和。

m' 就是每层更新掩膜矩阵的方法，可以发现它会对需要填充的区域进行更新，随着逐步更新，M 会变成一个全 1 的矩阵，表示所有需要修复的像素都被修复完毕。

Gated Conv[25] 是另一个图像修复模型，它在 Partial Convolution 的基础上进行了改进，如下。

（1）将基于规则的掩膜更新方法改为从图像中学习。

（2）不再将掩膜中元素的值固定为 0 或者 1 而是取自 0~1，即采用连续数值。

（3）同一层所有通道不再共享掩膜，从而可以更好地利用一些通道中的语义信息。

> 小提示
>
> Gated Conv 的输入可以是规则的 RGB 图像和掩膜，还可以是非规则的信息，如笔触，这也符合用户交互式的应用习惯。

5. 基于边缘修复的方法

当一个作画者开始画图时，往往先描绘出整体的边缘轮廓，然后上色。基于这样的启发，有一类图像修复模型采取先对边缘进行修复，然后对纹理内容进行修复的思路，EdgeConnect[26] 是其中的一个代表，它包含两个生成器、两个判别器来完成上述两个步骤。

假如输入的不需要修复的图为 I_{gray}，它的边缘检测结果为 C_{gt}，第一个生成器的输入包括 3 张图，即待修复的灰度图 $\tilde{I}_{\text{gray}}$、灰度图边缘检测结果 $\tilde{C}_{\text{gt}}$、掩膜 M，输出为修复后的边缘 C_{pred}。第一个生成器要完成的任务如下。

$$C_{\text{pred}}=G_1(\tilde{I}_{\text{gray}},\tilde{C}_{\text{gt}},M)$$ 式（9.10）

生成器优化目标包括标准的对抗损失和特征匹配损失 (Feature Matching Loss)L_{fm}，其中特征匹配损失 L_{fm} 的定义如下。

$$L_{\text{fm}}=\frac{1}{N_i}\sum_{i=1}^{N}\|D^{(i)}(C_{\text{gt}})-D^{(i)}(C_{\text{pred}})\|_1$$ 式（9.11）

L_{fm} 的定义类似于感知损失，不过没有使用外部的 VGG 模型的特征，而是直接使用了判别模型 D 的各层激活值，因为 VGG 模型并不被用于边缘检测。

得到 C_{pred} 后，它和边缘检测结果 C_{gt} 以及待修复的灰度图 I_{gray} 作为判别器的输入，用于判断真实性。

得到了边缘检测结果后，该边缘和彩色图像一起被送入第二个生成器，输出最终的预测结果。该生成器优化目标包括标准的对抗损失、感知损失 L_{per}、风格损失 L_{style}。

感知损失是我们常用的 VGG 特征空间的距离，风格损失是在风格化网络中常用的格拉姆矩阵距离，两者都在本书中多次介绍，此处不赘述。

小提示

因为 Edge Connect 方法需要预先计算边缘，以 Canny 算子为代表，不同参数会生成不同的边缘特征，从而影响修复结果，实验发现更多的边缘信息有助于进行内容修复。

图 9.21 所示为使用当前两个前沿的方法，EdgeConnect 和 Partial Convolution 的图像修复结果。

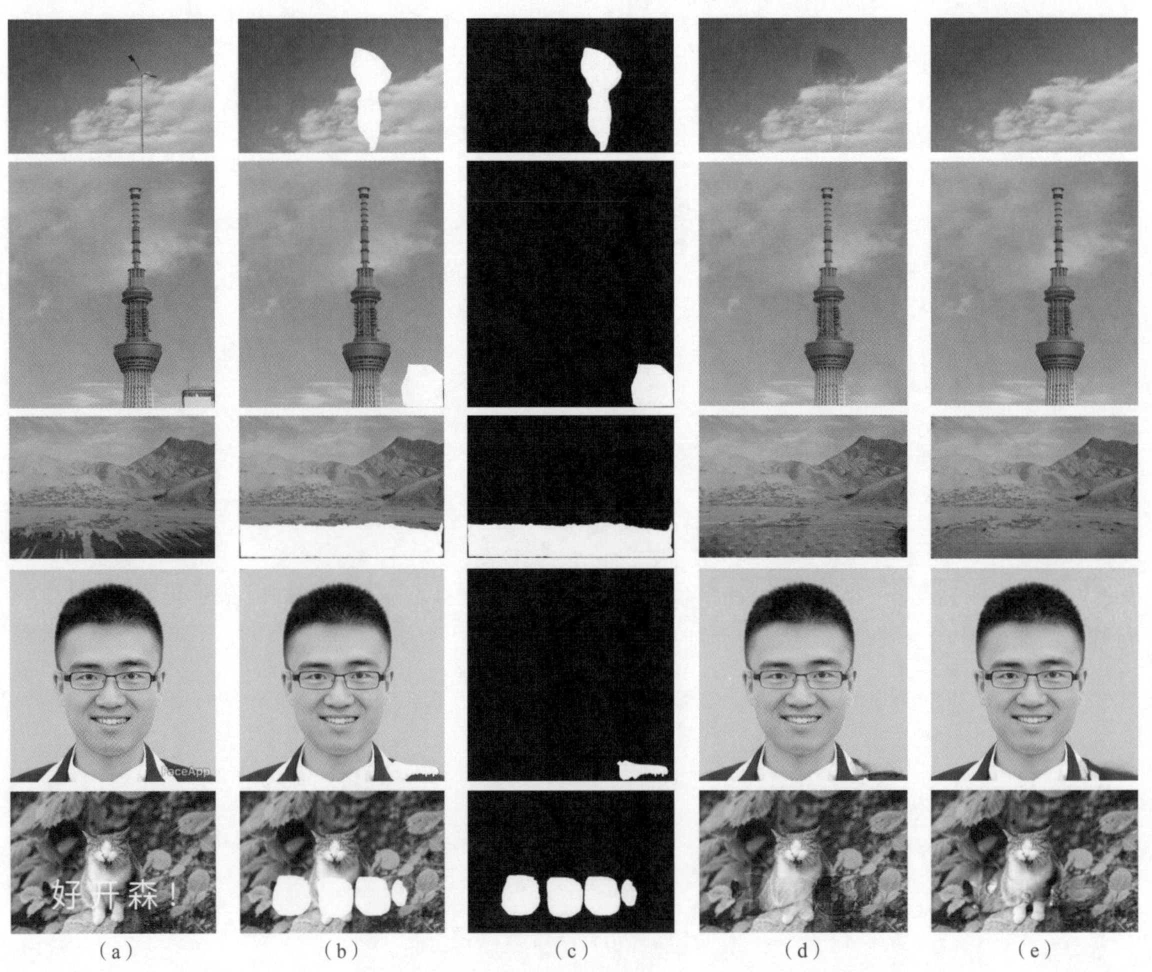

图 9.21　使用 EdgeConnect 和 Partial Convolution 的图像修复结果

其中，图 9.21（a）为待修复的原图，图 9.21（b）为添加掩膜信息后的图，图 9.21（c）为掩膜，图 9.21（d）为在 Place2 数据集上训练好的 EdgeConnect 模型的修复结果，图 9.21（e）为使用 Nvidia 在线 Demo 的修复结果。

可以看出，它们对简单的背景的修复结果较好，但是对复杂的背景的修复结果并不自然，尤其是第 3 排的人群阴影去除和第 5 排图的水印去除。当前的主流图像修复模型对于真实图像还无法取得非常满意的结果，需要更多的研究。

9.4 小结

本章介绍了景深与背景编辑、多重曝光与图像融合、纹理编辑与图像修复等图像编辑相关的主题。

在 9.1 节介绍了摄影中的景深与背景虚化的概念和应用，对深度估计的数据集和主流的深度学习方法进行了总结，并介绍了景深编辑和重对焦问题，使用了各种类型的图片进行了实践。

在 9.2 节介绍了多重曝光与图像融合，包括摄影中的各种多重曝光技术，自动图像融合的关键技术，并使用了各种类型的图像进行了实践。

在 9.3 节介绍了图像修复的应用场景以及基于深度学习的图像修复模型，并且使用多张图片进行了比较。传统的图像方法学习能力有限，无法很好地完成比较严重的图像块修复，当前基于深度学习模型和生成对抗网络的思想逐渐被应用于图像修复，并取得了较好的效果。目前图像修复方法发展非常迅速，相关研究论文和开源工作层出不穷，不过模型对于真实数据集的泛化能力仍然效果有限。

本章我们涉及的技术，都需要对图像进行一定程度上的编辑，包括前 / 背景、光照、纹理等，它们都属于比较复杂的技术，不仅需要对图像进行高层的理解，还需要进行精细的局部编辑，常常会面临局部边缘平滑问题。这一类技术是当前深度学习在计算机摄影中前沿的技术，感兴趣的读者可以持续关注。

参考文献

[1] SILBERMAN N, HOIEM D, KOHLI P, et al. Indoor Segmentation and Support Inference from RGBD Images[C]//European Conference on Computer Vision. Springer, Berlin, Heidelberg, 2012: 746-760.

[2] UHRIG J, SCHNEIDER N, SCHNEIDER L, et al. Sparsity Invariant CNNs[C]//2017 International Conference on 3D Vision (3DV). IEEE, 2017: 11-20.

[3] CHEN W, FU Z, YANG D, et al. Single-Image Depth Perception in the Wild[C]//Advances in Neural Information Processing Systems, 2016: 730-738.

[4] LI Z, SNAVELY N. MegaDepth: Learning Single-View Depth Prediction from Internet Photos[C]//Proceedings of the IEEE Conference on Computer Vision and Pattern Recognition, 2018: 2041-2050.

[5] FIRMAN M. RGBD Datasets: Past, Present and Future[C]//Proceedings of the IEEE Conference on Computer Vision and Pattern Recognition Workshops, 2016: 19-31.

[6] EIGEN D, PUHRSCH C, FERGUS R. Depth Map Prediction from a Single Image using a Multi-Scale Deep Network[C]//Advances in Neural Information Processing Systems, 2014: 2366-2374.

[7] EIGEN D, FERGUS R. Predicting Depth, Surface Normals and Semantic Labels with a Common Multi-Scale Convolutional Architecture[C]//Proceedings of the IEEE International Conference on Computer Vision. 2015: 2650-2658.

[8] LAINA I, RUPPRECHT C, BELAGIANNIS V, et al. Deeper Depth Prediction with Fully Convolutional Residual Networks[C]//2016 Fourth International Conference on 3D Vision (3DV). IEEE, 2016: 239-248.

[9] XU D, RICCI E, OUYANG W, et al. Multi-Scale Continuous CRFs as Sequential Deep Networks for Monocular Depth Estimation[C]//Proceedings of the IEEE Conference on Computer Vision and Pattern Recognition, 2017: 5354-5362.

[10] GARG R, BG V K, CARNEIRO G, et al. Unsupervised CNN for Single View Depth Estimation: Geometry to the Rescue[C]// European Conference on Computer Vision. Springer, Cham, 2016: 740-756.

[11] KUZNIETSOV Y, STUCKLER J, LEIBE B. Semi-Supervised Deep Learning for Monocular Depth Map Prediction[C]// Proceedings of the IEEE Conference on Computer Vision and Pattern Recognition, 2017: 6647-6655.

[12] ANWAR S, HAYDER Z, PORIKLI F. Depth Estimation and Blur Removal from a Single Out-of-focus Image[C]//BMVC. 2017, 1: 2.

[13] CARVALHO M, SAUX B L, TROUVÉ-PELOUX P, et al. Deep Depth from Defocus: how can defocus blur improve 3D estimation using dense neural networks?[C]//Proceedings of the European Conference on Computer Vision (ECCV). 2018: 0-0

[14] HAZIRBAS C, SOYER S G, STAAB M C, et al. Deep Depth from Focus[C]//Asian Conference on Computer Vision. Springer, Cham, 2018: 525-541.

[15] SAKURIKAR P, MEHTA I, BALASUBRAMANIAN V N, et al. RefocusGAN: Scene Refocusing Using a Single Image[C]// Proceedings of the European Conference on Computer Vision (ECCV). 2018: 497-512.

[16] LONG J, SHELHAMER E, DARRELL T. Fully Convolutional Networks for Semantic Segmentation[C]//Proceedings of the IEEE Conference on Computer Vision and Pattern Recognition, 2015: 3431-3440.

[17] GARCIA-GARCIA A, ORTS-ESCOLANO S, OPREA S, et al. A Review on Deep Learning Techniques Applied to Semantic Segmentation[J]. arXiv preprint arXiv:1704.06857, 2017.

[18] WANG J, COHEN M F. Image and Video Matting: A Survey[J]. Foundations and Trends® in Computer Graphics and Vision, 2008, 3(2): 97-175.

[19] PÉREZ P, GANGNET M, BLAKE A. Poisson image editing[J]//ACM SIGGRAPH 2003 Papers. 2003: 313-318.

[20] WU H, ZHENG S, ZHANG J, et al. GP-GAN: Towards Realistic High-Resolution Image Blending[C]//Proceedings of the 27th ACM International Conference on Multimedia. 2019: 2487-2495.

[21] PATHAK D, KRAHENBUHL P, DONAHUE J, et al. Context Encoders: Feature Learning by Inpainting[C]//Proceedings of the IEEE Conference on Computer Vision and Pattern Recognition. 2016: 2536-2544.

[22] IIZUKA S, Simo-Serra E, ISHIKAWA H. Globally and locally consistent image completion[J]. ACM Transactions on Graphics (ToG), 2017, 36(4): 1-14.

[23] YU J, LIN Z, YANG J, et al. Generative Image Inpainting with Contextual Attention[C]//Proceedings of the IEEE Conference on Computer Vision and Pattern Recognition. 2018: 5505-5514.

[24] LIU G, REDA F A, SHIH K J, et al. Image Inpainting for Irregular Holes Using Partial Convolutions[C]//Proceedings of the European Conference on Computer Vision (ECCV). 2018: 85-100.

[25] YU J, LIN Z, YANG J, et al. Free-Form Image Inpainting with Gated Convolution[C]//Proceedings of the IEEE International Conference on Computer Vision. 2019: 4471-4480.

[26] NAZERI K, NG E, JOSEPH T, et al. EdgeConnect: Structure Guided Image Inpainting using Edge Prediction[C]//Proceedings of the IEEE International Conference on Computer Vision Workshops. 2019: 0-0.